Sibylle May / Jennifer Kullmann

Praxishandbuch Chefentlastung, Band 2

Sibylle May / Jennifer Kullmann

Praxishandbuch Chefentlastung, Band 2

Erfolgreiche Kommunikation,
emotionale Intelligenz
und Motivation im Office

GABLER

Bibliografische Information der Deutschen Nationalbibliothek
Die Deutsche Nationalbibliothek verzeichnet diese Publikation in der
Deutschen Nationalbibliografie; detaillierte bibliografische Daten sind im Internet über
<http://dnb.d-nb.de> abrufbar.

1. Auflage 2009

Alle Rechte vorbehalten
© Gabler | GWV Fachverlage GmbH, Wiesbaden 2009

Lektorat: Maria Akhavan-Hezavei / Sabine Bernatz

Gabler ist Teil der Fachverlagsgruppe Springer Science+Business Media.
www.gabler.de

Umschlaggestaltung: KünkelLopka Medienentwicklung, Heidelberg
Druck und buchbinderische Verarbeitung: Krips b.v., Meppel
Gedruckt auf säurefreiem und chlorfrei gebleichtem Papier
Printed in the Netherlands

ISBN 978-3-8349-1567-2

Vorwort Sybille May

Meine lieben Leserinnen, meine lieben Leser,

lassen Sie mich berichten, wie die Idee zu diesem Buch entstanden ist.

Ich habe mir die Reihe der Fachbücher für den Sekretariats- und Assistentinnenbereich angeschaut. Zu dieser Reihe gehört auch mein fachliches Praxishandbuch „Chefentlastung". Mir fiel dabei auf, dass es sich schwerpunktmäßig um reine Fachthemen handelt, ich fragte mich: Wo aber bleibt die Persönlichkeit?

Natürlich ist es wichtig, dass Sie fachlich fit sind und Ihr Handwerkszeug beherrschen, aber ebenso wichtig, wenn nicht sogar noch ein wenig bedeutender, ist Ihre Persönlichkeit, Ihre Art, wie Sie mit Menschen umgehen, Ihre Fähigkeit, Konflikte zu bewältigen, Ihr Können im rhetorischen Bereich oder Ihre Fertigkeit bei Verhandlungen. Kurz, die Vorstellung, in diesem Bereich etwas für Sie zu verfassen, gefiel mir sehr gut – hier ist das Ergebnis.

Jennifer Kullmann konnte ich als Co-Autorin für dieses Thema ebenfalls begeistern.

Sie finden komprimiert Inhalte, die Sie in Ihrem Arbeitsalltag unterstützen sollen, Leitgedanken, die Ihnen Sicherheit in vielen Bereichen geben, so dass nicht zuletzt auch Ihr Chef etwas davon hat, indem Sie ihn noch besser unterstützen können.

Mit unserem Buch fordern wir Sie auf, etwas für sich zu tun, sich nach vorne zu bewegen. Für Ihren Erfolg müssen Sie an sich arbeiten, Sie müssen neue Verhaltensweisen üben, bevor sie zu einer Selbstverständlichkeit in Ihrem Leben werden. Beherzigen Sie dabei die 21-Tage-Regel, die besagt, dass Sie für eine Veränderung einer Verhaltensweise 21 Tage üben müssen, bevor Sie sie beherrschen.

Wir möchten Sie auch dazu anregen, Ihr Denken und Tun infrage zu stellen. Sie werden sehen, dass sich viele neue Türen öffnen, von denen Sie bisher vielleicht nur etwas geahnt haben. Nutzen Sie dieses Buch, um etwas für sich und damit auch Ihren Chef zu tun.

Freuen Sie sich auf spannende Kapitel, die Sie mehr und mehr in die Geheimnisse des Verhaltens von Menschen einweihen.

Ich wünsche Ihnen viele anregende Momente und halte Ihnen fest die Daumen für das „Verändern".

Ihre

Sibylle May

Vorwort Jennifer Kullmann

Frau May schilderte mir bei einem Zusammentreffen ihr Konzept zu diesem Buch. Sie fragte mich spontan, ob ich mir vorstellen könnte, mit ihr zusammen das Buch zu verwirklichen. Es gab darauf für mich nur eine Antwort: „Ja!" Mein erstes Buch als Co-Autorin, eine Chance auch für meine eigene Persönlichkeitsentwicklung. Denn in allem, was wir tun und wie wir handeln, werden wir durch unsere Erfahrungen und durch unsere Persönlichkeit geleitet. Nur selten ist das jemandem bewusst.

Dieses Buch soll Sie dabei unterstützen, sich Ihre Wünsche und Ziele bewusst zu machen. Sie sollen Ihre persönlichen Ressourcen wahrnehmen und ausschöpfen. Dies ist der erste Schritt, um sich persönlich im Leben zu entfalten.

Jeder hat den tiefen Wunsch, irgendwann im Leben endlich anzukommen. Dafür müssen wir die Parallelwelten Berufs- und Privatleben in jeder Lebensphase aufs Neue abstimmen, auch manchmal das eine lassen und das andere forcieren.

Wir pendeln zwischen vermeintlicher Fremdbestimmung und Sehnsucht nach eigenbestimmtem Fühlen und Handeln hin und her.

„Müssen" und „Wollen" driften auseinander, zehren Energien. Wir „verzerren" uns mit Unwesentlichem, verlieren unsere Grundbedürfnisse. Was will ich? Wie will ich mich entwickeln, was steht dagegen? Was hilft mir zu sagen: *„Ich kann, was ich will!"*? Wie und womit erreiche ich ein erfülltes Leben? Wir investieren viel Kraft fürs persönliche Fortkommen. Das muss sich lohnen!

Lesen Sie dieses Buch und verwirklichen Sie Ihre Ziele und Wünsche!

Ihre

Inhaltsverzeichnis

Woher komme ich?

1. Persönlichkeitsentwicklung

Warum bin ich so, wie ich bin? Weshalb habe ich andere Persönlichkeitseigenschaften als du? Warum habe ich bestimmte Ängste?

Oft liegt der Ursprung unserer Persönlichkeit in der Kindheit. Dort wurden wir durch unser Umfeld und durch Erfahrungen geprägt und geformt. Im Folgenden werden daher Theorien zur Persönlichkeitsentwicklung aufgeführt, die zur Selbstreflexion auffordern sollen. Das Bewusstmachen von prägenden Erfahrungen in der Kindheit und Jugend kann Aufschluss über unsere erlernten Verhaltensmuster geben und als Grundlage für eine persönliche Entfaltung und / oder Veränderung dienen.

„Die Persönlichkeit ist das Ergebnis einer fortlaufenden Wechselbeziehung zwischen den Bedürfnissen des Organismus und der äußeren Realität." (Sigmund Freud)

Sigmund Freud war ein bedeutender Arzt und Tiefenpsychologe und einer der einflussreichsten Denker des 20. Jahrhunderts. Seine Theorien werden heute immer noch kontrovers diskutiert und mit modernen wissenschaftlichen Verfahren zu belegen oder widerlegen versucht. Im Folgenden werden seine bekanntesten Theorien erläutert. Jeder soll selbst entscheiden, welche Theorien er überzeugend findet oder welche er kritisch betrachtet.

1.1 Entwicklungstheorie

Sigmund Freud postuliert **sechs psychosexuelle Entwicklungsphasen**, in denen der neugeborene Säugling zu einem „reifen" Menschen mit Persönlichkeit heranwächst. Er geht davon aus, dass der Mensch von angeborenen Trieben bzw. Grundbedürfnissen gesteuert wird. Der Trieb entstammt einem körperlichen Spannungszustand, der zur Lebens-, Art- und Selbsterhaltung dient.

Primärtriebe (Bedürfnis nach Nahrung, Wasser, Sauerstoff, Ruhe, Sexualität und Entspannung) sind von Geburt an vorhanden und sichern die Erhaltung der Art und des Individuums.

Die *Sekundärtriebe* entwickeln sich zwischen dem ersten halben und zweiten Lebensjahr. Zu ihnen zählt man das Bedürfnis nach Anerkennung und Sicherheit. Ohne diese Triebe würden wir auf dem geistigen Niveau eines Kleinkindes stehen bleiben.

In jeder Phase sollen demnach Bedürfnisse befriedigt werden. Nur durch eine richtige Bedürfnisbefriedigung kann sich eine gesunde Persönlichkeit entfalten.

Wird ein Bedürfnis nicht zufriedenstellend befriedigt, entstehen Konflikte, die auf die Persönlichkeitsentfaltung mehr oder weniger stark einwirken.

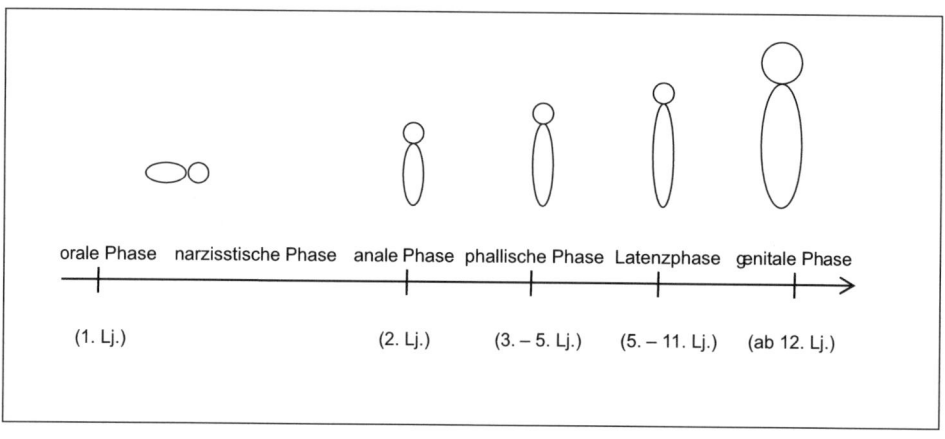

Abbildung 1: *Entwicklungsphasen*

Im ersten Lebensjahr befindet sich der Säugling in der sogenannten **oralen Phase**. Der Mund ist hier die primäre Quelle der Befriedigung. Diese Phase ist von einer Abhängigkeit zur Versorgungsperson (meistens der Mutter) geprägt. Wenn das Neugeborene möchte, dass bestimmte Bedürfnisse befriedigt werden (Nahrungszufuhr bei Hungergefühl), signalisiert es der Mutter z. B. durch Schreien seinen Wunsch. Die Mutter reagiert intuitiv und befriedigt das Bedürfnis des schreienden Kindes durch Zuführung von Nahrung. Hier wird ein *Urvertrauen* aufgebaut.

In Ausnahmefällen gibt es Mütter, die dieser Bedürfnisbefriedigung nicht nachkommen wollen oder können. Sie nutzen die Abhängigkeit des Kindes aus und verstärken somit das Hilflosigkeits- und Abhängigkeitsgefühl des Heranwachsenden. Diese Vernachlässigung der natürlichen Bedürfnisse kann im weiteren Entwicklungsverlauf zu Störungen der Persönlichkeit führen.

In der **narzisstischen Phase** entdeckt das Kind seinen Körper und entwickelt dabei Lustgefühle. Das Kind lernt, sich selbst zu lieben (primärer Narzissmus). Störungen in dieser Phase können im Erwachsenenalter zur Verminderung des Selbstvertrauens und der Selbstachtung führen.

Die **anale Phase** beginnt ca. im zweiten Lebensjahr. Sie lässt sich in eine expulsive und eine retentive Phase unterteilen. Zunächst erlangt das Kleinkind in der expulsiven Phase eine Befriedigung durch das Ausscheiden von Exkrementen. Anschließend wird in der retentiven Phase ein Bedürfnis durch das Einhalten der Exkremente befriedigt. Bestimmte kulturelle Normen können Konflikte innerhalb dieser Bedürfnisse herbeiführen, indem z. B. von dem Kind zu früh verlangt wird, selbstständig auf die Toilette zu gehen. Ungelöste Probleme können unter Umständen zu einer Charakterentwicklung beitragen, die z. B. von Geiz oder übertriebenem Ordnungssinn (zwanghafte Persönlichkeitsstörung) gekennzeichnet wird. Diese Phase ist entscheidend für die Reinlichkeitserziehung, zum Erlernen des sozialen Miteinanders, zur Konfliktfähigkeit und zur späteren ÜBER-ICH-Entwicklung. (Das ÜBER-ICH wird im nächsten Abschnitt „Persönlichkeitsstruktur" definiert.)

Vom dritten bis fünften Lebensjahr dauert die **phallische Phase** an. Das Kind richtet seine Aufmerksamkeit auf die Erforschung des eigenen Körpers sowie auf das Anfassen und Stimulieren der Geschlechtsorgane. Bei einem Geschlechtervergleich kann es bei einem Jungen zu einer Kastrationsangst und bei einem Mädchen zu einem Penisneid kommen. Mädchen könnten sich aufgrund des fehlenden Penisses unvollständig und daher minderwertig fühlen.

In dieser Phase kommt es zum Begehren des gegengeschlechtlichen Elternteils. Hier entsteht ein Konflikt, der bei einem ungünstigen Verlauf der Entwicklung bestehen bleibt und zu dem sogenannten Ödipus-Komplex führen kann.

Bei einer gesunden Entwicklung identifiziert sich das Kind mit dem gleichgeschlechtlichen Elternteil, was zum Erwerb der jeweiligen Geschlechterrolle führt. Das Kind nimmt Werte und Normen des Elternteils an und entwickelt so sein ÜBER-ICH.

Die **Latenzphase** (5. bis 11. Lebensjahr) wird durch das Erlangen von Fähigkeiten und die Erkundung der Umwelt geprägt. Es kann auf die Lustbefriedigung verzichtet, auf einen anderen Zeitpunkt verschoben oder in andere Energien, wie z. B. in sachliche Interessen, umgesetzt werden. Kulturelle Werte und Normen werden von Lehrern, Bekannten etc. übernommen und kognitive Fähigkeiten erworben. Die Schule und das Spielen mit Freunden gewinnen an Bedeutung. In dieser Phase werden sexuelle Energien zwar produziert, jedoch verdrängt bzw. durch Aufbau einer Abwehr gegen die Sexualität verschoben.

Die **genitale Phase** beginnt etwa ab dem zwölften Lebensjahr und wird als die Vorpubertät bezeichnet.

Durch die Produktion von Geschlechtshormonen wird die Sexualität wiederentdeckt. Jetzt dient sie nicht mehr nur der Lustbefriedigung, sondern auch der Fortpflanzung. Anstatt sich selbst zu befriedigen, wird jetzt ein Sexualpartner außerhalb der Familie gesucht. Es entwickeln sich zwischenmenschliche Beziehungen, die für die soziale Interaktion und Kommunikation wichtig sind.

Die Lösung der Konflikte in den jeweiligen Entwicklungsphasen ist für eine gesunde Persönlichkeitsentwicklung wichtig. Bei abweisenden, aggressiven oder auch inzestuösen Eltern kann die Entwicklung der Persönlichkeit gestört werden. Dies kann zu psychischen Erkrankungen führen.

Wurde man in einer bestimmten Phase zu stark verwöhnt, möchte man bei einer unangenehmen Situation im Erwachsenenalter in diese Phase zurückkehren (Regression). Nach dieser Theorie rauchen Menschen, um in die orale Phase zurückzukehren.

Wurde man in einer bestimmten Phase vernachlässigt, so kann es passieren, dass man in dieser Phase hängen bleibt (Fixierung), um die versäumte Befriedigung des Bedürfnisses nachzuholen.

1.2   Persönlichkeitsstruktur – Drei-Instanzen-Modell

Nach dem Psychoanalytiker Sigmund Freud besteht die **menschliche Psyche** aus drei Instanzen: dem **ICH**, dem **ES** und dem **ÜBER-ICH**. Diese Persönlichkeitsstruktur ist sehr dynamisch, da sie einige Konflikte beinhaltet.

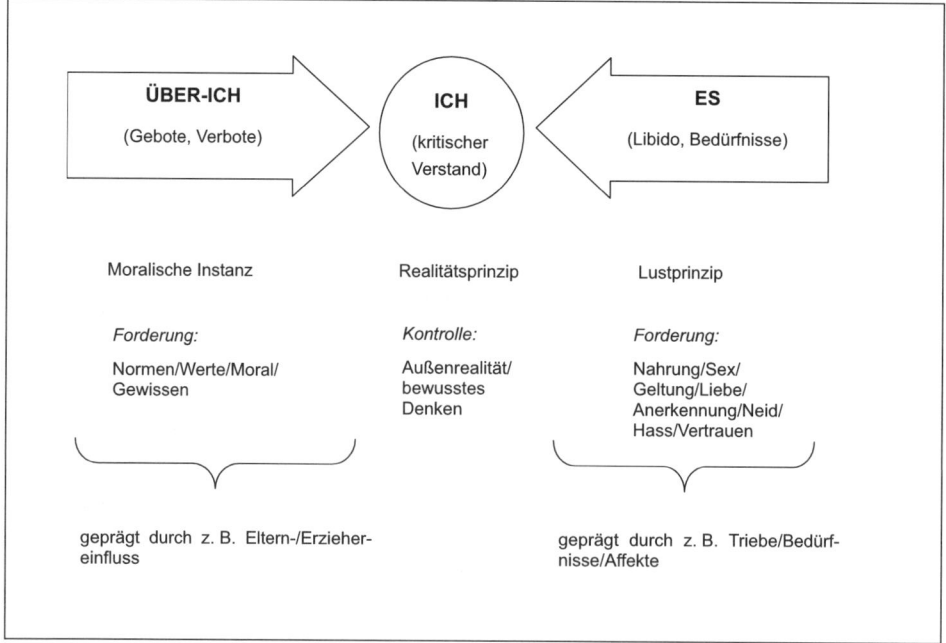

Abbildung 2:   *Die drei Instanzen ICH, ES, ÜBER-ICH*

Das **ES (Lustprinzip)** ist die erste Instanz, die beim Menschen vorhanden ist. Die teilweise angeborenen Triebe (Nahrungstrieb, Sexualtrieb, etc.), Bedürfnisse (Geltungsbedürfnis, Angenommenheitsbedürfnis) und Affekte (Neid, Hass, Vertrauen, Liebe) werden durch das ES repräsentiert. Die Befriedigung seiner Bedürfnisse steht beim ES im Vordergrund und wird meist durch unbewusstes Handeln erreicht.

Durch die Erfahrung einer Bedürfnisbefriedigung und das Maß der Lust- und Unlusterfahrungen bilden sich weitere Bedürfnisse und Emotionen des Menschen aus. Wird ein Mensch in der Kindheit vernachlässigt oder zu sehr verwöhnt, wird der Charakter suboptimal geprägt. Hier können also gewisse Charaktereigenschaften entstehen, die Sie Ihr Leben lang begleiten und Sie vielleicht an gut funktionierenden sozialen Interaktionen hindern können.

Wie schon erwähnt wird in der phallischen Phase (5. Lebensjahr) das **ÜBER-ICH (moralisches Prinzip)** entwickelt. Mittels der Erziehung durch die Bezugspersonen werden kulturelle Normen, gesellschaftliche Werte, Moral und Gewissen vermittelt. Mittels der Verinnerlichung des ÜBER-ICH gewinnt der Mensch die Fähigkeit, sich sozialgerecht zu verhalten und seine ursprünglichen Triebregungen eigenständig zu kontrollieren. Das ÜBER-ICH gibt Zielideale des Individuums wieder. Eigene Vorstellungen bestimmen das Verhalten. Diese Instanz ist dem Menschen relativ bewusst und arbeitet gegen das ES.

Die dritte Instanz der Persönlichkeitsstruktur ist das **ICH (Realitätsprinzip)**. Hier stehen die Außenrealität und das bewusste Denken (Wahrnehmung, Gedächtnis) des Alltags im Vordergrund. Durch das ICH können psychische und soziale Konflikte zwischen ÜBER-ICH und ES bewusst gemacht und aufgelöst werden. Im ICH wird das Selbstbild mit Bewusstseins- und Gefühlsinhalten gespeichert:

...Wer bin ich? Was kann ich? Wovor habe ich Angst? Was traue ich mir zu? ...

Das ÜBER-ICH wird kritisch hinterfragt. Es werden nicht nur die eigenen Wünsche beachtet, sondern auch die Wünsche der Umwelt.

Beispiel

Nehmen wir einmal an, Ihr Chef kommt aufgebracht auf Sie zu und zieht Sie zur Rechenschaft, weil Ihnen anscheinend ein bedeutender Fehler in einer Projektplanung unterlaufen ist.

Sie wissen allerdings, dass dieser Fehler gar nicht Ihnen zuzuschreiben ist, sondern einer Kollegin, die für die Berechnung der Zahlen zuständig war. Ihr **ES** wirkt in Ihrem Unbewussten und löst direkt negative Emotionen aus. Sie wollen doch Anerkennung vom Chef und keine Beschwerden. Zudem sind Sie vermutlich auf Ihre Kollegin sauer, weil Sie den Ärger abbekamen. Sie könnten jetzt „petzen" und Ihrem Chef sagen, dass Sie gar nicht für den Fehler verantwortlich sind. Doch Ihr **ÜBER-ICH**, das Ihre Moralvorstellungen repräsentiert, arbeitet gegen das ES und verhindert diese Reaktion. Sie wollen nicht petzen und eine Kollegin anprangern. Zudem könnte das noch Unruhe in das Beziehungsgeflecht Ihrer Arbeitsumwelt bringen.

Es kommt zu einem inneren Konflikt. Hier vermittelt dann schließlich das **ICH** zwischen ES und ÜBER-ICH. Es durchdenkt, wie z. B. das Bedürfnis nach Anerkennung befriedigt werden kann und wie man dies mit dem sozial gelernten Verhalten „nicht zu petzen" vereinbaren könnte.

Sie entschließen sich daher, die Berechnung der Zahlen erneut vornehmen zu lassen und präsentieren Ihrem Chef schnellstmöglich die Korrektur. Sie mussten dadurch Ihre Moralvorstellungen des ÜBER-ICH nicht verletzen und Ihr ES kann durch eine Wertschätzung der neuen Arbeit durch Ihren Chef befriedigt werden.

Das ICH ist Vermittler und Kontrolleur der Instanzen ÜBER-ICH und ES. Ein Großteil der Motivation menschlichen Verhaltens wird durch innerpsychische Konflikte zwischen den triebhaften Impulsen des ES und dem bewertenden ÜBER-ICH unbewusst gesteuert. Über das ICH kann versucht werden, den Konflikt ins Bewusstsein oder Vorbewusste zu bringen und dort zu lösen.

Konnten Konflikte nicht produktiv gelöst werden, verarbeiten wir sie in Träumen. Träume dienen als Ventil, um einen aufgestauten, unbewussten Druck abzulassen. Konflikte können so verarbeitet und losgelassen werden.

1.3   Das Unbewusste, Vorbewusste und Bewusste

Wissen Sie, warum Sie dieses Buch gekauft haben? Vielleicht hat Sie ihr Unbewusstes gelenkt, ohne dass Sie genau wissen, wieso Sie der Titel oder der Klappentext ansprach. Vielleicht ist Ihnen bewusst, dass Sie eine Veränderung im Berufsleben wollen und Sie versprechen sich durch dieses Buch Abhilfe. Vielleicht hat Sie aber auch der Titel neugierig gemacht und Sie wollen mehr über sich und Ihre Persönlichkeit erfahren. Aber warum? Wahrscheinlich ist Ihnen einiges doch nicht so bewusst, wie Sie vielleicht denken.

Das **Unbewusste** ist nach Freud ein psychischer Bereich, der dem Bewusstsein nicht direkt zugänglich ist. In das Unbewusste können Bewusstseinsinhalte wie z. B. bestimmte Ängste verschoben werden, die Sie zum Selbstschutz abwehren und verdrängen möchten. Dort wirken die Impulse aber weiter und können psychische Prozesse des menschlichen Handelns, Denkens und Fühlens unbewusst entscheidend beeinflussen.

Verdrängte Ängste können sich sogar in seelischen und körperlichen Krankheiten manifestieren.

Eine fehlerhafte Erziehung oder ein erlittenes Trauma könnte beispielsweise zum Selbstschutz ins Unbewusste verdrängt werden und dort unerwünschtes Verhalten, Störungen zwischenmenschlicher Beziehungen und psychisches Leiden erzeugen. Diese Auswirkungen beeinträchtigen Sie ein Leben lang ohne dass Sie genau wissen, woher sie rühren.

Es können aber auch Wünsche ins Unbewusste verdrängt werden, da Ihr ÜBER-ICH gegen diese Wünsche ankämpft. Z. B. wünschen Sie sich eine berufliche Veränderung herbei, die aber von Normvorstellungen bewusst blockiert wird: *„Sei doch zufrieden mit dem, was du hast!"* Da dieser Wunsch aber in Ihnen existiert, begleitet er Sie stets unbewusst. Und vielleicht haben Sie deshalb zu diesem Buch gegriffen.

Das **Bewusste** ist dem Menschen dagegen direkt zugänglich und kann im Zentrum der Aufmerksamkeit stehen oder willentlich beiseite gerückt werden. Z. B. kann Ihnen bewusst sein, dass Sie jetzt etwas in Ihrem Leben verändern möchten. Und deshalb suchen Sie sich Hilfe, beispielsweise indem Sie dieses Buch bewusst lesen und darüber reflektieren.

Beim **Vorbewussten** handelt es sich um Bewusstseinsinhalte, die nicht ständig präsent sind, die einem jedoch beim Suchen von Zusammenhängen wieder einfallen. Das Vorbewusste ist nicht verdrängt, liegt aber auch nicht direkt im Fokus der Wahrnehmung. Durch Nachdenken kann das Vorbewusste direkt zugänglich gemacht werden. Es liegt demnach zum Abruf bereit. Beispielsweise haben Sie die Aufgabe, einen wichtigen Kunden anzurufen. Durch diesen Anstoß fällt Ihnen plötzlich seine Telefonnummer ein.

Wie die heutige Neurowissenschaft durch bildgebende Verfahren herausgefunden hat, gehen unbewusste Prozesse tatsächlich bewussten Prozessen in bestimmter Weise voraus.

1.4   Angst und Angstabwehr

Jeder kennt das Gefühl, Angst zu haben oder sich vor etwas zu fürchten. Ängste können uns lähmen und uns handlungsunfähig machen. Sie können unterschiedlich stark ausgeprägt sein und mit physiologischen Reaktionen (Schweißausbrüche, Herzrasen, Schwindel etc.) einhergehen. Es ist daher wichtig zu wissen, woher die Ängste stammen. Nur so kann es einem gelingen, sie abzubauen.

Freud unterscheidet die neurotische von der moralischen Angst, wobei Letztere noch in eine allgemeine Angst münden kann. Bei der allgemeinen Angst handelt es sich um eine Angst vor allem, ohne genau zu wissen, wovor. Die Theorie der Angst basiert auf der Annahme, dass die Wünsche bzw. Triebe und Bedürfnisse des ES zu stark werden könnten.

Abwehrmechanismen sollen die Angst vor Bestrafung und vor Schuldgefühlen entweder verschieben oder verdrängen abwehren, so dass keine Angst mehr verspürt wird.

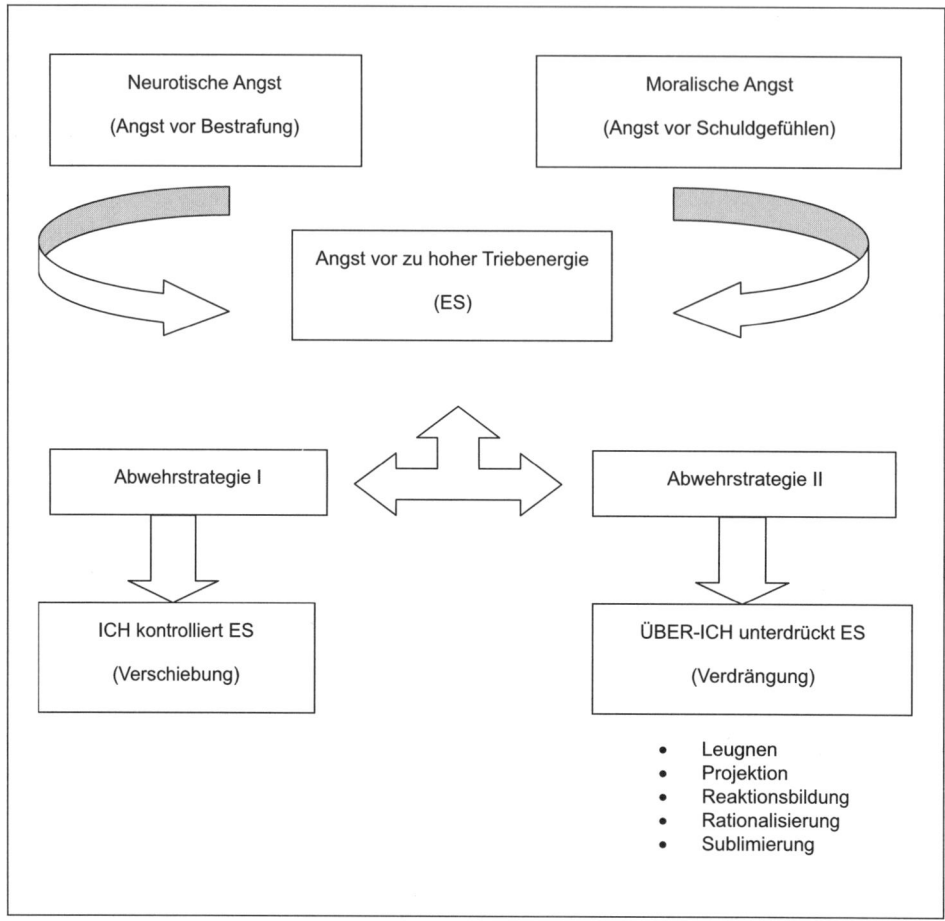

Abbildung 3:   *Die Ängste mit ihren Abwehrmechanismen*

Bei der **neurotischen Angst** handelt sich es um eine *Angst vor Bestrafung*, wenn der Mensch den Bedürfnissen und Triebimpulsen des ES nachgibt.

Durch die Abwehrstrategie I können eigentliche Triebwünsche des ES durch das ICH kontrolliert bzw. „verschoben" werden. Die Bedürfnisse werden somit nicht direkt ausgelebt.

Beispiel

Verlangen des ES:

„Eigentlich wollte ich meinem Chef schon immer mal auf den Kopf zusagen, dass auch er in seinen Angeboten Fehler macht."

Verschiebung durch ICH (Abwehrstrategie I):

„Chef, haben Sie sich das Angebot noch mal angesehen?"

Die **moralische Angst** entwickelt sich, wenn das ÜBER-ICH nicht stark genug ist, die Gedankentriebe des ES zu kontrollieren. Der Mensch hat *Angst vor Schuldgefühlen*, die er bekommen würde, wenn er dem ES nachgibt. Diese Angst ist ab dem sechsten Lebensjahr vorhanden und scheint sehr ausgeprägt zu sein.

Bei der Abwehrstrategie II, der „Verdrängung", setzt sich das ÜBER-ICH dem ES gegenüber durch. Beim Leugnen (sehr ausgeprägt bei Kindern), Projizieren (ich gebe die Verantwortung meines Handelns an andere ab), Bilden von Reaktionen (das Gegenteil von dem machen, was man eigentlich will), Rationalisieren (über die Situation nachdenken) und Sublimieren (es wird versucht, die Energie in etwas Positives umzuwandeln) gelingt es dem ÜBER-ICH, die Triebenergien zu unterdrücken.

Beispiel

Verlangen des ES:

„Ich möchte keine Fehler machen, damit mein Chef von mir nicht enttäuscht ist und damit er mich respektiert r."

Verdrängung durch ÜBER-ICH (Abwehrstrategie II):

Leugnen	→	*„Die Mail ist bei mir gar nicht angekommen."*
Projektion	→	*„Das hat der Kollege gemacht."*
Reaktionsbildung	→	*„Das mache ich immer wieder gerne."*
Rationalisierung	→	*„Eigentlich ist die Aufgabe nichts für mich. Aber wenn Sie das sagen, dann mach ich das."*
Sublimierung	→	*„Der Betrieb macht minus, und ich will eine Lohnerhöhung. Aber nächstes Jahr gibt es dafür wohl umso mehr."*

Eine Verdrängung der eigentlichen Triebe ins Unbewusste geht mit Energieverlust einher, da die ganze psychische Energie in die Triebkontrolle investiert wird.

Der Verdrängungsprozess ist daher die Abwehr von Gedanken und Impulsen, die Angst auslösen können. Diese Gedanken und Impulse wirken aber nach der Verdrängung im Unbewussten weiter und können sich schließlich in einer Krankheit manifestieren.

Eine Aufklärung des Unbewussten (verdrängte Wünsche) ist nach tiefenpsychologischen Ansätzen das Ziel der Psychoanalyse.

1.5   Durch Bedürfnisbefriedigung zum reifen Menschen

Anknüpfend an Freuds Entwicklungstheorie, nach der der Mensch durch Triebe und Grundbedürfnisse gesteuert wird, postulierte Epstein eine Selbsttheorie. Er beschrieb vier Grundbedürfnisse des Menschen, die allen angeboren sind. Um zu einem gesunden Menschen heranzuwachsen, sollten bei jeder Handlung und jedem Erleben alle Bedürfnisse erfüllt werden.

Das **Bedürfnis nach Lustgewinn** sieht er wie Freud als ein angeborenes Bedürfnis, lustvolle Erfahrungen herbeizuführen und unangenehme Erfahrungen zu vermeiden. Lust und Unlust bleiben ein Leben lang das wichtigste Instrument zur Ausbildung umweltangepassten Verhaltens. Je nach Erfahrungen in der Kindheit wird die Umwelt eher als positiv oder negativ wahrgenommen. Hieraus kann sich eine optimistische oder pessimistische Lebenseinstellung entwickeln.

Das **Bedürfnis nach Orientierung und Kontrolle** ist für die eigene Motivation unverzichtbar. Die Erfahrungen, dass man mit dem eigenen Verhalten erfolgreich Wirkungen im Sinne des Erreichens bestimmter Ziele herbeiführen kann, führen zu positiven Kontrollüberzeugungen oder zu positiven Selbstwirksamkeitserwartungen.

Jeder Mensch hat ein **Bedürfnis nach Selbstwerterhöhung**. Doch nicht jedes Bedürfnis kann immer erfüllt werden. Beispielsweise entscheidet ein vernachlässigtes Kind, dass es selbst die Schuld an seiner Situation hat. Denn wenn die Mutter schlecht wäre, hätte es keine Überlebenschancen. Es entsteht ein Gefühl der Kontrolle auf Kosten des Selbstwertes.

Das vierte Grundbedürfnis ist das angeborene **Bedürfnis nach Bindung**. Das Kind sucht intuitiv die Nähe einer Person, die das Leben besser kennt als es selbst. Wird dieses Bedürfnis erfüllt, kann es sich beruhigt anderen Dingen zuwenden. Durch diese Erfahrungen wird das zukünftige Beziehungsverhalten eines Menschen geprägt. Die erlebten Erfahrungen hängen maßgeblich von der Verfügbarkeit und der Einfühlsamkeit der Bezugsperson ab.

Die positive Zuneigung einer Bezugsperson zum heranwachsenden Kind ist für die gesunde Persönlichkeitsentwicklung daher unabdingbar. Der Erwachsene wird dadurch geprägt und zehrt davon.

Beispiel

Eine Assistentin könnte sich zu o. g. Bedürfnissen folgendermaßen äußern:

Lustgewinn   *„Die Aufgabe, die der Chef mir gerade gegeben hat, macht mir richtig Spaß.“*

Orientierung / Kontrolle   *„Der Chef weiß ja, was er an mir hat. Er kann sich voll auf mich verlassen.“*

Selbstwerterhöhung	*„Da der neue Chef gerade mir den neuen Auftrag gegeben hat, schätzt er wohl meine Qualitäten gegenüber denen der Kollegen richtig ein."*
Bindung	*„Wenn der Chef mir weiterhin das Vertrauen ausspricht, dann kann mir ja nichts passieren."*

Sie wird ihrem Chef weiterhin ihre Ideen vorschlagen, da sie nichts zu verlieren hat, sonsondern nur zu gewinnen.

2. Ressourcen als Persönlichkeitseigenschaften und Bewältigungsstrategien

Warum reagiert der eine Mitarbeiter „dünnhäutig", wenn der Chef ihn kritisiert oder ihn mit immer mehr Aufgaben zudeckt? Und warum nimmt jemand anderes Belastungen als Herausforderung wahr? Die Stress- und Bewältigungsforschung beschäftigt sich mit diesen und weiteren Fragen wie: „Warum gibt es interindividuelle Unterschiede bei Belastungsreaktionen? Wie nehmen Menschen Belastungen wahr? Wie reagieren sie psychisch und physisch darauf? Wie bewältigen Menschen Belastungen und welche Folgen treten auf?"

Die Form der Bewältigung hängt maßgeblich von der Situation ab, in der die Belastung auftritt. Dennoch gibt es bestimmte beständige, persönlichkeitsspezifische Formen oder Stile der Bewältigung, die einer Eigenschaft nahekommen. Diese Eigenschaften werden dann zu personalen Ressourcen (unsere persönlichen Mittel und Quellen), die bei negativen Belastungen helfen können.

Im Folgenden werden z. B. Ressourcen in drei verschiedenen Bereichen aufgeführt:

- Ressource im *affektiven* Bereich: Der Mitarbeiter ist mit einer heiteren, positiven Gemütslage ausgestattet.

- Ressource im *kognitiven* Bereich: Der Mitarbeiter hat die Überzeugung, mit Anforderungen entweder selbst fertig werden zu können oder hegt die Erwartung, dass sich alles zum Guten wendet.

- Ressource im *motivationalen* Bereich: Der Mitarbeiter sieht von vornherein in allem, was ihm zustößt, das Gute und die Herausforderung. Er interpretiert es als sinnhaft.

Eine weitere hilfreiche Strategie, um mit belastenden Situationen besser umgehen zu können oder diese gar zu bewältigen, ist das **Coping** (Bewältigung).

Personen mit hohem Selbstwert können besser mit negativen Ereignissen umgehen. Sie verfügen meistens über zahlreiche solcher Bewältigungsstrategien (Copingstrategien).

Ein emotionszentriertes Coping führt beispielsweise dazu, sich einer negativen Situation physisch zu entziehen, die Gedanken an die negative Situation auszublenden, die Wichtigkeit des Bereiches herunterzuspielen oder über das Ereignis zu sprechen oder zu schreiben.

Beispiel

Im Kopierraum treffen Sie auf eine Kollegin, der Sie sonst lieber aus dem Weg gehen. Ihre Kollegin stört es, dass Sie beim letzten Mal kein neues Kopierpapier in das Gerät gefüllt hatten. Sie geraten mit Ihrer Kollegin in einen Konflikt. Sie könnten sich nun der Situation physisch entziehen, d. h. Sie gehen wieder und versuchen, der Kollegin nicht mehr zu begegnen. Sie könnten diesen Konflikt aber auch herunterspielen und die Gedanken darüber ausblenden. Schließlich ist das Verhalten der Kollegin „kindisch". Falls Sie die Kritik der Kollegin doch zu sehr beschäftigt, greifen Sie abends vielleicht zu Ihrem Tagebuch oder zum Telefon und schreiben oder sprechen sich das Erlebnis von der Seele.

Ein problemzentriertes Coping hilft Ihnen, das Problem umzudeuten und es anzuzweifeln, oder einen negativen Ausgang schon präventiv vorwegzunehmen.

Beispiel

Sie zweifeln die Kritik Ihrer Kollegin im Kopierraum an. „Vermutlich bin ich heute etwas sensibel, daher nimmt mich ihre Äußerung etwas mit." Sie könnten die Kritik auch umdeuten. Vermutlich möchte ihre Kollegin Sie gar nicht angreifen, sondern wirklich nur auf das leere Papierfach hinweisen. Ihr schroffer Umgangston liegt vielleicht an ihrem stressigen Arbeitstag. Oder Sie machen sich bewusst, dass Sie mit dieser Kollegin nie „beste Freundin" werden und haken das Erlebte ab.

Durch Stress und Versagen kann allerdings der Selbstwert bedroht werden. Besonders verheerend sind negative Ereignisse, die als unkontrollierbar erlebt werden. Falls Ihr Selbstwert auf Dauer bedroht wird, können emotionale und gesundheitliche Probleme entstehen.

Beispiel

Heute ist ein Tag, an dem Sie viel erledigen müssen. Ihr Chef kommt plötzlich zur Tür herein und gibt Ihnen für heute zusätzliche Aufgaben. Sie geraten in Stress und haben Angst, den Anforderungen nicht gerecht zu werden. Wenn Sie die Aufgaben nicht bewältigen können, fühlen Sie sich als Versager. Ihr Selbstwert ist gesunken.

Zu einer weiteren persönlichen Ressource gehört die automatische **Ursachenzuschreibung** (*Attributionsstil*). Wir nehmen nämlich Ereignisse nicht einfach nur wahr, sondern schreiben dem Erlebten Ursachen zu. Diese Ursachenzuschreibungen werden, ohne sie zu reflektieren und sie uns bewusst zu machen, automatisch produziert.

Der Mensch verfügt über individuelle Stile, ein Ereignis zu erklären und zu verstehen. Zum einen stellt er sich die Frage, ob z. B. das Ergebnis einer Leistung sich selbst (internal) oder äußeren Gegebenheiten (external) zuzuschreiben ist.

Ist die Leistung beispielsweise schlecht gewesen, könnte die Person diese Leistung internal attribuieren. Damit wertet sie sich selber ab: *„Ich bin zu dumm für diese Aufgabe."*

Würde die Person die Leistung eher äußeren Faktoren zuschreiben, dann würde sie external attribuieren: *„Ich wurde permanent während meiner Aufgaben durch Anrufe gestört."*

Der nächste Schritt betrifft die Frage, ob die Person ein Ergebnis stabilen Faktoren zuschreibt: *„Ich mache ständig Fehler."*, oder variablen Faktoren zuschreibt, wie: *„Heute war ich mal ausnahmsweise nicht so motiviert. Da können Fehler schon mal passieren."*

Im letzten Schritt schreibt der Mensch die Ursachen globalen oder spezifischen Faktoren zu. Globale Faktoren wären z. B., wenn die Person Faktoren auf weite Bereiche des Lebens zuschreibt: *„Ich bin einfach unfähig, Aufgaben gut zu lösen."*

Ein spezifischer Faktor wäre dagegen: *„Heute war ich mal unkonzentriert, aber morgen wird der Tag produktiver sein."*

Demnach wäre ein pessimistischer Erklärungsstil, wenn jemand beispielsweise eine schlechte Leistung internal (sich selbst) und stabil (bei jeder Gelegenheit) attribuiert. Diese Art von Kontrollverlust hat verheerende Folgen. Eine Depression oder eine erlernte Hilflosigkeit wird von negativen emotionalen Reaktionen begleitet und blockiert eigene Fähigkeiten und Ressourcen.

Bei Erklärungen für schlechte Leistungen dürfen Sie gerne external attribuieren (anderen Faktoren die schlechte Leistung zuschreiben). Bei guten Leistungen wirkt ein internaler Attributionsstil (sich selbst die gute Leistung zuschreiben) belohnend.

Eine weitere Ressource ist die optimistische Lebenseinstellung. Optimistische und pessimistische Grundeinstellungen beeinflussen die Zielerreichung und die Erwartungshaltung eines jeden Menschen.

Defensive Pessimisten z. B. erwarten das Schlimmste in der Bewältigung einer neuen Lebensaufgabe. Sie lassen sich dadurch aber nicht abschrecken, die Anforderung anzugehen. **„Rosiges Licht" Optimisten** glauben daran, dass letztlich alles sein gutes Ende hat. Sie verlassen sich aber nicht auf bloßes Glück, sondern arbeiten hart daran, den erwarteten Erfolg zu sichern. Daher unterscheiden sich Pessimisten von Optimisten nicht in ihrer Leistung. Jedoch verbrauchen Pessimisten viel mehr psychische Energie. Sie müssen zu der leistungsbezogenen Aufgabe noch ihre Ängste und Befürchtungen bewältigen.

Übung

Bewusstmachung eigener Ressourcen

Über welche Ressourcen verfügen Sie?

_____

_____

_____

Auf was würden Sie z. B. die schlechte und gereizte Laune Ihres Chefs zurückführen? Würden Sie die schlechte Laune auf Ihre Anwesenheit oder Leistung (internal) zurückführen oder äußeren Gegebenheiten (external) zuschreiben?

_____

_____

_____

Sind Sie eher Optimist oder Pessimist?

_____

_____

_____

Was haben Sie persönlich von Ihren o. g. Ressourcen?

_____

_____

_____

3. Persönlichkeit ist positiv beeinflussbar

Zusammenfassend kann gesagt werden, dass die Persönlichkeit eines Menschen die Gesamtheit dessen ist, was das Gemüt und den Charakter eines Individuums ausmacht. Die Persönlichkeitsentwicklung (oder auch Sozialisation) wird als die Anpassung an gesellschaftlich und kulturell bedingte Denk- und Gefühlsmuster durch Verinnerlichung von Normen verstanden. Die Erziehung legt uns diese Normen, Werte und Werturteile der Gesellschaft nahe, damit wir sozial handlungsfähig werden können. Die verinnerlichten Normen werden durch Erfahrungsmuster mit Bezugspersonen frühkindlich erworben und bleiben relativ stabil. Durch Erbanlagen (DNS) und durch positive wie negative Erfahrung, die zu einer Befriedigung oder Vernachlässigung unserer Bedürfnisse führt, werden zudem unsere Persönlichkeitseigenschaften gefestigt. Eigenschaften sind Verhaltenstendenzen, denen ein Individuum über verschiedene Situationen und einen längeren Zeitraum hinweg folgt.

Allerdings treffen wir im Laufe des Lebens auf weitere Menschen und Situationen, die uns prägen. Erfahrungen mit unterschiedlichen Gruppen, Personen und Institutionen verändern unsere Persönlichkeit. Daher ist die Entwicklung der Persönlichkeit ein lebenslanger Prozess des Lernens und der Anpassung.

4. Wie Wahrnehmungsprozesse unser Denken und Handeln beeinflussen

Unser soziales Verhalten wird durch bestimmte Wahrnehmungsprozesse gesteuert und bestimmt. Es gibt acht Grundsätze, nach denen wir unser Denken und Handeln und somit unser Leben richten.

1. Jeder Mensch konstruiert sich seine eigene Wirklichkeit. Demnach gibt es keine objektive Wirklichkeit, sondern nur eine subjektive.

   Unsere Sinnesorgane (Sehen, Hören, Fühlen, Riechen, Schmecken) registrieren die Welt. Durch individuelle Vorerfahrungen werden Eindrücke gedeutet, bewertet und geordnet. Eine subjektive Realität wird somit geschaffen.

   Wurde ein Mensch in seinem Leben schon des Öfteren verletzt und enttäuscht, so steht er anderen Menschen in Zukunft skeptischer gegenüber. Er hat Angst, wieder enttäuscht zu werden und lässt Nähe daher nur sehr zögerlich zu. Das gesamte soziale Verhalten wird von diesem Menschen anders ausgerichtet als von einem Menschen, der diese Vorerfahrungen nicht gesammelt hat. Der enttäuschte Mensch ist sensibler für bestimmte Reaktionen seines Gegenübers und deutet Gesagtes vielleicht misstrauischer. Ein anderer Mensch würde die Reaktionen vielleicht ganz anders deuten als der verletzte Mensch.

2. Soziale Einflüsse sind allgegenwärtig und beeinflussen die Gedanken, Gefühle und das Verhalten des Menschen.

   Unsere Umwelt hat einen starken Einfluss auf uns. Durch unseren Freundeskreis oder durch berufliche Interaktionen werden wir in unserem Verhalten geprägt. Auch unsere Wahrnehmung kann durch das Umfeld, in dem wir uns bewegen, beeinflusst werden.

3. Menschen versuchen, Vorgänge in der sozialen Welt zu verstehen und vorherzusagen, um z. B. Ziele zu erreichen. Eine Belohnung ist die Folge.

   Ein neues Projekt soll geplant werden. Die gesamte Abteilung ist in die Vorbereitungen involviert. Unwillkürlich überlegen Sie sich: „Was kommt auf mich zu? Welche Ziele kann ich erreichen? Wie interagieren meine Arbeitskollegen mit mir? Wird mein Chef mit meiner / unserer Arbeit zufrieden sein?"

4. Menschen suchen die Gemeinschaft und Verbundenheit. Sie sind gerne Teil einer Gruppe, da sie dort Unterstützung und Akzeptanz von Menschen erhalten, die ihnen wichtig sind.

   Sie kommen in eine neue Arbeitsgruppe und fühlen sich als Neuling außen vor. Um sich auf Ihrem Arbeitsplatz wohl zu fühlen, möchten Sie zu einem gesunden Arbeitsklima beitragen und ein Teil dieser Gruppe werden. Sie zeigen sich von Ihrer besten Seite. Ihre Kollegen akzeptieren Sie schließlich und geben Ihnen Rückhalt. Sie können sich bei aufkommenden Fragen oder Problemen an Ihre Kollegen wenden. Die Gruppezugehörigkeit stärkt Sie und Ihren Selbstwert.

5. Menschen wollen sich und ihre Gruppe in einem positiven Licht sehen. Andere Einstellungen gegenüber dem eigenen Selbstbild werden abgewehrt.

   Sie hören, dass Ihr Chef von der Arbeitsweise einer anderen Arbeitsgruppe mehr hält als von der Ihrer Arbeitsgruppe. Zum Selbstschutz werten Sie seine Aussage ab. Sie sind von der Arbeit Ihrer Gruppe überzeugt. Da Sie Teil dieser Gruppe sind, schützen Sie mit diesem Abwehrgedanken Ihren eigenen Selbstwert.

6. Eigene Einstellungen und Ansichten lassen sich nur schwer korrigieren oder verändern. Sie neigen dazu, sich selbst aufrecht zu halten und sich selbst zu bestätigen.

   Ihre eigenen Einstellungen zu bestimmten Dingen lassen sich nur sehr schwer verändern. Ihre Einstellungen werden nämlich durch bestimmte Verhaltens- und Denkweisen verstärkt und bleiben somit präsent. Sie lesen z. B. nur die Zeitung, die Ihrer eigenen Meinung entspricht.

7. Leicht zugängliche Informationen haben den größten Einfluss auf Gedanken, Gefühle und Verhalten.

   Wir nehmen Unmengen von Details im Alltag wahr. Doch nur die Details, die für uns leicht zugänglich sind, haben einen Einfluss auf unsere Gedanken, Gefühle und unser Verhalten. Beispielsweise erörtert Ihr Vorstand eine neue Firmenstrategie. Vorgesetzte, die sich mit den Plänen bereits auseinandergesetzt haben, applaudieren. Sie nehmen den Applaus wahr und assoziieren ihn mit der neuen Firmenpolitik. Sie sind plötzlich mit den Plänen einverstanden.

8. Menschen investieren normalerweise wenig in die Informationsverarbeitung. Sie verarbeiten lieber oberflächlich, als konkret nachzudenken. Durch direkten Bezug zu einem Thema oder aus persönlicher Neugierde kann sich die Eigenmotivation zur Vertiefung der Verarbeitung steigern.

   Wenn Sie plötzlich wahrnehmen, dass die neue Firmenpolitik mehr Arbeit für Sie bedeutet, hinterfragen Sie die Details der Planung: „Was kommt Neues auf mich zu? Welche Konsequenzen bringen die neuen Pläne mit sich? Wie wirkt die Umsetzung auf mein Arbeitsfeld?"

4.1   Die Wahrnehmung meiner eigenen Identität

Wie erhält man Wissen über das *Selbst* bzw. wie nimmt man sich selbst wahr?

Das *Beobachten des eigenen Verhaltens* (z. B. Körperhaltung) gibt Aufschluss über das eigene Selbst. Wenn das Verhalten verändert wird, beispielsweise durch einen stolzeren Gang, gewinnt die Person durch diese Beobachtung des Verhaltens ein stolzeres Selbstbild von sich.

Die beste Quelle für die Erkenntnis über das eigene Selbst sind die *Gedanken und Gefühle*. Sie können nur wenig von externen Einflüssen moduliert und beeinflusst werden. Z. B. überlegt der Mensch, wie andere ihn wohl bewerten und sehen.

Reaktionen der Mitmenschen und *soziale Vergleiche* liefern weitere Informationen über das eigene Selbst.

Dadurch, dass jeder Mensch mehrere gesellschaftliche *Rollen* und Beziehungsgeflechte erfüllen muss, besitzt er auch mehrere Selbst (Selbstkomplexität). Durch die Internalisierung solcher Rollen entwickelt sich die Identität. Beispielsweise ist eine Frau erfolgsorientiert und unantastbar, während sie zu Hause die liebevolle Mutter darstellt. Rollenpluralität kann als Ressource angesehen werden, fördert Wohlbefinden und Gesundheit und steigert das Selbstwertgefühl. Wenn eine Rolle wegfällt (z. B. durch Arbeitsverlust), kann der Verlust durch eine andere Rolle leichter ausgeglichen werden. Jedoch können zu viele Rollen uns auch am erfolgreichen Weiterkommen hindern. Ist man beispielsweise Vorsitzender im Kleintierverein, Mutter, Assistentin etc. können uns unwichtige Rollen viel Energie und Zeit kosten. Unnötige Rollen sollten daher abgelegt werden, um frei für Rollen zu sein, in denen wir uns wohl fühlen. Da der Mensch leider gerne an Gewohnheiten festhält, fällt es ihm schwer, sich von Rollen zu lösen.

Übung

Unnötige Rollen ablegen, Zeit gewinnen

Stellen Sie sich Ihre persönliche Rollenliste zusammen und setzen Sie Prioritäten, welche Rolle Ihnen wichtiger und welche Ihnen unnötig erscheint. Lösen Sie sich schließlich von unwichtigen Rollen.

_____

_____

_____

_____

_____

Der *Selbstwert* ist das Gefühl dem eigenen Selbst gegenüber. Er wird als Verhältnis zwischen Erfolg und Anspruch definiert.

Das *Selbstkonzept* ist hingegen das Wissen über die eigenen Qualitäten (Eigenschaften), eine eigene Theorie über sich selbst.

Beide Konstrukte verändern sich permanent. Oft sammelt und interpretiert der Mensch selbstbezogene Informationen so, dass ein besonders positives Bild des Selbst entsteht. Beispielsweise wird der eigene Arbeitsanteil bei einem erfolgreichen Projekt größer eingeschätzt als bei einem erfolglosen Projekt. Diese Überschätzung hat selbstwertdienliche Vorteile und ist angenehmer als eine akkurate Einschätzung. Die Erhöhung des Selbstwertes steht bei jedem Menschen im Vordergrund. Sie ist existenziell für das persönliche Wohlbefinden und kann vor Stress und Bedrohung schützen.

Einmal gefestigt, beeinflusst das Selbstkonzept die Gedanken, Gefühle und Handlungen jeder Person.

4.2   Die Wahrnehmung anderer Individuen

Der erste Eindruck einer gegenüberstehenden Person wird durch bestimmte Determinanten beeinflusst. Der *Kontext der Begegnung* (ob am Arbeitsplatz oder in der Freizeit) sowie visuelle Reize sind besonders ausschlaggebend. Das *physische Erscheinungsbild* (Aussehen), die *nonverbale Kommunikation* (Körpersprache), das *offene Verhalten* (was jemand gerade macht) und der *Bekanntheitsgrad* durch Wahrnehmungswiederholung des Gegenübers veranlassen den Menschen, schnell einen ersten Eindruck von einer Person zu gewinnen.

Das situative (im Kontext gezeigte) Verhalten einer Person liefert einen stärkeren Hinweis als z. B. das Aussehen. Die Interpretation von solchen Hinweisen hängt von unserem Wissen und unseren Einstellungen ab.

Attraktive Personen haben es jedoch etwas leichter im Leben. Sie werden als intelligenter eingeschätzt und bekommen öfter Hilfe angeboten. Sie haben bessere Chancen, einen Arbeitsplatz zu erhalten und ihr Anfangsgehalt liegt meist höher. Attraktive Frauen in Spitzenpositionen werden allerdings als weniger kompetent beurteilt, weil man vermutet, dass sie den Arbeitsplatz eher ihrem Aussehens zu verdanken haben.

Bei der nonverbalen Kommunikation wirkt in der Regel positiv, wenn ein direkter Augenkontakt (nicht anstarren) besteht, der Zuhörer mit dem Kopf nickt und eine offene Körperhaltung hat.

Personen, die man unbewusst zuvor schon einmal gesehen hat, werden durch die bestehende Vertrautheit positiver wahrgenommen.

Oft wird aufgrund eines gezeigten Verhaltens ein Persönlichkeitszug attribuiert. In der Regel ist dieses Verfahren gerechtfertigt, wenn das Gegenüber das Verhalten freiwillig zeigt und es keine alternative Erklärung zulässt. Jedoch können auch sogenannte „fundamentale Attributionsfehler" (Zuschreibungsfehler) entstehen. Hierunter ist die Überschätzung der Erklärungsmöglichkeiten des Verhaltens durch Persönlichkeitsmerkmale zu verstehen. Situative Einflüsse werden unterschätzt.

Beispiel

Wir erleben einen Menschen in einer gestressten Situation und schreiben ihm seine Fahrigkeit auch in anderen Lebensbereichen zu, ohne seine stressige Situation zu berücksichtigen.

5. Das Selbst aus der Sicht der Psychoanalyse: „Die Aussöhnung mit meinem inneren Kind", die „Mitte" finden ...

Sie kennen sicher das sogenannte „Bauchgefühl", die unbewusste Abklärung, sich für das als richtig Empfundene entscheiden zu wollen.

Ein permanenter innerer Dialog zwischen unseren kindlichen Persönlichkeitsanteilen und unseren erwachsenen führt uns zu dem, was wir sind. Bekanntlich sind wir nicht von Geburt an erwachsen. Das Kind in uns richtet sich hauptsächlich nach seinen Grundbedürfnissen auf der Ebene der Gefühle. Der Erwachsene ist der logische und denkende Teil der Persönlichkeit. Gefühle sind dabei das Ergebnis seines Denkens. Das Kind will hier eher erleben, der Erwachsene handeln.

Der oder das Erwachsene in uns entscheidet aus vorher Erlebtem, ob wir uns vor den als negativ empfundenen Erlebnissen schützen sollen oder besser von ihnen lernen wollen.

Innere Abgegrenztheit und Spaltung von den Gefühlen führen zu einem falschen Selbst, was von einer Generation an die nächste weitergegeben wird.

Die nicht einfache seelische Arbeit auf ein höheres Selbst hin im liebevollen Umgang mit den Gefühlen ist das bessere, erfolgreichere Lebenskonzept, für sich selbst und die Mitmenschen.

5.1 Das höhere Selbst

Das höhere Selbst ist die Verbindung zwischen dem liebevollen Erwachsenen und dem von uns selbst geliebten inneren Kind. Das Gleichgewicht zwischen beiden ist der anzustrebende Idealzustand des Selbst, der „Mitte". Es ist unsere wahre unverfälschte Identität, wenn wir vom Guten im Menschen ausgehen. Das Ziel des höheren Selbst ist: zu lernen und zu lieben. Sich darauf einzulassen erzeugt ein inneres Gefühl von Stärke und gespürter persönlicher Kraft. Diese Gratwanderung durch einen inneren Dialog ist der Garant für privaten und beruflichen Erfolg.

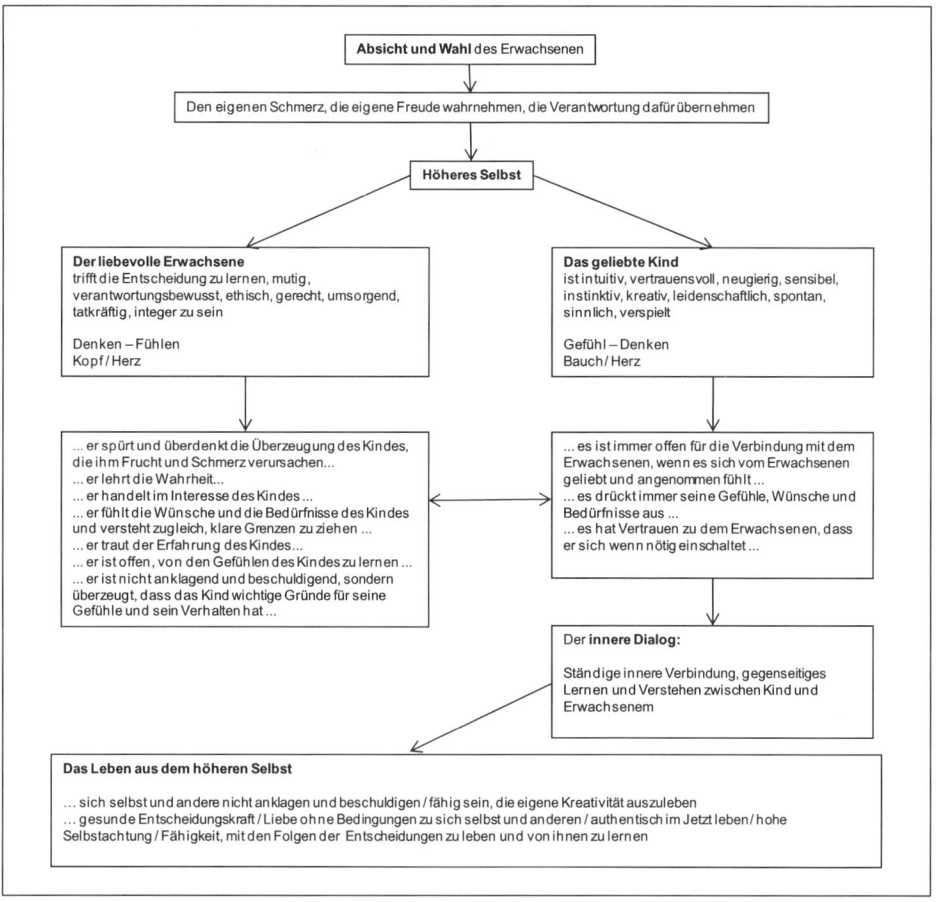

Abbildung 4: *Das Lebensmuster des höheren Selbst*

5.2   Das falsche Selbst

Die in Erziehung und Beeinflussung lieblosen, vermeintlich schützenden Erwachsenen prägen in uns das Gefühl des ungeliebten, verlassenen Kindes. Sie täuschen vor, im Interesse des Kindes zu handeln. Die Eigeninteressen des Erwachsenen, aus eigenem erlebten Erziehungsmuster, sind nicht mit denen des Kindes reflektiert oder abgestimmt, mit dem, was ihm gut tut und Sicherheit gibt. Dazu gehören Äußerungen wie: „ *... das kannst du nicht, dafür bist du zu dumm ..., ... die anderen stellen sich nicht so an ...* “. Diese Äußerungen können von Eltern kommen, oder sogar (nach deren Erziehungsversuchen) von uns selbst für uns selbst.

Erfahrene lieblose Verhaltensmuster von lieblosen Erwachsenen zwingen unser in der Kindheit vorgeprägtes Erwachsenenverhalten in eine Richtung, die uns später als Verlassene ohne Rückgrad leben und agieren lässt.

Wenn wir dann in unserer Kindheit auf äußere Ablehnung reagieren, indem wir uns selbst ablehnen, brechen wir den Kontakt mit unserem inneren Kind ab. Folglich entwickelt sich so das Ego.

Das falsche Selbst trifft dann als liebloser Erwachsener die Wahl, sich gegen seine kindlichen Urgefühle wie das Durchleben von Schmerz, Angst und Unbehagen zu schützen. Es weigert sich, für seine Gefühle Verantwortung zu übernehmen. Der lieblose Erwachsene in uns misst Aufgaben, Regeln, Verpflichtungen, Scham- und Schuldgefühlen einen größeren Wert bei als dem Gefühl, in liebevollem Kontakt mit sich selbst zu sein. Ein Ausdruck von „Unabhängigsein" ist somit verinnerlicht: Die Aufgabe des Ego ist es nun, sich selbst und anderen vorzumachen, es sei nunmehr möglich, Verlassenheit und Ablehnung zu vermeiden.

Wir haben viele kleine Trennungen von unseren Eltern erlebt und daraus geschlossen, dass wir abgelehnt und verlassen wurden, weil mit uns etwas nicht stimmt, wir schlecht und nicht liebenswert wären. Das Ziel des Ego ist es, sich gegen unser Alleinsein zu schützen, statt Liebe zu geben, Liebe zu bekommen. Das Ego ist der defensive Teil von uns. Es kann sich aber aufbauen damit: „*Du bist ihnen nicht wichtig ..., ... dann wird das Ego euch mal das Gegenteil beweisen.*"

Das daraus oftmals resultierende „Abgetrenntheitsgefühl" kann Stress erzeugen, den viele tagtäglich erleben.

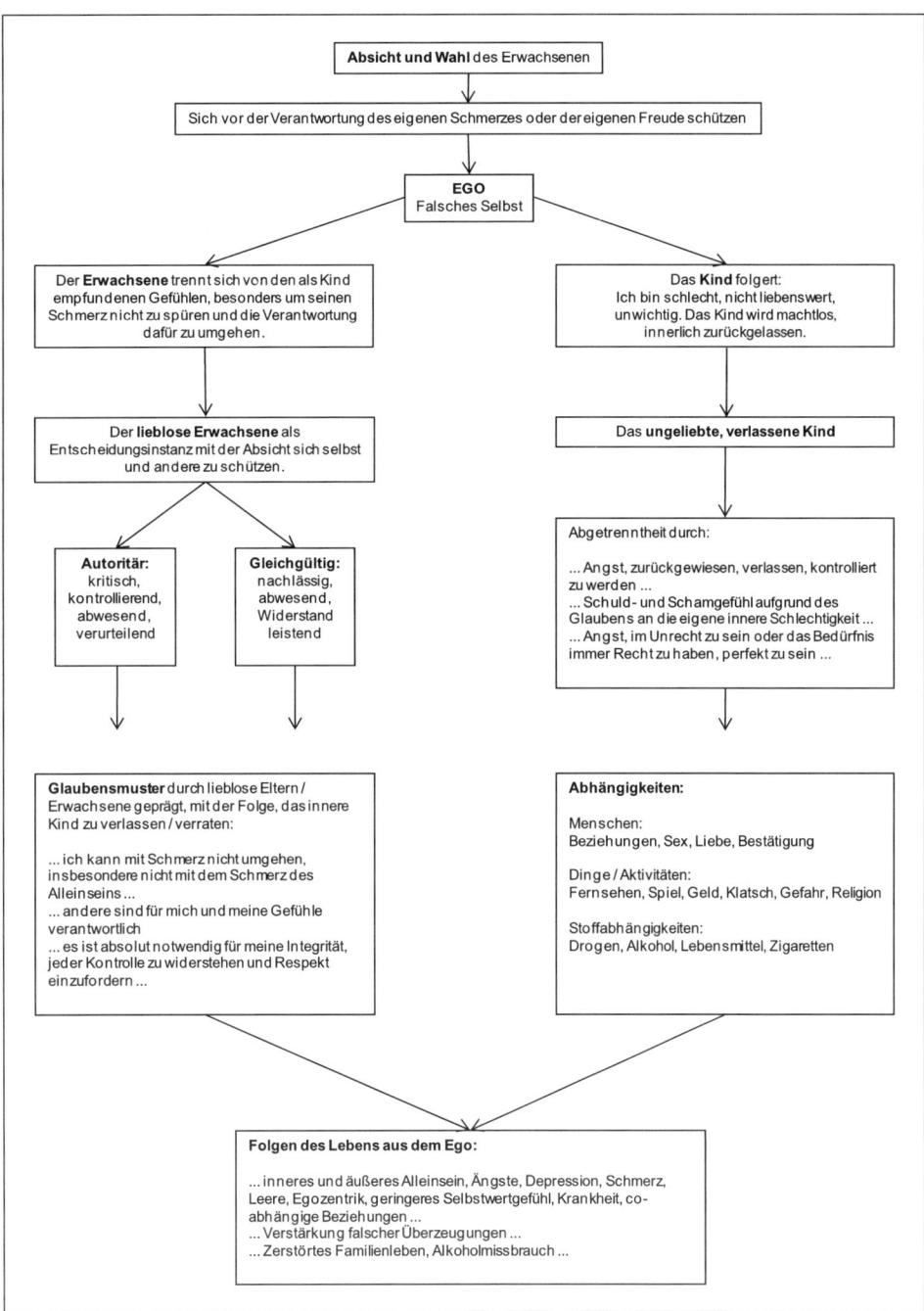

Abbildung 5: *Das Lebensmuster des falschen Selbst*

Wo stehe ich?

1.   Work-Life-Balance

Technische Errungenschaften wie der Computer mit all seinen immer wieder neu entwickelten „arbeitsersparenden" Programmen, Mobiltelefone, Faxgeräte und Anrufbeantworter üben enormen Druck auf uns aus. Alle 20 Monate verdoppelt sich im Berufsleben die Informationsflut (Post, E-Mails etc.). Es wird immer mehr Leistung in kürzerer Zeit erwartet, es werden immer höhere Zielvereinbarungen getroffen, ständig wachsende Verantwortungen übertragen. Dieser Leistungsdruck geht nicht nur mit Überstunden einher, weil Hilfskräfte eingespart werden müssen. Abgesehen von unserem Aufgabenberg werden wir plötzlich mit weiteren Projekten betraut und durch Telefonate während unserer Arbeit unterbrochen. Oft wird durch die nette, herzliche und familiäre Art des Managements gar nicht bemerkt, mit welchen Mitteln wir zur Überforderung genötigt werden.

Stress und Hektik im Beruf können die Lebensqualität mindern. Wir sind angespannt, grübeln über Gegenwart und Zukunft und haben vielleicht sogar Existenzängste. Stress führt zu physischen sowie psychischen Problemen und stiehlt uns Energien. Er raubt uns die Möglichkeit, Zeit und Freiräume für erfüllende Beschäftigungen zu schaffen.

Um für die täglichen Belastungen des Berufslebens gewappnet zu sein, müssen wir einen Ausgleich zwischen Beruf und Privatleben finden. Diese Balance wird als Work-Life-Balance bezeichnet. Denn persönliche Lebensqualität bedeutet, frei von Stress, Zwang und Ärger zu sein. Doch Gelassenheit, Zufriedenheit und persönliches Glück hängen alleine von uns selbst ab.

Gerade wenn man beruflich erfolgreich sein will, muss man auf einen gesunden Schlaf, die richtige Ernährung und soziale Kontakte achten. Im Freizeitbereich kann man die über den Tag leergelaufene Batterie wieder aufladen.

Das folgende Zeit-Balance-Modell nach Seiwert-Peseschkian veranschaulicht die vier wichtigen Lebensbereiche, die in eine gesunde Balance zu bringen sind. Wird der Fokus zu stark auf den Beruf gesetzt, leiden Gesundheit, menschliche Beziehungen und das persönliche Wohlbefinden (Privatleben) darunter. Wichtige Lebensbereiche werden vernachlässigt. Eine negative Wirkung auf den Beruf kann das Resultat sein.

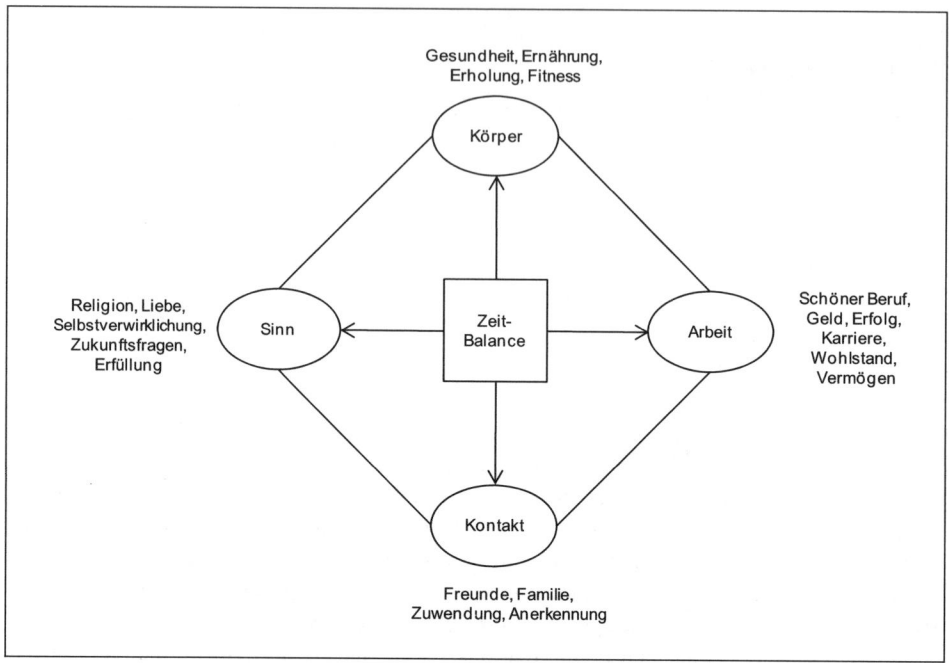

Quelle: L. Seiwert, „Brain Tracy: Lifetime-Management", Gabler, 2002
Abbildung 6:   Zeit-Balance-Modell von Seiwert-Peseschkian

Übung

Ihre persönliche Lebens-Balance

Machen Sie sich nun einmal Gedanken über Ihre Lebens-Balance.

▓ Welcher Anteil in Prozent Ihrer wachen Zeit entfällt auf den Bereich Arbeit und Leistung?

▓ Wie hoch ist der Prozentsatz Ihrer Zeit, den Sie in Ihren Körper und Ihre Gesundheit investieren?

▓ Welcher Prozentsatz entfällt auf den Bereich Kontakte und private Beziehungen?

▓ Welchen Teil Ihrer Zeit stecken Sie prozentual in den Bereich Sinn- und Zukunftsfragen?

Sorgen Sie sich nicht, wenn Sie durch diese Übung merken, dass Ihr Beruf 60 % Ihres Lebens einnimmt. Nicht jeder Bereich muss mit 25 % abgedeckt werden. Vielmehr ist entscheidend, wie stark die Befriedigung und die Entspannung in einem Bereich ist. Ein Kinobesuch am Abend kann Ihnen Kraft für den ganzen nächsten Arbeitstag einbringen. Entscheidend ist nur, jedem Lebensbereich genügend Aufmerksamkeit entgegenzubringen.

Da das Leben ein andauernder Prozess ist und sich stets verändert, darf die Balance auch mal kurzzeitig entgleisen. Eine kurzfristige Disbalance macht nicht krank. Wichtig ist nur, dass man sich auf die neue Situation einstellt und eine neue Balance findet.

2.   Burn-out durch zu viel Stress

Wenn Sie in der Übung eine Disbalance aufdeckten, fühlen Sie sich vielleicht schon ausgebrannt und empfinden Ihre Situation als einengend, unkontrollierbar und stagnierend. Treten Sie mit viel Energie auf der Stelle, ohne weiterzukommen? Erleben Sie sich im Dauerstress?

Wir unterscheiden positiven von negativem Stress. *Positiver Stress* spornt uns an, eine Anforderung zu meistern. Bei der Bewältigung einer Aufgabe fühlen wir uns gut. *Negativer Stress* belastet uns dagegen. Psyche und Körper reagieren auf Erlebtes. Jeder kennt die Sätze „Das schlägt mir auf den Magen." oder „Ist Dir grad eine Laus über die Leber gelaufen?" oder „Mein Herz ist gebrochen." Diese Redewendungen verdeutlichen, dass es einen klaren Zusammenhang zwischen Empfindungen und körperlichen Reaktionen gibt.

Mögliche körperliche Reaktionen auf Stress können Magen- Darm-Störungen, Kopf- und Rückenschmerzen, Libidoverlust, erhöhter Blutdruck, Zähneknirschen und Schlafstörungen sein. Begleitet werden diese Krankheitszeichen häufig durch psychische Symptome wie Konzentrationsstörungen, Ängste, Sorgen, Unruhe, Aggressivität und Verweigerung.

Stress muss nicht nur im Beruf erlebt werden. Auch familiäre Konflikte und Überbelastung können durch fehlende Zeit für sich selbst belastend wirken.

Es wurde festgestellt, dass kleinere, alltägliche Stressoren heftigere Auswirkungen haben als kurzfristige, starke Stressoren. Permanent unter Strom zu stehen ist daher schädlicher, als eine kurze Belastungssituation zu überwinden.

2.1   Wie wirkt Stress auf unseren Körper?

Seyle postulierte **drei Phasen** bis zur physiologischen Erschöpfung: die Alarm-, Widerstands- und Erschöpfungsphase.

In der **Alarmphase** wird das sympathische Nervensystem durch akuten Stress aktiviert. Hormone wie das Glucocorticoid Cortisol und Catecholamine (Adrenalin, Noradrenalin) etc. werden ausgeschüttet und lösen körperliche Reaktionen aus. Beispielsweise erhöhen sich der

Herzschlag und der Blutdruck, die Körperhaare sträuben sich, der Verdauungsprozess im Magen und Darm wird unterbrochen. In der Milz werden vermehrt rote Blutkörperchen ausgestoßen, damit mehr Sauerstoff in die Muskeln transportiert werden kann. Im Gehirn wird die Schmerzempfindlichkeit herabgesetzt und die Denkleistung erhöht. Evolutionsbedingt zielen diese Reaktionen darauf ab, dass wir uns in einer bedrohlichen Situation richtig verhalten, um schließlich das Überleben zu sichern.

In der **Widerstandsphase** passt sich der gestresste Organismus der Belastung an und wir scheinen etwas zu entspannen. Die chemische Balance unserer Hormone bleibt jedoch nachhaltig gestört. Es wird weiterhin das Stresshormon Cortisol ausgeschüttet, das den Stoffwechsel und die Immunkräfte steuert. Zusätzlich wird die Immunabwehr heruntergesetzt, vermutlich, um die verfügbare Energie des Körpers zu konzentrieren. Bei chronisch erhöhtem Cortisol- und Catecholaminspiegel kommt es schließlich zum Absinken der immunologischen Widerstandskraft. Es treten z. B. Magengeschwüre auf.

Empfinden wir chronischen Stress, beispielsweise durch andauernde Belastungen im Berufsleben, dann passt sich unser Körper dieser Dauererregung durch z. B. anhaltend erhöhten Blutdruck an. Die chemische Balance im Körper wird dauerhaft verändert, ohne dass wir es registrieren.

Durch zu oft ausgelöste Stressreaktionen kommt es schließlich zur **Erschöpfungsphase**, in der die Immunabwehr zusammenbricht. Das Immunsystem, das Herz-Kreislauf-System und das Gehirn werden geschädigt. Cortisol wirkt toxisch auf die Gehirnzellen und kann sie zerstören. Die Folgen sind eine eingeschränkte kognitive Leistungsfähigkeit, Müdigkeit, Depression und Ärgerreaktionen. Durch den wiederholten Abfall der Immunleistung sinkt die Abwehr gegen Infektionen. Magen- und Darmschleimhäute werden bei geringerer Durchblutung anfällig für Entzündungen und Geschwüre. Erhöhter Blutdruck kann zu lebensbedrohlichen Mikroverletzungen der Blutgefäße führen.

Beispiel im Umgang mit Stress:

Es gibt zwei Wege, positiv mit persönlich empfundenem Stress umzugehen.

1.   Versuchen Sie, Stress bewusst zu minimieren.

Sie stecken im Stau und haben Termindruck. Die Situation ist nicht mehr zu ändern, da sie von außen kontrolliert wird. Sie können sich daher bewusst machen, dass Sie mit Hektik, Nervosität, Wut und Ärger nicht schneller ans Ziel kommen als mit Gelassenheit. Nutzen Sie den Stau, um sich zu entspannen!

2.   Wie bereits in Freuds Theorien erwähnt dient der Traum als Ventil, um Stress abzubauen. Lassen Sie es zu. Schlaf ist sehr wichtig, um Stress zu bewältigen.

Falls beide Wege nicht mehr gegangen werden können, dann ist der Burn-out-Effekt nicht mehr weit. Wenn zudem das Gefühl aufkommt, dass das eigene Leben fremdbestimmt ist, kippt die Balance. Wir werden reizbar, ärgerlich und ungeduldig.

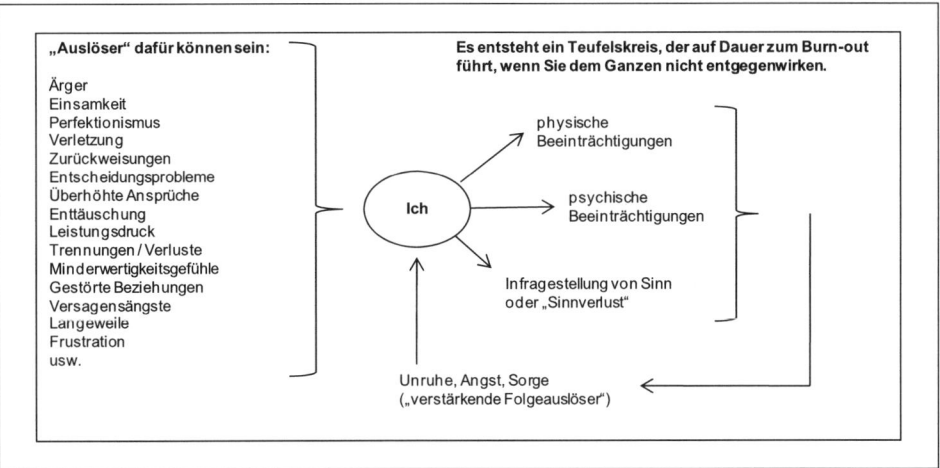

Abbildung 7: *Der Burn-out-Teufelskreis*

Für diesen Teufelskreis ist charakteristisch, dass unser Feuer erlischt und wir redensartlich ausbrennen. Die Folge ist Resignation.

Übung

Feststellung des Burn-out-Faktors
(nach R. Ruthe, „Stress muss sein", Herder, 1997)

Bitte beantworten Sie die folgenden Fragen und entscheiden Sie, welche der drei Antwortmöglichkeiten am ehesten auf Sie zutrifft. Tragen Sie in die Tabelle für jedes „grundsätzlich ja" 2 Punkte, für jedes „manchmal" 1 Punkt und für jedes „nein" 0 Punkte ein. Am Schluss werden alle Punkte addiert und Sie erhalten Ihre persönliche Gesamtsumme.

		grundsätzlich ja (2)	manchmal (1)	nein (0)
1	Ärgern Sie sich leicht?			
2	Sind Sie übersensibel?			

		grundsätzlich ja (2)	manchmal (1)	nein (0)
3	Sind Sie in allem sehr genau?			
4	Sind Sie ehrgeizig?			
5	Sind Sie leicht ängstlich?			
6	Sind Sie unzufrieden mit Ihrer Situation?			
7	Werden Sie leicht ungeduldig?			
8	Können Sie sich schwer für etwas entscheiden?			
9	Regen Sie sich leicht auf?			
10	Sind Sie neidisch?			
11	Sind Sie eifersüchtig?			
12	Fühlen Sie sich unsicher in Gegenwart Ihres Chefs?			
13	Fühlen Sie sich unentbehrlich auf Ihrer Arbeitsstelle?			
14	Müssen Sie häufig unter Zeitdruck arbeiten?			
15	Leiden Sie an Minderwertigkeitsgefühlen?			
16	Misstrauen Sie Ihrer Umgebung?			
17	Können Sie sich über Kleinigkeiten nicht freuen?			
18	Fällt es Ihnen schwer, abzuschalten und Ihre Sorgen zu vergessen?			
19	Rauchen Sie mehr als 5 Zigaretten täglich? Rauchen Sie hin und wieder Pfeife oder Zigarren?			

		grundsätzlich ja (2)	manchmal (1)	nein (0)
20	Rauchen Sie mehr als 20 Zigaretten täglich? Rauchen Sie häufig Pfeife oder Zigarren?			
21	Rauchen Sie mehr als 30 Zigaretten pro Tag? Rauchen Sie ständig Pfeife oder Zigarre?			
22	Schlafen Sie schlecht?			
23	Fühlen Sie sich morgens wie gerädert?			
24	Sind Sie wetterempfindlich?			
25	Beträgt Ihr Puls in Ruhe über 80 pro Minute?			
26	Haben Sie Übergewicht?			
27	Sind Sie bewegungsfaul?			
28	Haben Sie öfter Halsschmerzen?			
29	Haben Sie dunkle Ringe unter den Augen?			
31	Haben Sie leicht Kopfschmerzen?			
32	Haben Sie öfter Magenbeschwerden?			
33	Schwitzen Sie bei Aufregungen leicht an den Handinnenflächen?			
34	Essen Sie viel tierisches Fett (Wurst, Eier, fettes Fleisch, usw.)?			
35	Essen Sie oft Süßigkeiten?			
36	Fahren Sie mit Ihrem Auto zur Arbeitsstätte?			
	Summe			

Meine Gesamtpunktzahl:

Was sagt die von Ihnen erreichte Punktzahl aus?

1 bis 6 Punkte   Ihr Wohlbefinden scheint ungestört, Sie sind in aller Regel stabil und be-
                     lastbar.

7 bis 13 Punkte   Leichte Einbrüche beeinträchtigen Ihre Befindlichkeit, aber Sie bewegen
                     sich durchaus noch im Bereich des Durchschnitts. Trotzdem: Auch ersten
                     Anzeichen sollte schon etwas entgegengesetzt werden.

14 bis 20 Punkte   Sie befinden sich in einem Grenzbereich, in dem zeitweise durchaus Über-
                     lastungen entstehen können. Es ist wichtig, kontinuierlich etwas für sich zu
                     tun, um sich vor der Gefahr einer Verschlimmerung zu schützen.

21 bis 30 Punkte   Ihr Wohlbefinden scheint eindeutig angeschlagen, die Gefahr eines begin-
                     nenden, schleichenden Burn-out ist nicht mehr von der Hand zu weisen.
                     Sprechen Sie deshalb mit Ihrem Arzt und lassen Sie Ihre Symptome ein-
                     mal gründlich auf mögliche Ursachen abklären.

ab 31 Punkte   Sie müssen dringend etwas tun, vielleicht sogar Ihr Leben umstellen. Die
                     Gefahr des vorzeitigen Ausbrennens ist nicht mehr auszuschließen; eine
                     ärztliche Grunduntersuchung scheint zwingend.

Übung

Einschätzen des Burn-out-Faktors anhand konkreter Lebenssituationen
(nach Udo und Gerd Datené, „Burnout als Chance", Gabler, 1994)

In diesem Selbsteinschätzungstest werden Sie sich Gedanken zu konkreten Lebenssituationen
wie z. B. im Beruf oder bei anderen Leistungsaufgaben machen. Die anschließende Betrach-
tung Ihrer individuellen Belastungsgrade wird Ihnen wertvolle Tipps für eine nachhaltige
Veränderung liefern können. Es können sich positive Alternativen öffnen.

Im Anschluss nehmen Sie die Auswertung durch Selbstreflexion vor. Daher ist der Test auch
als „Selbsteinschätzungstest" aufgeführt.

Mögliches „Burn-out-Syndrom" / Krisenfeld / Risikobereich	Betrifft mich in keinster Weise, habe absolut kein Problem damit.			Von Zeit zu Zeit spürbar, betrifft mich manchmal.			Ich bin absolut davon betroffen, für mich stark belastend. Ich habe damit große Probleme.		
	1	2	3	4	5	6	7	8	9
1. *Reisetätigkeiten* („Weg von zu Hause", „aus dem Koffer leben", Fahrten, Trennung von Familie und gewohnter Umgebung, Hotels, „Schleppen" von Gepäck ...)									
2. *Akzeptanz von Aufträgen und Aufgaben* (Wirklich gewollt? Stehe ich dahinter? Lediglich finanzielle, existentielle Entscheidung? Ethische- / moralische Akzeptanz)									
3. *Finanzielle Abhängigkeit / Absicherung* (zu hohe finanzielle Belastungen, Zukunftsängste, Auftrag / Aufgabe nur um der Existenzsicherung willen? ...)									
4. *Psychische (Über-) Belastung* (Ängste, Überforderung, Distress, „innerer Druck" ...)									
5. *Physische (Über-)Belastung* (Körperliche Überforderung, Gesundheit, körperliche Beschwerden, Krankheiten ...)									
6. *Mangelndes Verständnis für Ihre berufliche Situation bzw. Lebenslage bei anderen* (Familie, Freunde, Bekannte, Verwandte, „verstehen" mich / meinen Beruf nicht)									

Mögliches „Burn-out-Syndrom" / Krisenfeld / Risikobereich	Betrifft mich in keinster Weise, habe absolut kein Problem damit.			Von Zeit zu Zeit spürbar, betrifft mich manchmal.			Ich bin absolut davon betroffen, für mich stark belastend. Ich habe damit große Probleme.		
	1	2	3	4	5	6	7	8	9
7. *„Das Nicht-Erreichen" von Zielen und Idealen* (Ziel-Anspruch / persönlicher Anspruch zu tatsächlich Erreichtem, Akzeptanz nur „kleiner" Erfolge ...)									
8. *Unehrlichkeit / Verlogenheit von Kunden / Kollegen / Geschäftspartnern* (Vertrauensmissbrauch, Unzuverlässigkeiten, zu hohe / hohle Versprechungen ...)									
9. *Unbefriedigende Wirkung meiner Arbeit / meines Tuns* (mangelnde Konsequenz in der Umsetzung, kaum spürbare, tatsächliche Änderungen, keine oder wenig positive Rückmeldungen ...)									
10. *Zeitmangel* (Zeitdruck, zu wenig Freiräume für Wesentliches, Hektik und Hetze ...)									
11. *Routine* (Zu oft wiederkehrende Situationen, immer / oft „das Gleiche", Langeweile ...)									
12. *Die Menschen* (Unzulänglichkeiten, Unzuverlässigkeit, Vertrauensmissbrauch, falsche Versprechungen, Enttäuschungen ...)									

Mögliches „Burn-out-Syndrom" / Krisenfeld / Risikobereich	Betrifft mich in keinster Weise, habe absolut kein Problem damit.			Von Zeit zu Zeit spürbar, betrifft mich manchmal.			Ich bin absolut davon betroffen, für mich stark belastend. Ich habe damit große Probleme.		
	1	2	3	4	5	6	7	8	9
13. *Das tatsächliche Individuelle / Spezifische meiner Arbeit* (Die „Lüge" einer tatsächlich individuellen Tätigkeit, eigene (?) Konzepte oder „Vorhaben", Selbstverwirklichung meiner Ideen ...)									
14. *Einsamkeit* (ohne die wirklichen, „echten" Bezugspersonen, ggf. Hotelzimmer, Langeweile ...)									
15. *Nicht allein sein können bzw. dürfen* (ständig Kunden, Geschäftspartner, Geschäftsessen, Besprechungen etc. ...)									
16. *Das „Behaupten" im Markt* (Auftragssituation, Auftragsbeschaffung, Konkurrenz / Wettbewerb, Existenzabsicherung ...)									
17. *„Seelischer Mülleimer"* (Konzentration auf Probleme und Konflikte anderer, ich selbst „werde nichts los" / „bleibe auf der Strecke" ...)									
18. *Organisatorische Unzulänglichkeit* (Büro-, / Arbeitsorganisation, Wartezeiten, „Suche" ...)									

Mögliches „Burn-out-Syndrom" / Krisenfeld / Risikobereich	Betrifft mich in keinster Weise, habe absolut kein Problem damit.			Von Zeit zu Zeit spürbar, betrifft mich manchmal.			Ich bin absolut davon betroffen, für mich stark belastend. Ich habe damit große Probleme.		
	1	2	3	4	5	6	7	8	9
19. *Privatleben* (Gefahr des Verlustes privater Beziehungen und Kontakte, „Entwurzelung", Vereinsamung ...)									
20. *Persönliche Konfliktbearbeitung* (Umgang mit den eigenen Konflikten, „Hilflosigkeit", Verdrängungen eigener Konflikte und Ängste)									

Die Kriterien, bei denen Sie Werte *zwischen 1 und 3* angekreuzt haben, können Sie als persönliche Stärken verbuchen, die Sie weiterhin pflegen sollten. Diese Lebensumstände meistern Sie bereits hervorragend.

Die Lebensbereiche mit Wertungen *zwischen 4 und 6* sollten Sie im Auge behalten. Vielleicht schleichen sich hier weitere Belastungen ein.

Bei den Kriterien, denen Sie Wertungen *zwischen 7 und 9* gegeben haben, sollten Sie dringend etwas ändern. Hier besteht ein deutlicher Handlungs- und Veränderungsbedarf. Diese Lebensumstände könnten Sie langfristig zu einem Burn-out führen.

Der erste Schritt in Richtung Verbesserung ist immer erst das Bewusstmachen der jetzigen Situation und Lebenslage. Stellen Sie sich die folgenden Fragen: *Was kann ich tun, um meine subjektiv empfundene Lebenssituation positiv zu verändern? Wie befreie ich mich von Sorgen, Befürchtungen und Ängsten? Was kann ich dazu beitragen, damit sich die Belastungen verringern?*

Veränderungen im Leben bringen Gewinn. Einbrüche und Umbrüche sollten Sie als Chance erkennen und eben nicht resignieren. Eine aktive Lebensgestaltung und ein bewusstes Selbstmanagement tragen maßgeblich zu Ihrem persönlichen Wohlbefinden bei. Denn jeder ist für sich und sein Leben selbst verantwortlich. Sie können etwas ändern!

3. Selbstverantwortung am Beispiel „Fight or Flight" erkennen

Wie verhalten sich Menschen, wenn sie an Grenzen stoßen? Fight or Flight (kämpfen oder fliehen)? Biophysisch erhöht sich, wie bereits erwähnt, der Adrenalinausstoß. Neuropeptide und Hormone werden ausgeschüttet und beeinflussen unseren Organismus bei der Entscheidung. Durch die Zivilisation haben wir jedoch verlernt, instinktiv zu reagieren. Wir können ja nicht mitten in einer Besprechung davon laufen. Die Grundprinzipien der Flucht versus des Kampfes wurden in andere Ebenen transferiert.

Beispielsweise versuchen Menschen, ihren Frust zu kompensieren und einer belastenden Situation zu „entfliehen", indem sie sich mit Alkohol oder Medikamenten betäuben. Vielleicht werden sie sogar krank, um nicht mehr „verfügbar" sein zu müssen. Sie ziehen sich zurück oder bagatellisieren ihr Problem: „Jetzt stell Dich doch nicht so an!"

Kampf- oder auch Angriffsverhalten wird z. B. durch Schuldzuweisungen oder Rechtfertigungen ausgedrückt: *„Du hast mich darüber nicht informiert! Wie soll ich denn so meine Arbeit machen?!",* oder durch Androhungen wie *„Ich kann auch kündigen. Andere Chefs würden mich besser behandeln."*

Bei beiden Wegen versuchen wir, der Bedrohung aus dem Weg zu gehen, ohne Konflikte konstruktiv zu lösen. Wir flüchten lieber vor unangenehmen und belastenden Lebens- und Arbeitssituationen, statt uns den Ängsten zu stellen und Verantwortung zu übernehmen.

Bei Schuldzuweisungen und Rechtfertigungen werden stets „die anderen" für das verantwortlich gemacht, was passiert. Keiner fühlt sich persönlich verantwortlich, etwas an der Situation zu verändern. Es folgt ein Rechtfertigungsverhalten: *„Ich kann ja nichts dagegen tun, weil ...!"*

Um die Lösung eines Konfliktes zu suchen, ist ein solches Verhalten recht ineffizient. Brechen Sie daher dieses Verhaltensmuster, wenn Sie es bei sich bemerken! Unterlassen Sie Schuldzuweisungen und zeigen Sie Verantwortung!

Beim Kompensationsverhalten geht es um „Ersatzhandlungen", die wir ausüben, um ein Ventil zu finden, unsere unterdrückten, belastenden Lebensumstände zu bewältigen. Eine Ersatzbefriedigung könnten z. B. „Frustkäufe" darstellen.

Wichtige Energien werden in destruktiver Weise umgelenkt. Diese fehlgeleiteten Energien verhindern, echte Lösungen für unsere Probleme zu finden.

Machen Sie sich noch einmal bewusst, dass jeder Mensch für sein Leben selbst verantwortlich ist. Und beginnen Sie sofort, selbstverantwortlich zu handeln.

4.   Selbstbewusstsein – eine Frucht der Erziehung

Wer möchte nicht, dass seine Leistungen, Mühen und Fähigkeiten anerkannt und gewürdigt werden? Wer möchte nicht, dass man seine eigenen Wünsche und Vorstellungen äußern darf, um sie ggf. danach zu verwirklichen?

In jedem Lebensbereich, sei es Familie oder Beruf, Gesellschaft und Freunde, möchte man gesehen werden. Nur leider wird nicht jeder mit seinen Wünschen und Zielen wahrgenommen. Ein fehlendes Selbstbewusstsein kann das gewünschte Verhalten hemmen. Vielleicht verbindet man sogar Ängste mit der Vorstellung, nach einer Gehaltserhöhung beim Chef zu fragen. Ein mangelndes Selbstbewusstsein mindert so die Lebensqualität und das Selbstwertgefühl.

4.1   Woher kommt ein gemindertes oder gesteigertes Selbstbewusstsein?

Wird man in der Kindheit z. B. durch seine *Eltern* oder sein *Umfeld* kaum beachtet oder sogar vernachlässigt, kratzt das am Selbstwert und am Selbstbewusstsein. Auch zu hohe Erwartungen der Eltern, die vom Kind nicht erfüllt werden können, gehen mit einem geminderten Selbstbewusstsein einher.

Unsicheres Verhalten könnte z. B. durch eine dominante Mutter oder einen autoritären Vater forciert werden. Er / sie zeigt mehr Zuneigung und Liebe, wenn das Kind seinem / ihrem Willen folgt. Da ein Kind von seiner Bezugsperson abhängig ist und ein natürliches Bedürfnis nach Liebe hat, vermeidet es einen Konflikt mit dem Elternteil und fügt sich in seinem Verhalten. Nun ist es ein liebes und geliebtes Kind, das Anerkennung erhält. Durch die Fügung des Verhaltens kann allerdings kein Selbstbewusstsein erlernt werden.

Dieses Verhaltensmuster zieht sich bis ins spätere Leben weiter. Im Berufsleben könnte der Chef dominante Charakterzüge aufweisen. Die Angestellte fügt sich, um Anerkennung und Akzeptanz zu erhalten.

Gegenteiliges Verhalten der Eltern wirkt genau in die andere Richtung. Wird man durch seine Eltern für seine Taten übertrieben bestärkt und gelobt, kann sich Egozentrismus ausbilden.

Auch die *Geschwisterkonstellation* beeinflusst die Entwicklung des Selbstbewusstseins. Angelernte Verhaltensmuster in Geschwisterkonstellationen werden gerne auf andere Bereiche des Lebens übertragen. Der Chef wird z. B. zum großen Bruder, die Kollegin zur kleinen Schwester. Kein Wunder, dass im Berufsleben zwischenmenschliche Konflikte entstehen.

Beim Einzelkind besteht oft ein hoher Leistungsdruck. Misserfolge plagen, Versagensängste kommen auf. Geprägt durch die ständige Aufmerksamkeit der Eltern entwickelt sich ein hohes Selbstbewusstsein. Innere Unsicherheiten werden mehr oder weniger gekonnt überspielt.

Der Erstgeborene ist oft leistungsbewusster und erfolgreicher als seine Geschwister. Sein Selbstbewusstsein ist allerdings nicht stark ausgeprägt. Er steht unter Leistungsdruck und hat das Gefühl, den Ansprüchen nicht zu genügen. Ein Minderwertigkeitsgefühl könnte auftreten.

Das mittlere Kind bringt einen Hang zur Diplomatie mit. Es kommt mit den stärkeren Älteren genauso zurecht wie mit den schwächeren Jüngeren.

Das jüngste Kind wird oft verhätschelt. Es ist das Nesthäkchen in der Familie. Es weiß, dass immer jemand da ist, der sich kümmert.

Jede Erziehung hat demnach Folgen, konstruktive wie destruktive. Können Kindheitserlebnisse und Erfahrungen sowie die Äußerung und Befriedigung von Gefühlen und Trieben in die Persönlichkeit integriert werden, erwirbt der Mensch die Fähigkeit, seine Kräfte kreativ und selbstbewusst zu entfalten. Bleiben Konflikte aus der Kindheit unverarbeitet und damit unbewältigt, können sich aufgestaute Aggressionen gegen den Menschen selbst richten und ihm schaden.

Zu wissen, in welcher Geschwisterposition Sie sich befinden und welche Erfahrungen Sie mit Ihren Eltern machten, kann ein wichtiger Schritt zum Selbstverständnis sein. Sie können ihr Verhalten nun vielleicht begründen. Werden Sie toleranter sich selbst gegenüber.

5. Gedanken zu Ihrem Lebenskonzept

In diesem Kapitel werden Sie sich intensiv mit Ihrer Lebenssituation auseinandersetzen. Zuerst werden Sie eine Bestandsaufnahme der augenblicklichen Situation durchführen. Dadurch wird Ihnen vielleicht einiges bewusster und klarer erscheinen. Danach werden Sie sich mit Ihrer Zukunft beschäftigen und überlegen, welche Erwartungen Sie noch an das Leben haben. Schließlich sollen Sie Ihren Zielen durch Selbsterkenntnis näher kommen.

Übung

Wie sieht Ihre momentane Balance im Leben aus? Wo stehen Sie?

Nehmen Sie sich ausreichend Zeit, um die folgenden Fragen *schriftlich* zu beantworten. Das Aufschreiben ermöglicht einen strukturierten Überblick. Sätze, die visuell vor Augen sind, werden konkreter und bewusster wahrgenommen als ungeordnete Gedanken. Sie können im Nachhinein etwas ergänzen oder Prioritäten ermitteln.

- Sind Sie zufrieden mit Ihrer Lebenssituation?
- Wie sieht Ihr Leben in den vier Lebensbereichen (s. S. 36) konkret aus?
- Wo stimmt Ihre Balance nicht?
- Haben Sie einen Lebensbereich, der besonders hervorsticht? Weshalb?
- Wie fühlen Sie sich im Privat- und Berufsleben?
- In welchen Lebensbereichen würden Sie gerne etwas ändern? Wie sähe das konkret aus?
- Womit möchten Sie mehr Zeit verbringen?
- In welchen Situationen investieren Sie zu viel?
- In welchen Situationen investieren Sie zu wenig?
- Was soll sich ändern?

Überprüfen Sie Ihre aktuelle berufliche Situation:

- Welchen Beruf üben Sie gerade aus?
- Wie fühlen Sie sich bei der Arbeit?
- Was mögen Sie an Ihrem Aufgabenfeld?
- Was ist Ihnen bei Ihrem Beruf wichtig?
- Werden diese Vorstellungen an Ihrem Arbeitsplatz erfüllt?
- Über welche Kompetenzen verfügen Sie, um den Beruf auszuüben?
- Welche Fähigkeiten werden momentan nicht gefordert?
- Möchten Sie an Ihrer jetzigen beruflichen Situation etwas ändern? Wenn ja, was wäre das?

5.1 Selbstmanagement

„Ich kenne keine ermutigendere Tatsache als die fraglose Fähigkeit des Menschen, sein Leben durch bewusste Anstrengung weiterzuentwickeln." (Henry David Thoreau)

Ein bestimmtes Leben zu führen liegt in Ihrer Hand. Ein bewusstes Selbstmanagement trägt maßgeblich dazu bei. Sie sollten hinterfragen, warum Sie etwas tun. Entscheiden Sie bewusst, *was* Ihnen persönlich *im Leben wichtig* ist. Auch wenn unsere Zeit viel von außen bestimmt wird, können wir durch das Bewusstmachen von Lebensprioritäten unsere Zeit managen und uns auf Dinge konzentrieren, die uns weiterbringen. Ihr persönliches Glück sollte Ihr Hauptziel sein. Nur glückliche Menschen können durch ihre positive mentale Haltung ihre Umwelt positiv beeinflussen.

Übung

Welche Zukunftsvisionen haben Sie?

Visionen und Träume geben im Leben Orientierung und Richtung an. Sie motivieren und dienen als Auslöser für Veränderungen. Schlummernde Energien können geweckt werden und Sie aktivieren.

Nehmen Sie sich wieder ausreichend Zeit und beantworten Sie folgende Fragen schriftlich:

- Wie stellen Sie sich Ihre Zukunft vor?
- Möchten Sie etwas an Ihrer Persönlichkeit verändern? Wenn ja, was wäre das konkret?
- Welchc Fähigkeiten möchten Sie noch erwerben?
- Wie sähe Ihre ideale berufliche Situation aus?
- Welchen Sinn müsste Ihre Arbeit erfüllen?
- Welche Ihrer Kompetenzen könnten Sie in die Arbeit integrieren?
- Welche persönlichen Interessen wollen sie ausleben? Wie sähe Ihre Freizeit aus?
- Welche Beziehungen sollten da sein? Familie, Freunde, Kollegen ...
- Wie sollten diese Beziehungen aussehen?
- Wie fit wollen Sie gesundheitlich sein? Und was möchten Sie dafür tun? Sport, Ernährung ...
- Was möchten Sie sich später mal leisten? Materielle Güter ...
- Was ist Ihnen zukünftig besonders wichtig?

Sie werden jetzt einiges an Visionen gefunden haben. Nun ist es wichtig, Ihre Gedanken in eine Ordnung zu bringen. Setzen Sie Prioritäten bei Ihren Zukunftswünschen. Die folgenden Fragen sollen Ihnen helfen, wichtige Ziele zu erkennen.

- Was soll sich am dringendsten ändern?
- Welches Ziel ist Ihnen persönlich am wichtigsten?
- Welches Ziel könnten Sie am schnellsten erreichen?
- Bei welcher Vision könnten Sie auf Schwierigkeiten stoßen?
- Welches Ziel fordert Ihres Erachtens die meiste Energie?
- Bei welcher Aufgabe könnten Sie an Grenzen stoßen?
- An welcher Stelle könnten Sie einen Misserfolg erleben?
- Wo könnten Sie Hilfe bei der Realisierung Ihrer Ziele erwarten?

Setzen Sie nun Ihre Zielprioritäten. Beginnen Sie mit einem Ziel, das leicht zu erreichen ist und welches Ihnen besonders wichtig erscheint. Der nächste Schritt ist schließlich die Umsetzung Ihrer Liste!

6.   Sich selbst verwirklichen

Um sich selbst zu verwirklichen und Visionen zielstrebig anzusteuern, sollten Sie sich über Ihre Fähigkeiten, Stärken und Schwächen im Klaren sein.

Gerade als Frau sollten Sie ihr Licht nicht unter den Scheffel stellen und Ihre meist verborgenen Qualitäten entdecken. Frauen besitzen nämlich Fähigkeiten, die Sie besonders im Job gut einsetzen können. Beispielsweise verfügen sie über das Bewusstsein für Verantwortung und optimales Zeitmanagement, sie haben Organisationstalent, die Fähigkeit, sich mit Konflikten auseinanderzusetzen, Teamorientierung und die Flexibilität, Neues zu erlernen. Sie können andere Perspektiven einnehmen, mit anderen kooperieren und all diese wunderbaren Fähigkeiten koordinieren.

Da das Berufsleben gerade in Unternehmen eine Männerdomäne ist, haben es Frauen besonders schwer, sich zu behaupten. Ein gesundes Selbstbewusstsein hilft Ihnen, sich beim täglichen Geschlechterkampf würdevoll einzugliedern.

6.1   Veränderung des negativen Selbstbildes oder des geminderten Selbstbewusstseins

Da das Selbstbewusstsein einen Teil unserer Persönlichkeit darstellt und unsere Persönlichkeit sich lebenslang durch neue Beziehungen und Erfahrungen verändert, können wir aktiv an der Steigerung unseres Selbstbewusstseins arbeiten und es stärken.

Ein negatives Selbstbild ist durch wenig Selbstvertrauen gekennzeichnet. Wir sprechen uns Fähigkeiten ab, die wir erlernen könnten. Z. B. meiden wir Situationen, von denen wir annehmen, sie nicht bewältigen zu können. Aber wieso ist man denn so sicher, diese Situation nicht doch bewältigen zu können? Haben Sie Mut und wagen Sie den Schritt, der zu Ihrem persönlichen Wachstum beiträgt!

Der erste Schritt, um das Selbstbewusstsein zu stärken, ist das *Bewusstmachen der eigenen Fähigkeiten und Eigenschaften* (Selbstkonzept). Sie sollen wissen, was in Ihnen steckt und Ihre eigenen Leistungen anerkennen. Sie sollen Vertrauen zu sich aufbauen.

Durch die Entwicklung eines positiven Selbstwertgefühles kann Ihr Selbstbewusstsein wachsen. Sie finden Ihren Platz im Leben und lernen, sich zu behaupten.

Eine geringe Selbstsicherheit steht im Zusammenhang mit einem negativen Selbstbild, einer erlernten Angst vor Konflikten und einer geringen Fähigkeit zur Kommunikation.

Dadurch, dass wir uns gerne unbewusst an Idealbildern orientieren, vergleichen wir unsere Individualität zu unserem Nachteil: *„So möchte ich sein, so will ich werden."*

Da wir uns meistens nach oben hin orientieren, entsteht eine Negativbilanz. Je kleiner wir uns selbst sehen, je stärker wir unser Vorbild idealisieren, desto unerreichbarer wird die Realisierung dieser Vorstellung.

Wir sollten uns von der Vorstellung der Perfektion eines Ideals lösen, denn oft kann das Vorbild, das wir beneiden, uns in anderen Bereichen unterlegen sein. Nur leider blenden wir diese Tatsachen zu unserem Nachteil aus.

Möchten Sie weiterhin unerreichbaren utopischen Idealbildern nacheifern oder lieber Ihren eigenen Wünschen und Vorstellungen folgen?

Wie stehen Sie zu Ihrem eigenen Körper? Sind Sie zufrieden oder haben Sie doch etwas auszusetzen?

Jeder Mensch findet an seinem Körper etwas, was nicht dem Ideal eines Models entspricht. Wir sollten uns aber bewusst machen, dass der Körper eines Models nicht der Norm entspricht. Auch hier wäre ein Vergleich selbstwertschädlich. Wir sollten vielmehr unsere körperlichen „Mängel" als individuelle Eigenheiten und besondere Charakteristika wertschätzen und akzeptieren.

Machen Sie sich einmal Gedanken darüber, was Sie an sich am meisten mögen, was Ihnen gefällt, was das Tollste an Ihnen ist!

Übung

Bewusstmachen der eigenen Fähigkeiten und Eigenschaften

1.

Im Folgenden werden Äußerungen aufgelistet, mit denen Sie sich identifizieren könnten. Markieren Sie die Sätze, welche auf Sie zutreffen.

a)

Ich bin nicht hübsch genug.

Ich bin zu ungeschickt.

Ich bin nicht so selbstbewusst.

Ich bin zu schwach.

Ich müsste stärker sein.

Ich bin zu klein / zu groß.

Ich bin zu dick / zu dünn.

Ich bin zu schüchtern.

Ich bin zu ängstlich.

b)

Alle sagen, dass ich ständig Fehler mache.

Man macht ja schließlich dauernd solche schlechten Erfahrung.

Man kommt eben nur weiter, wenn man Ellbogen benutzt.

Er / Sie ist mir ziemlich überlegen.

Das geht doch allen so.

Alle sind toller als ich.

In der a-Rubrik stehen Wertungen, indirekte Vergleiche. Damit diese Aussagen wirklich zutreffen können, müssten direkte Vergleiche zu einer anderen Person gezogen werden. Bevor

Sie etwas ankreuzen, müssten Sie sich fragen, im Vergleich zu wem oder was ich z. B. schwächer bin. Nur dann ist eine Selbsteinschätzung realistisch.

In der b-Rubrik sind Generalisierungen verborgen. Sie müssten hinterfragen, wer „man" und „alle" sind. Denn hinter so ungenauen Vergleichen stecken innere Probleme und ein mangelndes Selbstbewusstsein. Auch hier wäre es von Vorteil, einen direkten Bezug herzustellen und zu hinterfragen.

Versuchen Sie in Zukunft, solche Aussagen zu präzisieren. Die neuen, präzise vorgenommenen Wertungen Ihrer Schwächen werden Ihnen ein ganz anderes Bild zeigen. Möglicherweise erkennen Sie, dass Schwächen oft situationsabhängig sind oder dass Sie sie nur in Bezug auf bestimmte Personen zeigen.

2.

Zu Ihren *Eigenschaften*: Bilden Sie auf einem leeren Blatt zwei Spalten. In der linken Spalte listen Sie auf, was Sie an sich gut finden. In der rechten Spalte, was Sie an sich schlecht finden.

Nun zu Ihren *Fähigkeiten / Stärken*. In der linken Spalte schreiben Sie auf, was Sie besonders gut können. In der rechten Spalte, was Sie gar nicht können.

Vielleicht fragen Sie auch eine gute Freundin, welche Eigenschaften und Fähigkeiten sie ergänzen könnte.

Nun schauen Sie sich Ihre Gegenüberstellung an. Ist die Positivspalte länger oder kürzer als die Negativspalte? Oder sind beide Spalten ausgewogen? Wie würden Sie diese Tabelle für sich bewerten?

Versuchen Sie nun, die Zahl der positiven Selbstaussagen zu steigern und die Zahl der negativen Selbstaussagen zu vermindern. Z. B. könnten Sie negative Urteile über sich selbst in Positive umwandeln:

ich bin schwach → ich kann stark sein;

ich bin ängstlich → ich kann mutig sein;

ich kann mich nicht durchsetzen → ich kann mich durchsetzen;

es geht mir miserabel → ich kann glücklich sein

Hängen Sie ihre positiven Selbstaussagen zu Hause an die Pinnwand oder an den Kühlschrank oder nehmen Sie sie mit zum Arbeitsplatz. Sagen Sie sich diese Eigenschaften mehrmals täglich vor. Nach so einer Selbstermutigung belohnen Sie sich z. B. mit einem erfrischenden Getränk. Dadurch wird die Selbstermutigung positiv verstärkt und geht mit der Zeit ins Unbewusste über.

Übung

Selbstsicherer Gang

Haben Sie sich schon einmal Gedanken darüber gemacht, wie Sie sich bewegen und gehen? Sind Sie vielleicht eher der Schlurfer, der vorsichtig angetippelt kommt, der sich einrollt, den Kopf senkt und die Schultern hängen lässt? Dann wäre es nicht verwunderlich, wenn Sie keiner bemerkt.

Oft korrespondieren die Körperhaltung und der Gang mit unserer psychischen Gestimmtheit. Sind wir traurig, senken wir oft den Kopf mit Blick auf den Boden. Das Sprichwort „Kopf hoch!" gibt Anlass, seine Körperhaltung zu verändern. Hierdurch lassen sich die Gefühle und der Gemütszustand deutlich beeinflussen.

Da Bewegungsabläufe in der Kindheit und Jugend erlernt und automatisiert werden, sind sie Bestandteil einer Gewohnheitsbildung. Doch negative Bewegungs- und Handlungsmuster lassen sich verändern und durch neue ersetzen. Ein selbstbewusstes Auftreten kann schon durch einen selbstbewussten Gang und eine gerade Haltung eingeübt werden.

Für jeden der folgenden Schritte setzen Sie drei Lerntage an. Durch diese Übungstage verinnerlichen Sie Ihre selbstbewusste Körperhaltung. (In Anlehnung an Elke Müller-Mees)

Der erste Schritt:

Achten Sie nur auf Ihre Körperhaltung, beim Gehen und beim Stehen:

Kopf hoch – Blick geradeaus!

Der zweite Schritt:

Achten Sie beim Gehen nur auf Ihr Becken:

Holen Sie beim Gehen Schwung aus dem Becken.

Wiederholen Sie ab und zu den ersten Schritt!

Der dritte Schritt:

Achten Sie nur auf Ihre Schultern:

Schultern zurück, gerade und entspannt.

Wiederholen Sie ab und zu den ersten und zweiten Schritt!

Der vierte Schritt:

Achten Sie beim Gehen nur auf Ihre Füße:

Setzen Sie auf der Ferse auf und rollen Sie über den Fußballen ab.

Wiederholen Sie ab und zu den ersten bis dritten Schritt!

Der fünfte Schritt:

Achten Sie beim Gehen nur auf Ihre Arme:

Rechtes Bein vor – linker Arm vor; linkes Bein zurück – rechter Arm zurück.

Wiederholen Sie ab und zu den ersten bis vierten Schritt!

Der sechste Schritt:

Jetzt achten Sie beim Gehen auf alles gleichzeitig:

Kopf hoch! Schultern zurück, gerade und entspannt! Schwingen Sie beim Gehen die Arme entgegengesetzt zu den Beinen und holen Sie Schwung aus dem Becken! Setzen Sie die Fersen auf und rollen Sie über den Fußballen ab!

Nach einiger Zeit werden Sie merken, dass sich der Gang automatisiert. Außerdem werden Sie eine positive Wirkung auf Ihre Selbstsicherheit spüren.

Übung

Der Spiegel

Jeden Morgen sollten Sie den Tag mit einer positiven Grundhaltung beginnen. Fangen Sie damit an, indem Sie Ihr Spiegelbild anschauen und sich selber einen Guten Morgen wünschen. Oder sagen Sie zu Ihrem Spiegelbild: *„Hallo! Ich mag Dich!"*

Die vorgestellten Übungen sollten Ihnen helfen, sich selbst mit allen Ihren Qualitäten und „kleinen Schönheitsfehlern" zu lieben und zu akzeptieren. Das positive Selbstbild strahlen Sie nach außen aus und werden dadurch in vielen Bereichen erfolgreicher sein.

6.2   Zeit für sich gewinnen durch das Wörtchen „Nein"

Um die Balance zwischen Berufsleben und Freizeit zu wahren, können wir auf ein bewusstes Zeitmanagement und perfekte Selbstorganisation nicht verzichten. Wir müssen unser Leben geschickt planen, um Zeit für uns zu gewinnen. Gönnen Sie sich persönliche Freiräume, ohne Verpflichtungen und schlechtes Gewissen. Genießen Sie bewusst Ihre persönlichen Minuten für sich alleine. Stellen Sie das Telefon ab, nehmen Sie ein Bad oder gestalten Sie sich Ihre Zeit, wie Sie es am Liebsten tun.

Doch wie sollen Sie sich Zeit für sich nehmen, wenn sich die Arbeit auf dem Schreibtisch häuft?

Die erste Hilfe neben einem gut durchgeplanten und strukturierten Arbeitstag könnte die Fähigkeit sein, mal an sich zu denken und „Nein" zu sagen.

Wollen Sie es dem Chef und Kollegen immer recht machen? Bekommen sie ein schlechtes Gewissen, wenn Sie daran denken, eine Aufgabe, die Ihnen zugetragen wird, abzulehnen? Plagen Sie vielleicht Schuldgefühle oder haben Sie Angst vor einer Auseinandersetzung?

Etwas für andere tun zu können, schafft uns eine innere Befriedigung. Der Gedanke, dass wir im Leben eines anderen etwas Positives bewirken können, gibt uns ein wunderbares Gefühl. Nur kann man auch zu viel für andere tun und sich selbst dabei vergessen. Ein Konflikt entsteht, wenn wir Aufgaben übernehmen, für die wir keine Zeit und auf die wir keine Lust haben, nur um andere zufrieden zu stellen. Unsere letzte Energie und Zeit investieren wir in andere statt in uns selbst. Wir werden unzufrieden und fühlen uns ausgepowert.

Die Arbeit wird immer mehr und dies führt zu Frustration oder heimlichem Groll. Die Lebensqualität kann schon gesteigert werden, indem Sie lernen, wie Sie sich am Arbeitsplatz abgrenzen, ohne als „Drückeberger" wahrgenommen zu werden. Eine vernünftige Begrenzung der Arbeitszeit und des Arbeitsvolumens führen zu einem ausgewogeneren Leben. Sie können Interessen wieder aufleben lassen und sich ihrem Privatleben widmen.

Sie sollen lernen, das Wort „Nein" mit Geschick und Einfühlungsvermögen in der richtigen Situation zu gebrauchen und sich auf diplomatische Weise zu verweigern, um ihre eigene Zufriedenheit zu stärken. Machen Sie sich Ihre Ziele bewusst, die Sie durch mehr Freizeit und weniger Stress erreichen könnten.

Es gibt zwei mögliche Gründe, warum Sie Überstunden machen. Der eine Grund wäre, dass Ihr Chef Sie kurz vor Feierabend bittet, ihm bis morgen früh eine bestimmte Arbeit vorzulegen. Der andere Grund wäre Ihr eigener Perfektionsdrang.

Jeder Mensch hat das Recht auf ein Privatleben. Es sollte für Aktivitäten genutzt werden, die Ihnen Spaß bereiten, z. B. Sport treiben, mit Ihren Kindern spielen oder ein Buch lesen. So tun Sie etwas für Ihr Wohlbefinden und tanken neue Energie für den nächsten Arbeitstag.

Daher sollten Sie den richtigen Weg finden, Ihrem Chef, wie auch sich selbst, Aufgaben auszuschlagen.

6.2.1   Methode, sich dem Chef / oder den Kollegen positiv zu verweigern

Um die folgende Methode anwenden zu können, sollten Sie im Allgemeinen ein engagierter Mitarbeiter sein, der oft kooperativ und teamorientiert ist. Nur Menschen, von denen bekannt ist, dass sie sich voll in ihrem Arbeitsfeld einbringen, können sich in bestimmten Situationen verweigern. Bei einem notorischen Nörgler könnte ein „Nein" wie ein Bumerang zurückkommen.

Die folgende Methode, seine Freizeit zu verteidigen, ist auf viele Situationen übertragbar. Sie beginnen mit einem mitfühlenden Satz und beenden den Monolog mit einem konstruktiven Vorschlag oder Kompromiss.

1. Äußern Sie Ihren generellen Wunsch, zu helfen.

    Ich wünschte, ich könnte Ihnen helfen ...

    Normalerweise wäre ich gerne bereit, die Aufgabe so schnell wie möglich zu erledigen ...

    Ich kann die Dringlichkeit der Aufgabe nachvollziehen ...

2. Erklären Sie kurz den Grund Ihrer Ablehnung. Halten Sie sich an die Fakten und verzichten Sie darauf hinzuweisen, wie viel Sie immer zu tun haben.

    Ich muss heute pünktlich Schluss machen.

    Ich kann Ihnen die Unterlagen nicht bis morgen früh liefern, weil ich noch einige Termine mit absolutem Vorrang zu erledigen habe.

    Ich wurde vom Chef gerade mit einer Arbeit beauftragt, die höchste Dringlichkeit hat; alles andere muss warten, bis dies erledigt ist.

3. Da Sie meistens auf das gleiche Ziel hinarbeiten, versuchen Sie, eine Lösung zu finden.

    Haben Sie mal daran gedacht, einen weiteren Mitarbeiter einzustellen, der Ihnen zur Hand geht, wenn sich die Arbeit anhäuft?

    Könnten wir einige Prioritäten verschieben, so dass ich mich morgen früh direkt der Aufgabe widmen kann?

Es kann aber auch schon reichen, wenn Sie knapp und bündig sagen:

    Ich habe gleich noch einen wichtigen Termin. Ich kann leider nicht länger bleiben.

    Ich bin jetzt völlig erledigt. Ich muss erst einmal die Nacht gut durchschlafen, damit ich morgen wieder produktiver sein kann.

    Ich kann heute Abend keine Überstunden machen, um die Aufgabe fertig zu stellen. Ich brauche mindestens sieben Stunden Schlaf und deshalb muss ich jetzt los.

Eine weitere Erklärung ist nicht nötig, da Ihr Privatleben keinen etwas angeht.

Ihnen muss bewusst sein, dass es bei dem heutigen Arbeitsvolumen fast niemandem gelingen wird, Schritt zu halten. Die Perfektion ist daher ein unerreichbares Ziel, von dem Sie sich befreien sollten. Dann plagen Sie keine Schuldgefühle mehr, wenn ein Bericht unerledigt bleibt oder ein Rückruf auf den nächsten Tag verschoben wird.

Aufgaben, die zu Ihrem Verantwortungsbereich gehören, sollten Sie natürlich nicht ablehnen. Aber Sie können sich etwas Druck nehmen, indem Sie ihre Vorgesetzten oder Kollegen nach Unterstützung fragen und direkt mit einbeziehen.

Falls Sie mit einem Projekt beauftragt werden, das unmöglich zum vorgegebenen Zeitpunkt vorzulegen ist, sollten Sie neben einem guten Zeitmanagement den Auftraggeber mit in den Planungsprozess einbeziehen und gemeinsam einen schnellen Ausweg entwickeln.

Ich fürchte, dass ich diese Informationen aufgrund der vielen anderen Termine nicht in der gewünschten Zeit sammeln kann. Können wir über die Prioritäten sprechen?

Das ist machbar, aber nur, wenn ich das andere Projekt etwas aufschiebe. Wäre das möglich?

Falls Sie nicht nein sagen wollen, sollten Sie über das Zeitmanagement reden.

Damit wir sichergehen, dass uns kein wichtiger Punkt entgeht, sollten wir einen detaillierten Zeitplan für das Projekt aufstellen.

Vermitteln Sie Ihr Interesse an dem Projekt, aber verhandeln Sie über das Wie und Wann.

Das Projekt ist wirklich interessant, und ich würde es gerne bearbeiten. Allerdings reicht das Wochenende für dieses Projekt nicht aus. Völlig unmöglich. Besteht die Möglichkeit, den Abgabetermin zu verschieben?

Falls ein Anliegen nicht in Ihren Zuständigkeitsbereich fällt, können Sie den Bittsteller auf den richtigen Ansprechpartner verweisen. Helfen Sie bei der Problemlösung und vermeiden Sie Aussagen wie „Das ist nicht meine Aufgabe".

Frau Müller ist eine echte Expertin, wenn es um die Verhandlung mit einem ausländischen Konzern geht. Ich gebe Ihnen gern ihre Telefonnummer.

Wie verhalten Sie sich, wenn Ihr Chef Sie um private Gefallen bittet und Ihnen dadurch die Zeit fehlt, Ihren beruflichen Verpflichtungen nachzukommen? (Beispielsweise könnte er Sie bitten, seine Kontoauszüge zu sortieren oder seinen Anzug von der Reinigung abzuholen.) Sie sollten klar formulieren, was zu Ihren Aufgaben zählt und das die wichtigere Arbeit darunter leiden könnte.

Das bedeutet, dass ich die Projektplanung auf keinen Fall bis heute Abend schaffe. Ich kann mich zurzeit nur auf eine Sache konzentrieren. Die Entscheidung liegt bei Ihnen.

Na gut, aber wir sollten darüber sprechen, wie wir künftig in einer solchen Situation vorgehen wollen.

Ich finde diese Bitte nicht angemessen.

Was ist, wenn Ihr Chef oder Ihre Kollegen Ihnen Aufgaben zuteilen, die unmöglich zu realisieren sind oder vielleicht nicht Ihren Vorstellungen entsprechen? Auch Sie können Ideen einbringen und versuchen, sie zu verwirklichen. Zunächst sollten Sie die Idee des anderen wertschätzend und anerkennend wiederholen, dann aber den Nachteil erwähnen, den Sie in diesem Vorhaben sehen und schließlich eine Alternative anbieten.

Herr Müller, ich finde Ihre Idee originell! Allerdings ist sie nicht finanzierbar. Wie fänden sie denn alternativ diese Idee ...

Zusammenfassend kann festgehalten werden, dass es Grundprinzipien und Techniken gibt, die Ihnen helfen, leichter „Nein" zu sagen.

Grundprinzipien

1. Wenn Sie im Allgemeinen für Ihr Engagement bekannt sind, dann können Sie auch mal ohne Schuldgefühle, eine Bitte abschlagen. Machen Sie sich bewusst, wie oft andere „Nein" sagen, ohne sich etwas vorzuwerfen.

2. Je kürzer Ihr „Nein", desto schmerzloser wird es. Belassen Sie es einfach bei „*Tut mir leid, das geht nicht.*", oder „*Leider habe ich schon etwas anderes vor.*" Sie müssen sich nicht immer rechtfertigen, denn Sie selbst wissen genau, welche wichtigen Gründe Sie haben. Z. B. Ihren eigenen Bedürfnissen nachzukommen, um Ihre Lebensqualität zu erhalten.

Falls Sie mit vielen Worten versuchen, sich aus der Affäre zu ziehen, ist es leichter für Ihren Gesprächspartner, eine Lösung zu finden, die Sie ja gar nicht wollen, oder herauszuhören, dass die Argumente nicht stichhaltig sind oder Sie sogar bei einer Lüge zu ertappen.

Wiederholen Sie gegebenenfalls Ihre Aussage, indem Sie anders betonen oder Ihre Ausdrucksweise variieren. Keiner wird es wagen, Ihre Privatsphäre zu verletzen.

Techniken

1. Zeit gewinnen:

   Falls Ihnen nicht spontan einfällt, wie Sie diplomatisch „Nein" sagen können, versuchen Sie, Zeit zu gewinnen.

   Ich muss erst auf meinen Kalender nachschauen; ich melde mich dann wieder bei Ihnen.

   Ich muss erst in Erfahrung bringen, ob ich an dem Tag kann.

2. Grundsatzerklärung:

   Wenn Sie auf einen Grundsatz verweisen, wird jedes „Nein" ernst genommen. Sie haben darüber nachgedacht und / oder aus Erfahrung gelernt.

   Ich verleihe grundsätzlich kein Geld.

3. Präventivmaßnahmen

    Wenn Sie nicht von einem Zug überrollt werden wollen, sollten Sie nicht über die Schienen gehen. Nur leider steht es nicht immer in Ihrer Macht, unerwünschten Aufgaben aus dem Weg zu gehen. Falls Sie jedoch die Möglichkeit sehen, sollten Sie sie nutzen.

    Beispiel: Sie wollen sich nach einem stressigen Arbeitstag einfach mal ausruhen und ungestört bleiben. Präventiv stellen Sie das Telefon auf lautlos und erzählen niemandem, dass Sie zu Hause sind.

4. Ich habe etwas vor.

    Eine unstrukturierte Freizeit ist wichtig, um Stress abzubauen und die Seele baumeln zu lassen. Sie können sich Ihre Freizeitaktivitäten aber auch in Ihren Kalender eintragen, so dass Sie kein schlechtes Gewissen bekommen, wenn Sie jemandem mit der Aussage *Ich habe keine Zeit* einen Gefallen ausschlagen.

Je öfter Sie diese Formulierungen anwenden, desto leichter werden sie Ihnen über die Lippen gehen und Sie befreien.

Wo will ich hin?

1.   Motivation und Bedürfnis

Hinter jeder persönlichen Motivation, etwas zu erreichen, steht ein Motiv. Ein Motiv ist ein leitender, richtungsgebender Bestimmungsgrund, der einen Menschen zu einem bestimmten Verhalten motiviert. Hinter jedem Motiv steht ein Bedürfnis, das es zu befriedigen gilt. Ein Bedürfnis ist das Verlangen, einem Mangel Abhilfe zu schaffen.

Ich habe Hunger / das Bedürfnis nach Nahrung. Bei Nahrungsaufnahme wird das Bedürfnis befriedigt. Um die Befriedigung zu erhalten, bin ich motiviert, Nahrung zu finden und aufzunehmen.

Der Psychologe Abraham Maslow veröffentlichte ein Modell, um die menschliche Motivation zu beschreiben. In seiner „Bedürfnispyramide" sind die fünf wichtigsten Bedürfnisse eines Menschen als Stufen veranschaulicht. Der Mensch versucht zuerst, die Bedürfnisse der niedrigen Stufen zu befriedigen, bevor die nächsten Stufen Bedeutung erlangen.

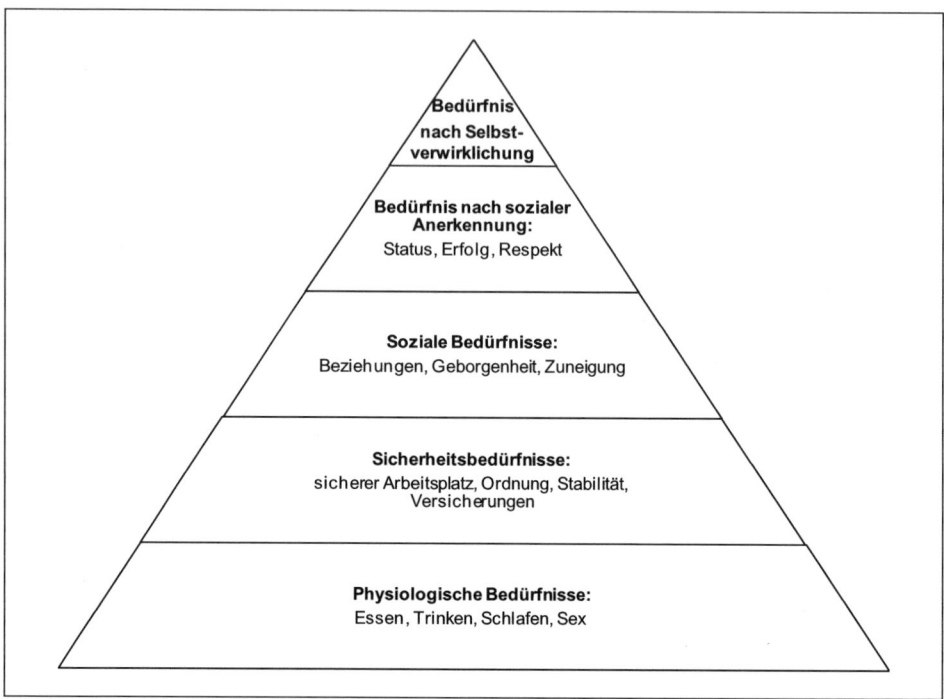

Abbildung 8:   *Die Maslow'sche Bedürfnispyramide*

Ein ewig Hungriger wird daher nie nach Prestige oder Leistung streben. Er ist zu sehr damit beschäftigt, seinen Hunger zu stillen. Wird der Mensch seinen Hunger befrieden können, so verschwindet dieses Bedürfnis nicht, sondern nimmt nur einen weniger wesentlichen Platz im Gesamtantrieb an.

Bedürfnisse, Streben und Wünsche eines Menschen stellen daher das Motiv seines Handelns oder Verhaltens dar.

2.   Motivation durch gesundes Berufs- und Privatleben

Menschen sind soziale Wesen. Sie brauchen den sozialen Austausch, um existieren zu können. Ohne eine Rückmeldung von anderen vereinsamen wir und werden schlimmstenfalls depressiv. Wenn wir von anderen oder von uns selbst positive Rückmeldungen erfahren, sehen wir das Leben trotz seiner manchmal belastenden Situationen als sinnerfüllend und lebenswert an. Falls wir mehr negative als positive Feedbacks erhalten, kann unsere Lebensmotivation erlöschen. Wir sind daher abhängig von positiven Rückmeldungen. Privat wie beruflich sollte das Grundbedürfnis nach Anerkennung und Geliebtwerden befriedigt sein. Wer sich geliebt oder anerkannt fühlt, ist gegen viele Störeinflüsse des täglichen Lebens resistent.

Unsere Selbstverwirklichung wird stark von positiven Rückmeldungen motiviert. Sie verstärken unseren inneren Anreiz, etwas zu bewegen und lassen uns leistungsorientiert agieren. Wer jedoch das Gefühl erlebt, nicht gemocht zu werden, entwickelt einen inneren Konflikt. Es entsteht vielleicht ein übertriebener Perfektionsdrang, um aufzufallen, oder es werden Kompromisse eingegangen, die man gar nicht will. Letztendlich trägt die Mühe nicht zur Befriedigung des Bedürfnisses bei. Ein Teufelskreis entsteht. Denn nun erhalten wir noch mehr negative Rückmeldungen von uns selbst: *„Ich bin ein Versager. Ich kann zu wenig. Ich bin fehlerhaft."* Dieser innere Dialog bestimmt immer mehr unser Denken, Fühlen und Handeln. Selbstzweifel, Schuldgefühle und Minderwertigkeitsgefühle bestimmen nun das Leben.

Motiviert werden wir durch zwei Bereiche:

> Bereich 1: Rückmeldungen auf der sach- und inhaltsbezogenen Ebene

> Bereich 2: Rückmeldungen auf der menschlich-personalen Ebene

Wenn wir uns mit dem Inhalt unserer Arbeit identifizieren können, wird sie als sinnhaft und herausfordernd erlebt. Wir erhalten ein positives Feedback. Ist die Arbeit ohne Sinn, verfallen wir schnell in eine Krise. Hinterfragen Sie daher, ob Ihre Arbeit Ihren Interessen, Fähigkeiten und Neigungen entspricht!

Durch Freunde und Familie erhalten Sie Rückmeldungen auf der menschlich-personalen Ebene. Fühlen Sie sich wohl bei ihnen? Sind Sie wichtig für bestimmte Personen (beruflich wie privat)? Haben Sie einen positiven Selbstwert?

2.1   Familienleben – Im Beruf erfolgreich und trotzdem eine gute Mutter!

Sie haben Kinder und wollen / müssen trotzdem arbeiten? Dann plagen Sie bestimmt manchmal Schuldgefühle, weil Sie nicht immer Zeit für Ihre Kinder erübrigen können. Vielleicht fühlen Sie sich auch zeitweise mit Haushalt, Kindern und Beruf überfordert. Ihr Beruf sollte die Versorgung Ihrer Kinder jedoch nicht beeinträchtigen. Kinder, die quengeln, aggressiv und unzufrieden sind, leiden meist unter zu wenig Aufmerksamkeit. Daher ist es wichtig, eine gute Organisation für den Spagat zwischen Beruf und Haushaltsverpflichtungen zu schaffen. Durchdenken Sie Ihren Tagesplan. Bitten Sie Partner, Eltern und Freunde um Hilfe. Vielleicht könnte auch ein Au-pair-Mädchen bei Haushalt und Kindern unterstützend mitwirken. Eine Reinigungskraft könnte Sie beim Putzen entlasten. Überlegen Sie, welche Aufgaben an wen abzugeben sind. Bedenken Sie dabei die Bedürfnisse ihres Kindes. Das Kind sollte immer im Vordergrund stehen und sich nicht abgeschoben fühlen.

Wie viel Aufmerksamkeit und Zuwendung benötigt ihr Kind? Gestalten Sie Ihren Tagesplan so, dass Sie ausreichend freie Zeit für ihre Lieben zur Verfügung haben.

2.2   Singleleben

Falls Sie alleine leben, sollten Sie den Kontakt nach außen suchen. Jeder Kontakt ist wertvoll für Ihr Wohlbefinden. Warten Sie nicht ab, bis sich vielleicht jemand bei Ihnen meldet. Greifen Sie zum Telefon und werden Sie aktiv. Gehen Sie aus, treffen Sie sich mit Freunden und unternehmen Sie etwas. Der Austausch mit Bekannten trägt maßgeblich zu Ihrer Lebensbalance bei.

3.   Erfolgspsychologie: Gedanken zum beruflichen Erfolg

Jeder sollte versuchen, seine beruflichen Ideale zu erreichen und sich zu verwirklichen. Erfolg stärkt unser Selbstbewusstsein. Doch Erfolg wird individuell definiert. Nicht jeder muss eine Chefsekretärin werden, um sich erfolgreich zu fühlen.

Übung

Was bedeutet für Sie beruflicher Erfolg?

Beantworten Sie folgende Fragen!

Wie definieren Sie für sich beruflichen Erfolg?

_____

_____

_____

Wann und womit haben Sie sich das erste Mal erfolgreich gefühlt?

_____

_____

_____

Wann sind Sie erfolgreich?

_____

_____

_____

Woran erkennen Sie Ihren Erfolg?

_____

_____

_____

Woran erkennen andere Ihren Erfolg?

_____

_____

_____

Möchten Sie noch erfolgreicher werden?

_____

_____

_____

Sehen Sie Ihren Erfolg in Lebensphasen aufgeteilt?

_____

_____

_____

Was sind Sie bereit, für Ihren Erfolg zu geben?

_____

_____

_____

Um erfolgreich im Beruf zu sein, sollten Sie sich mit Ihrer Arbeit identifizieren können und einen Sinn in Ihrer Arbeit sehen. Eine Unterforderung im Beruf kann schnell zu Unzufriedenheit führen. Sie sind gelangweilt und fühlen sich antriebslos. Eine Überforderung wirkt genauso negativ auf Ihr Wohlbefinden. Zu starker Druck lastet auf Ihren Schultern, Sie fühlen sich den Anforderungen nicht gewachsen und resignieren.

Die Balance zwischen Überforderung und Unterforderung heißt „Herausforderung". Wenn Sie eine neue spannende Aufgabe für sich entdecken können, die Sie für sinnhaft halten, sind Sie motiviert, jede Anforderung zu meistern.

Übung

Ihr persönlicher Rückblick

Nehmen Sie sich ein paar Minuten Zeit und überlegen einmal, was Sie dazu antrieb, beruflich da zu stehen, wo Sie heute sind!

Welchen Berufswunsch hatten Sie in Ihrer Jugend?

_____

_____

_____

Welche Vorzüge sprachen Sie an diesem Beruf an?

_____

_____

_____

Haben Sie diesen Berufswunsch schließlich auch verwirklicht?

_____

_____

Falls nein, finden Sie die eben erwähnten Vorzüge Ihres Traumjobs auch in Ihrem jetzigen Beruf?

_____

_____

_____

Vermissen Sie bestimmte Anforderungen in Ihrem Beruf? Wenn ja, welche?

_____

_____

_____

Welche neuen Inhalte werden in Ihrem jetzigen Job gefordert?

_____

_____

_____

3.1   Beruflicher Erfolg durch das Setzen erreichbarer Ziele

Im Streit zwischen Gefühl und Intellekt siegt immer das Gefühl.

Bedenken und Gegenargumente vorwegnehmen und entkräften. Einen positiven Aktionsplan entwickeln.

Am Anfang jeder Tat steht die Idee. Nur was gedacht wurde, existiert.

Die ständige Wiederholung einer Idee wird erst zum Glauben, dann zur Überzeugung.

Zustimmung aktiviert Kräfte, Ablehnung vernichtet Lebenskraft.

Aus den kleinsten Gedankenfunken kann ein leuchtendes Feuer werden.

Durch einen Rückblick auf das, was wir im Leben schon geschafft haben, und durch Ziele, die wir uns klar formulieren, reift unsere Persönlichkeit. Wir „bewegen" etwas in unserem Leben. Gibt es ein berufliches Ziel, das Sie noch erreichen möchten? Ist es realistisch, es zu erreichen? Dann sollten Sie es *schriftlich formulieren*. Erst dann wird es konkret und Ihr Erfolg rückt näher. Klare Zielvorstellungen aktivieren Kräfte, zentrieren Energien und stimulieren Ihre Fähigkeiten. Konstruieren Sie einen Plan, um Ihr Ziel zu erreichen. Je intensiver Sie Ihr Ziel erreichen wollen, desto schneller werden Sie sich darauf zu bewegen. Überlegen Sie, was Ihre persönliche Motivation hinter diesem Ziel ist.

Wie aus Bildern Ziele werden:

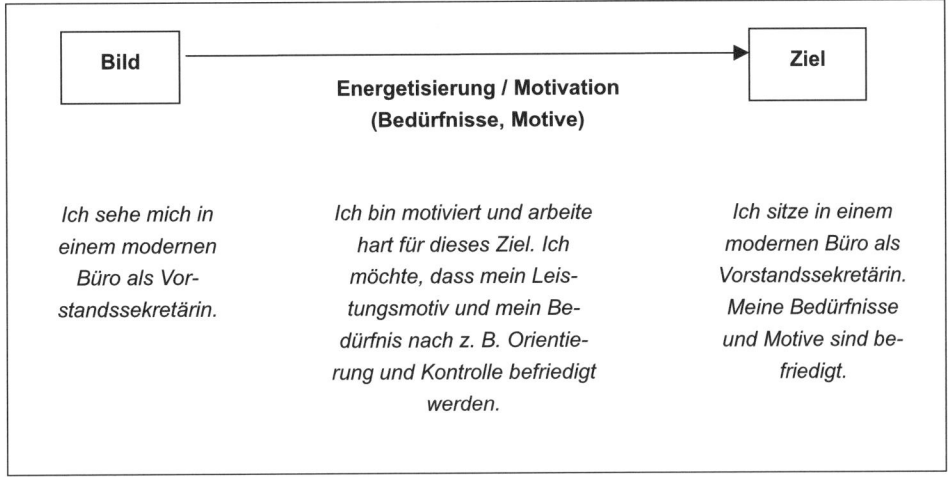

Abbildung 9: *Wie aus Bildern Ziele werden*

Um berufliche Änderungen erfolgreich herbeizuführen, sollten Sie die folgenden Grundregeln beachten:

1. Regel:

Nehmen Sie sich ein Blatt Papier und formulieren Sie Ihr Ziel klar und detailliert. Es sollte eine realistische „Aufgabe" sein, die Sie weder über- noch unterfordert. Welchen Nutzen und welchen Vorteil ziehen Sie aus Ihrer beruflichen Vision?

2. Regel:

Teilen Sie Ihr Endziel in Teilziele, um auch kleinere Erfolge feiern zu können. Dies motiviert Sie, durchzuhalten und Ihr Endziel zu erreichen. Sie können sich auch nach einem erreichten Teilziel durch ein neues Kleidungsstück belohnen. Genießen Sie Ihre Erfolge!

3. Regel:

Führen Sie eine Art Tagebuch, um Ihre erreichten Teilziele zu dokumentieren.

4. Regel:

Misserfolge sind unerlässlich für den Erfolg. Lassen Sie sich dadurch nicht entmutigen. Finden Sie heraus, was sie daraus lernen können. Durch Misserfolge führen wieder neue Wege zum Ziel.

5. Regel:

Identifizieren Sie Hindernisse, die Ihren Weg zum Ziel blockieren könnten. Oft blockieren wir uns selbst: *„Dazu habe ich gerade keine Zeit ..."*

6. Regel:

Reflektieren Sie über Ihre Fähigkeiten, die Sie für Ihre Zeilerreichung benötigen, und nutzen Sie Ihre Kompetenzen. Entwickeln Sie ggf. fehlende Kompetenzen weiter.

7. Regel:

Sehen Sie in Problemen eine Herausforderung.

8. Regel:

Haben Sie Geduld, denn Veränderungen brauchen Zeit und Ausdauer.

Übung

Meine persönliche Erfolgskontrolle für das Jahr 20XX

Was habe ich in diesem Monat getan, um meinen wichtigsten Zielen näher zu kommen?

Was habe ich getan, um meine Stärken auszubauen?

Was habe ich getan, um meine Schwächen abzubauen?

Januar	Februar	März
- - - -	- - - -	- - - -
April	Mai	Juni
- - - -	- - - -	- - - -
Juli	August	September
- - - -	- - - -	- - - -
Oktober	November	Dezember
- - - -	- - - -	- - - -

3.2 Hurra, Probleme!

Jedes neue Ziel und jede gewünschte Veränderung bringt Hürden mit sich, die es zu überwinden gilt. Jede überwundene Hürde oder auch jedes gelöste Problem ist eine Treppenstufe auf dem Weg zu Ihrem Erfolg. Das bewusste Leben besteht nun mal aus der erfolgreichen Lösung von Problemen und der Überwindung von Schwierigkeiten.

Voraussetzung für den erfolgreichen Weg ist es daher, die Probleme anzunehmen und konstruktive Lösungen für diese zu finden, um schließlich handeln zu können. Durch das Lösen von Problemen werden Sie wachsen und immer erfolgreicher werden. Wenn auf dem Weg ein gewünschtes Resultat ausbleibt, sollten Sie daraus lernen, Ihre Strategie anpassen, wieder ins Handeln kommen, bis Sie letztlich das Ziel erreicht haben, das Sie sich erträumt und erwünscht hatten.

Probleme, Krisen und Hürden sind Aufgaben des Lebens, die immer einen Wandel bewirken. Durch diesen Wandel gelangen Sie zu neuen Erkenntnissen. Diese Erkenntnisse sind ein Geschenk, das Sie schätzen sollten.

> Probleme sind wie Regentropfen: Ohne sie könnte man die Sonnenstrahlen nicht mehr genießen.

> Erfolg ist abhängig von der Menge der gelösten Probleme.

> Verwandle große Schwierigkeiten in kleine und kleine in gar keine.

3.3 Mein Schicksal bin ich selbst

Fragen Sie sich niemals: *„Warum geht es mir so schlecht?"*, sondern immer: *„Was kann ich tun, damit es mir besser geht?"* Denn Ihr Schicksal sind Sie selbst.

Viele Menschen fühlen sich als Verlierer und reagieren nur auf drei Arten:

– jammern über das, was in der Vergangenheit schief gelaufen ist
– unzufrieden sein mit dem, was in der Gegenwart passiert
– sich Sorgen machen um das, was in der Zukunft kommen könnte

Diese Art von Pessimismus führt den Menschen nicht ans Ziel. Der Weg zum Erfolg wird nur durch Optimismus erreicht. Eine Chance klopft niemals an die Tür, denn sie liegt in jedem selbst.

Gehen Sie daher auch mal ein Risiko ein, denn manche Ziele und Visionen können nur durch ein Wagnis erreicht werden.

> Der Optimist sieht in jedem Problem eine Chance, der Pessimist in jeder Chance ein Problem.

Übung

Lösungen für meine Probleme finden

Die folgende Übung kann Problemsituationen aus dem Berufs- genauso wie aus dem Privatleben betreffen.

Erinnern Sie sich an drei Situationen in Ihrem Leben, die Sie als sehr schmerzhaft oder schwierig empfunden haben. Schreiben Sie sie nieder:

_____

_____

_____

Was war in jeder Situation für Sie am schwierigsten?

_____

_____

_____

Was haben Sie Positives daraus gelernt?

_____

_____

_____

Was haben Sie aus der Erfahrung für die Zukunft lernen können?

_____

_____

_____

Wo liegen derzeit Ihre Probleme?

_____

_____

_____

Wo liegt Ihr Hauptproblem? Und welche positiven Seiten könnte dieses Hauptproblem verbergen?

_____

_____

_____

Was will das Leben Ihnen durch dieses Problem mitteilen? Wo liegt die Ursache für dieses Problem?

_____

_____

_____

Liegt wirklich ein Problem vor oder haben Sie vielleicht eine falsche Einstellung zu der Situation?

_____

_____

_____

Was könnte schlimmstenfalls durch dieses Problem passieren?

_____

_____

_____

Schreiben Sie jetzt auf, dass Sie das Schlimmste, was passieren wird, akzeptieren werden. Bitte beschreiben Sie dies präzise in Ich-Perspektive.

_____

_____

_____

Wie sieht denn Ihr idealer Endzustand bezüglich des Problems aus?

_____

_____

_____

Durch Ihre bisherige Strategie sind Sie da, wo Sie heute stehen. Sind Sie nun bereit, Ihre Strategie zu ändern?

_____

_____

_____

Machen Sie sich noch einmal mit Ihrem Hauptproblem vertraut. Schreiben Sie Ideen nieder, wie Sie schnell und sicher das Problem beseitigen könnten.

_____

_____

_____

Überlegen Sie jetzt, was Sie wann und wie umsetzen können.

Was?_____

Wann?_____

Wie?_____

3.4 Wie man ein Problem auf möglichst objektive Art löst

Problem benennen	Einzelheiten des Problems studieren	Ursachen / Gründe suchen	Lösungen suchen	Einen Entschluss fassen	Den Entschluss verwirklichen (ausführen)	Kontrolle
• sich die Frage stellen, ob es sich um ein technisches, kaufmännisches, finanzielles oder menschliches Problem handelt • das Problem genau beschreiben • Dringlichkeit und Wichtigkeit / Prioritäten bestimmen (das Wichtige vor dem Dringlichen)	• alle Meinungen und Tatsachen ordnen, sammeln und falls nötig ergänzen Was? Wie? Wer? Wo? Wie viel? Wann?	• eine Liste aller möglichen Gründe und Ursachen erstellen Warum? Weil ... • Gründe und Ursachen nach Wichtigkeit und Wahrscheinlichkeit einstufen	• alle möglichen Lösungen in Betracht ziehen und prüfen • jede Lösung abwägen: Vorteile, Nachteile, Folgen voraussehen: - kurzfristig, - mittelfristig, - langfristig • an Firma, Gesprächspartner, mich selbst denken	• beste Lösung abwägen; Frage: Wie ist die Lösung realisierbar? • die ausgewählte Lösung genau beschreiben: Ziele, Mittel, Methoden, Fristen, Kontrolle • Gesprächsplan erstellen, Zeit und Ort, Verwirklichung festlegen	• handeln und ausführen lassen	• Resultate und eventuelle Abweichungen vom Ziel verzeichnen (soll – ist). • kontrollieren, ob Gesprächsplan von mir erfolgt, Ziele erreicht, Mittel angepasst, Methoden verwendet und Fristen eingehalten wurden

Tabelle 1:   *Schema zur Entschlussfassung*

Mit dieser Methode wird ein Problem systematisch analysiert und konstruktive Lösungen gesucht. Verwenden Sie dieses Schema bei all Ihren gestellten privaten wie beruflichen Problemen.

4.   Lebensqualität durch bewusstes Leben

Ihr Hauptziel im Leben ist Ihre persönliche Lebensfreude. Lebensfreude erreichen Sie aber nur, wenn Sie Ihre Balance gefunden haben. In den vorangegangenen Kapiteln setzten Sie sich aktiv mit Ihrer jetzigen Lebenssituation auseinander und reflektierten darüber, was Sie an Ihrem Leben verbessern wollen, damit es noch erfüllter wird.

Machen Sie sich noch einmal bewusst, dass Sie Stress nur abbauen, wenn Sie sich selbst gut organisieren können und einen Ausgleich schaffen.

Um eine gute Balance zwischen Beruf und Privatleben zu erhalten, sollten Sie Ihre Freizeit sinnvoll gestalten. Die folgende Abbildung listet Ihnen Möglichkeiten auf, wie Sie Ihr Ziel, mehr Lebensfreude zu haben realisieren und umsetzen können.

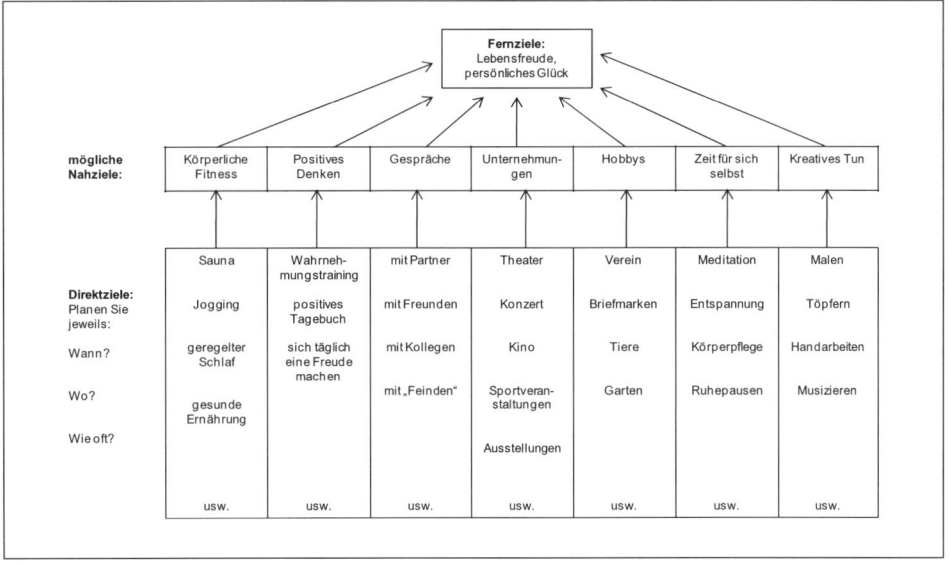

Quelle: U. und G. Datané, „Burn-out als Chance“, Gabler, 1994
Abbildung 10: Zielplanung

Übung

Ihre Nahziele

Gestalten Sie einen solchen Zielkatalog nach Ihren individuellen Vorlieben, indem Sie sich zunächst notieren, was Ihnen in den oben aufgelisteten Nahzielen persönlich Freude bereiten könnte (z. B. ein Bad nehmen, Musik hören, Massage ...). Legen Sie fest, wann, wo und wie oft Sie Ihre Direktziele umsetzen können. Achten Sie darauf, dass eine ausgewogene Ernährung, guter Schlaf, Bewegung, Sozialkontakte und Entspannungszeiträume besonders wichtig sind, um Ihre Balance zu finden und aufrecht zu erhalten!

Beginnen Sie nun, sich Ihre Ziele zu erfüllen! Tun Sie sich jeden Tag etwas Gutes!

5.   Entspannungsübungen

Durch mentale Entspannungsübungen können Sie in sich gehen, sich von negativen Stressoren abschirmen und sich so gezielt positiv beeinflussen. Z. B. kann die Nervosität vor einem Vorstellungsgespräch oder einer Rede durch mentales Training minimiert werden, so dass Sie die Anforderungen gelassener meistern. Ruheübungen können effizient zur Stressprävention, Stressabwehr und Stressbewältigung angewandt werden.

Bei einer konzentrierten Selbstentspannung sind Trainierte in der Lage, schon mit einer 5-Minuten-Übung Körper, Seele und Geist so zu entspannen, dass sie danach gestärkt ihre Aufgaben weiterführen können. Leistungsfähigkeit und Konzentration können beispielsweise durch Selbsthypnose mit positiven Suggestionen nach anstrengenden Stunden wiederkehren.

Im Folgenden wird auf verschiedene Entspannungsverfahren eingegangen. Darunter fallen die Hypnose und das autogene Training. Beide Verfahren können selbst durchgeführt werden. Für den Anfang wird jedoch empfohlen, sich durch eine Fachkraft in Kursen oder Einzelsitzungen anleiten zu lassen.

5.1   Hypnose

Bei der Hypnose handelt es sich um ein etabliertes Therapieverfahren, um einen Entspannungszustand zu induzieren und bestimmte Leiden zu minimieren (beispielsweise konnten einige Probanden sich das Rauchen abgewöhnen). Anerkannte Hypnotherapien distanzieren sich von der Showhypnose, wie man sie aus dem Fernsehen kennt. Entgegengesetzt mancher Vorstellungen kommt es während einer durch den Fachmann angeleiteten Hypnose nicht zu einer Abhängigkeit zum Hypnotiseur oder zu einem Kontrollverlust über die eigene Person. Der Hypnotisand setzt nur suggerierte Dinge um, wenn er sie wirklich will und wenn sie mit seinem Wertesystem übereinstimmen.

Zu Beginn einer Hypnose wird der Bewusstseinszustand so verändert, dass der Hypnotisand in einen Trancezustand gerät. Dieser natürliche Trancezustand ist u. a. durch eine Dämpfung des sympathischen Erregungsniveaus gekennzeichnet und geht daher mit physiologischen, aber auch psychischen Entkrampfungen einher. In der Trance können positive Suggestionen *(z. B. Ich kann alles, was ich will! Ich habe keine Kopfschmerzen mehr! Ich kann heute besser einschlafen!)* zu einer Abschwächung des Problembereiches und zur Stressreduktion beitragen. Kognitiv, emotional und physiologisch können gezielt Veränderungen erreicht werden.

5.1.1   Anleitung zur Selbsthypnose, 10 – 15-Minuten-Übung

Zunächst müssen Sie sich in einen Trancezustand versetzen. Setzen Sie sich bequem auf einen Stuhl, legen Sie die Hände auf Ihre Oberschenkel, so wie es für Sie angenehm ist. Minimieren Sie äußere Störeinflüsse. Stellen Sie z. B. das Telefon auf lautlos. Versuchen Sie bewusst, bis in den Bauch zu atmen.

Im Folgenden werden zwei Wege beschrieben, durch die Sie sich in eine *Trance* versetzen können:

1. Punktfixation:

Ich suche mir einen Punkt (z. B. auf dem Boden) aus, auf den ich mich konzentrieren kann. Er sollte nicht zu klein, aber auch nicht zu groß sein. Nun fixiere ich diesen Punkt. Mit der Zeit werde ich merken, dass der Punkt verschwimmt oder die Farbe ändert, flackert oder sich etwas bewegt. Die Augen fangen vielleicht an zu brennen. Sie werden schwer und vielleicht möchte ich die Augen schließen. Wenn ich dieses Bedürfnis verspüre, dann sollte ich ihm nachkommen.

Ist es nicht angenehm, die Augen zu schließen?

Das Brennen lässt nach und ich empfinde die geschlossenen Augen als angenehmes Gefühl. Nun gehe ich in mich und werde ganz ruhig. Die Gliedmaßen werden schwer und schwerer.

2. Treppenabstieg:

Ich stelle mir vor, dass ich oben am Absatz einer weiten Treppe stehe. Ich sehe hinunter und möchte unten ankommen, um dem Alltag etwas zu entkommen. Ich kann mich schrittweise ganz lösen und in einen ganz anderen Raum gelangen, indem ich mit jedem Atemzug einen Schritt auf dieser Treppe abwärts gehe. Ich gehe bewusst bei jedem Atemzug eine Treppenstufe tiefer. Ich spüre den ganzen Fuß, den ich auf der nächsten Treppenstufe aufsetze. Ich bin ganz entspannt und möchte gerne das Zimmer am Ende der Treppe betreten. Nur noch zehn Stufen bis zur Tür. Nun zähle ich in meinem individuellen Atemtempo von eins bis zehn und werde immer entspannter und ruhiger. Eins, zwei, drei, vier, fünf, sechs, sieben, acht, neun, zehn. Jetzt habe ich den Zustand einer tiefen Entspannung erreicht.

Nachdem Sie sich selbst in einen entspannten Zustand geleitet haben, können Sie mit Ihrer *Phantasiereise* beginnen. Stellen Sie sich z. B. einen Ort vor, den Sie mit tiefer Entspannung assoziieren, oder ein Erlebnis, dass sie positiv in Erinnerung haben. Denken Sie nun an dieses Erlebnis und gehen Sie mit Ihren Vorstellungen ruhig ins Detail. Sprechen Sie alle Ihre Sinne (Riechen, Schmecken, Fühlen, Sehen, Hören) an.

Bauen Sie in Ihre Phantasiereise immer *positive Suggestionen* ein.

Positive Suggestionen sind knapp formulierte positive Sätze, die realistisch sind. Durch Wiederholungen der Suggestionen verankern sie sich im Unterbewusstsein und sind auch im Alltag leichter abrufbar. Sie verinnerlichen sich so Ihre Zielsetzungen.

> *Ich bin ganz ruhig! Nichts kann mich stören! Ich bin ganz entspannt! Ich bin frei von Kopfschmerzen! Ich tanke Energie und Kraft! Ich fühle mich leistungsstark und konzentriert! Ich bin selbstbewusst! Ich schaffe das! Mein Kopf ist klar, frisch und frei! ...*

Nachdem Sie Ihre Reise beendet haben, leiten Sie sich wieder kraftvoll und ausgeruht in den Alltag:

1. Treppenaufstieg

Ich steige mit jedem Atemzug die Treppe wieder hinauf. Nach jeder Treppenstufe werde ich kraftvoller und ausgeruhter. Ich nehme Geräusche wieder wahr und freue mich auf die Tür, die oben am Treppenabsatz auf mich wartet. Ich erreiche die letzte Treppenstufe und bin kraftvoller und ausgeruhter. Ich öffne die Augen, bin körperlich entspannt und kehre erfrischt in den Alltag zurück.

2. Alternativvorschlag

Langsam merke ich wieder meine Füße auf dem Boden. Das Gefühl der Schwere ist verschwunden. Die Augenlider fühlen sich plötzlich wieder ganz leicht an und wollen sich öffnen. Geräusche werden wieder gehört und ich kehre ins Hier und Jetzt zurück. Ich zähle bis drei und erwache dann erfrischt und gestärkt aus meiner Trance.

Nachdem Sie Ihre Augen geöffnet haben, recken und strecken Sie sich.

Beispiel: Ein Tag am Strand

1. Individuelle Tranceeinleitung durch Punktfixation oder Treppenabstieg

2. Phantasiereise mit positiven Suggestionen:

Ich liege am Strand auf einer einsamen Insel und genieße den Ausblick aufs weite Meer. Ruhe und Gelassenheit umgeben mich. Ich merke die warmen Sonnenstrahlen auf meinem Gesicht. Es geht mir gut. Ich rieche und schmecke die salzige Luft, ich höre das Meer rauschen und die Vögel singen. Der körnige Sand massiert meinen Rücken und ich fühle mich gelassen. Ich schöpfe Energie und weiß, dass ich alles erreichen kann, was ich will ... Genießen Sie diesen Zustand!

3. Leiten Sie sich durch den Treppenaufstieg oder den Alternativvorschlag wieder aus Ihrer Trance ins Hier und Jetzt.

5.2 Autogenes Training

Das autogene Training ist eine aus der Hypnose entwickelte Entspannungsübung, um Stress und psychosomatische Störungen zu behandeln.

Der induzierte Ruhezustand des Körpers führt zu einer Entspannung der Muskeln in den Gliedmaßen und dies führt zu einem Schweregefühl. Eine gute Durchblutung führt zu einem Gefühl der Wärme. Diese Effekte können aber auch durch bewusste und konzentrierte Suggestionen herbeigeführt werden. Durch die Vorstellung warmer Arme kann also die Durchblutung gesteigert werden. Die Folge ist eine körperliche Entspannung.

Schwere- und Wärmeübung

Einleitung:

Beginnen Sie bei der Schwere- und Wärmeübung wie bei der Hypnose. Setzen Sie sich bequem hin, schließen Sie die Augen und gehen Sie in sich.

Schwereübung*:*

Meine Arme werden schwer, immer schwerer ... Meine Hände fühlen sich wie Blei an und werden auch immer schwerer ...

Weiten Sie Ihr Schweregefühl auf die Füße und weitere Körperregionen aus. Sprechen Sie sie gezielt an. Die Muskeln dieser Körperregionen werden sich entspannen. Durch die Ruhe werden Sie etwas müde und entspannt. Sie gewinnen Abstand vom Alltagsgeschehen.

oder:

Wärmeübung:

Meine Arme sind warm und werden immer wärmer ... Ich bin ganz warm.

Hier verfahren Sie analog zur Schwereübung.

Die Gefäße weiten sich und Hände wie Füße fangen an zu kribbeln.

Beispielsweise können Sie einen verkrampften Nacken ansprechen: *Mein Nacken wird wärmer und wärmer.* Durch die suggerierte Wärme lösen sich die Verspannungen im Nacken.

Ausleitung:

Um ausgeruht in den Alltag zurückzukehren, lassen Sie die Gliedmaßen leichter werden und die Wärme verschwinden. Das Leben kehrt in Ihren Körper zurück und Sie fühlen sich kraftvoll und gestärkt. Erwachen Sie und bewegen Sie Ihre Arme und Beine.

5.3   Ruhepausen, 5 Minuten

Die folgende Ruheübung können Geübte auch einfach zwischendurch auf der Arbeit durchführen. Sie zentriert die Kräfte und Sie werden in stressigen Situationen schnell ruhiger und gelassener.

Beginnen Sie wie bei der Hypnose. Schalten Sie Störeinflüsse aus, nehmen Sie eine entspannte Sitzhaltung ein. Schließen Sie die Augen und atmen Sie fünf Mal bewusst tief ein und aus. Sagen Sie sich: *Ich bin ruhig – vollkommen ruhig – entspannt.* Malen Sie sich jetzt gedanklich einen Ort aus, um Ihre kurze Phantasiereise zu beginnen und in Ihre eigene Welt abzutauchen. Gehen Sie mit Ihrer Vorstellung ins Detail. Sprechen Sie Ihre Sinne an. Suggerieren Sie sich Entspannung und Gelassenheit. Erwachen Sie mit dem Text: *Ich bin ausgeruht, frisch und gestärkt.*

Der Wegweiser zu Ihren Zielen

1.   Emotionale Intelligenz

> *„Es ist nicht genug, zu wissen, man muss es auch anwenden;*
> *es ist nicht genug zu wollen, man muss es auch tun"*
>
> [Johann Wolfgang Goethe]

1.1   EQ – mehr als nur ein Schlagwort?

„Gefühl ist alles" sagte schon Johann Wolfgang von Goethe in seinem „Faust". Was bedeutet nun emotionale Intelligenz? Emotionale Intelligenz ist die Begabung im Umgang mit anderen und mit sich selbst.

Emotionale Intelligenz ist innerhalb weniger Jahre zu einem Schlagwort geworden. Daniel Goleman (Amerikanischer Psychologe und Publizist) prägte mit seinem Buch „Emotionale Intelligenz" 1995 einen völlig neuen Begriff. Plötzlich schien neben dem „IQ" auch noch der „EQ" eine Rolle zu spielen – ja mehr noch: Man fand heraus, dass Menschen über ganz verschiedene Intelligenzen verfügen. „EQ" ist ein Kürzel für „Emotional Quality" und steht im Gegensatz zum IQ, dem Intelligenzquotienten.

Lange Zeit galt der Intelligenzquotient (IQ) als die Ursache für Erfolg. Nach neuesten Erkenntnissen ist aber die emotionale Intelligenz (EQ) des Menschen viel ausschlaggebender für seinen persönlichen und beruflichen Erfolg als der IQ. Mit emotionaler Intelligenz werden eine ganze Reihe von Fähigkeiten und Kompetenzen beschrieben, die wir uns in diesem Kapitel näher anschauen.

Als Golemans Buch erschien, gab es ein großes Informationsbedürfnis auf Gefühle bezogen. Seine Schlussfolgerung aus seinen Forschungen lautete:

> „Gefühle sind keine Störfaktoren im Leben eines Menschen, sondern ganz wichtige, bedeutsame Vorgänge, die für Ihren Lebenserfolg und Ihr Glück von entscheidender Bedeutung sind."

Das Besondere an der emotionalen Intelligenz ist, dass es dabei sowohl um den Umgang mit sich selbst geht als auch um den mit anderen Menschen. Emotionale Intelligenz beschreibt also das Selbstmanagement und die Selbsterfahrung auf der einen Seite und Kompetenzen und Fähigkeiten im Umgang mit anderen Menschen auf der anderen.

Machen Sie sich bewusst, nicht der Intellekt, sondern die emotionale Intelligenz bewahrt Sie vor dem Unglücklichsein. Der Intellekt schützt Sie nicht vor sozialem Elend, Krankheit und Kriminalität. Es kommt vielmehr auf den Umgang mit Ihren Gefühlen an.

In unserer heutigen Zeit ist dieses Thema der emotionalen Intelligenz ein absolut aktuelles. Die Fachleute sprechen von einer „Renaissance der Gefühle" oder der emotionalen Wende. Die fast „kalte Welt" und die immer fortschreitende Technik ängstigt uns Menschen mehr und mehr. Die Emotionalität betrifft alle Ihre Lebensbereiche: berufliche Misserfolge, Partnerkonflikte, Erziehungsprobleme, Alkohol- und Drogenmissbrauch, Aggressionskriminalität, Stressfolgen und Gesundheitsprobleme.

So finden Sie heraus, wie emotional intelligent Sie sind. Stellen Sie sich dazu diese Fragen:

- Wie gut kenne ich mich selbst?
- Weiß ich, wie ich in bestimmten Situationen reagiere und warum das so ist?
- Kann ich meine Stimmungen selbst beeinflussen oder bin ich meinen Emotionen ausgeliefert?
- Wie gut kann ich mit Aggressionen, Wut, Freude, Zuneigung und anderen Gefühlen umgehen – bei mir selbst und bei anderen?
- Wie ist es um meine Kommunikationsfähigkeit bestellt?
- Kann ich mich klar ausdrücken und mich verständlich machen? Bin ich in der Lage, anderen Menschen aufmerksam zuzuhören?
- Kann ich gut mit anderen Menschen umgehen?
- Kann ich andere motivieren? Macht es mir Spaß, mit anderen Menschen zu arbeiten?
- Kann ich anderen Orientierung geben?
- Verfüge ich über Führungsqualitäten?
- Bin ich bei anderen Menschen beliebt?
- Sind andere gerne mit mir zusammen?
- Suchen sie Rat bei mir?

Diese Fragen sind lediglich als Denkanstoß für Sie gedacht. Wenn Sie wissen, was sich hinter der emotionalen Intelligenz verbirgt, wissen Sie auch, worauf es dabei ankommt. Sie werden nach der Beantwortung dieser Fragen wissen, wo Sie vielleicht noch Defizite haben. Auf den nächsten Seiten bekommen Sie weitere Tipps, wie Sie Ihre Defizite mindern können und Ihre emotionale Intelligenz verstärken.

Die Wissenschaft geht davon aus, dass diese Defizite anscheinend mit mangelnder emotionaler Intelligenz zu tun haben. Vielleicht aber liegen diese Probleme auch in einem fehlerhaften Gebrauch Ihrer Gefühle.

Um emotional gebildet zu sein, benötigt man dazu eine ganze Menge von Fähigkeiten. Es gehört dazu, sich selbst zu motivieren, sich unter Kontrolle zu haben, Impulse zu unterdrücken und eigene Stimmungen zu regulieren. Emotionale Intelligenz hilft Ihnen dabei, Probleme zu lösen und glücklich zu werden. In diesem Zusammenhang kann man, glaube ich, von einem neuen Zeitalter der Gefühle sprechen. Sie können es auch als eine Trendwende bezeichnen.

1.2   Trendwende: Emotionale Intelligenz

Durch den Begriff „Emotionale Intelligenz" macht sich eine neue Zeit bemerkbar. Auch Jungen und Männer dürfen Gefühle zeigen und der Spruch: „Ein Indianer kennt keinen Schmerz" gilt nicht mehr.

Somit finden diese Verhaltensweisen mehr und mehr auch im Berufsleben und im Management Eingang. Auf die Fähigkeit, Verständnis zu zeigen und Konflikte kommunikativ zu lösen, wird mehr und mehr Wert gelegt. Früher wurden Frauen, die schon immer als gefühlsbetonter galten, von bestimmten Berufen fern gehalten und heute ist das eher umgekehrt der Fall.

> Jede neue Bewegung und jeder neue Trend braucht einen Wahlspruch und dieser lautet für die emotionale Intelligenz: „Habe Mut, dich deiner Emotionen zu bedienen".

Wichtiger als jemals zuvor wird das Erleben und Steuern von Glück und Unglück, von Angst und Freude, Erregung und Trauer. Sie leben in der Zeit eines neuen Interesses, eines neuen Bewusstseins und einer neuen Haltung zu Ihren Gefühlen. Es geht nicht mehr nur um die logische Gewissheit meiner Existenz, sondern um die Erfahrung des Lebens und Erlebens: „Ich fühle, also bin ich".

1.2.1   Wie Sie Gefühle erkennen und kennen

Emotionen begrifflich zu fassen und zu definieren, das wissen Sie alle, ist nicht immer einfach. Stellen Sie sich einmal vor, Sie begegnen einem Wesen von einem anderen Stern und dieses Wesen kennt keine Gefühle. Sie versuchen nun, diesem Wesen zu erklären, was Traurigkeit ist.

Sicherlich würden Sie diese drei Bereiche beschreiben:

1. „Das Ausdrucksverhalten" (Weinen)

2. „Die auslösende Situation" (den Verlust eines Menschen) und

3. „Den Hinweis auf das innere Erleben"

Und nun folgt die Schwierigkeit, dem Wesen das innere Erleben, das Gefühl der Traurigkeit zu erklären.

Da jeder von Ihnen weiß, was Gefühle sind, scheint es überflüssig zu sein, dies begrifflich näher zu beschreiben. Wenn Sie aber über Gefühle reden, müssen Sie sich auch begrifflich festlegen: Jede Aussage über Gefühle stellt eine Festlegung durch Worte dar.

Nur mit wenigen Wörtern bezeichnen Sie eindeutig Gefühle und nichts anderes. Angst ist einfach nur Angst und nichts anderes. Das Gleiche geschieht bei den Worten Freude, Glück, Traurigkeit, Hass und Scham. Häufig vergessen Sie aber, dass viele Wörter dagegen viel deutlicher sind und nicht nur Gefühle, sondern auch etwas über psychische Zustände und Verhaltensweisen aussagen. Es macht einen Unterschied, ob Sie sich hilflos fühlen oder ein anderer Mensch meint, Sie seien hilflos und benötigen Unterstützung. Beides kann zugleich zutreffen. Aber das Gefühl und das Verhalten müssen Sie unterscheiden.

Bei doppeldeutigen Begriffen ist es also notwendig, näher zu erläutern, wenn es sich um ein Gefühl handelt. Vorzugsweise machen Sie das mit dem Zusatz von Worten wie: „Ich habe das Gefühl" oder „Ich fühle mich". „Sie haben mich beleidigt" ist die Beschreibung einer erlebten Verhaltensweise. „Ich fühle mich angegriffen" oder „Ich fühle mich beleidigt" ist die Benennung Ihres Gefühls.

Zur emotionalen Bildung gehört es, mit dem Sprachgebrauch der Gefühle vertraut zu sein. Dies ist in jeder beruflichen oder persönlichen Kommunikation von Vorteil. Unsere Sprache ist leider nicht immer eindeutig. Um Ihre eigenen Gefühle und die der anderen richtig zu verstehen, ist es notwendig, dass sie sich über die Vieldeutigkeit der Wörter im Klaren sind. Je besser Sie die Sprache der Gefühle beherrschen, umso erfolgreicher werden Sie im Umgang mit Ihren Mitmenschen sein.

Beispiel

Sie arbeiten mit einer Kollegin zusammen, die sehr empfindlich ist. Sie müssen bei jeder Äußerung überlegen, wie Sie sie vorbringen. An einem Montagmorgen sind sie stark unter Stress und fühlen sich gesundheitlich nicht sonderlich wohl. In dieser für Sie kritischen Situation jammert Ihnen die Kollegin mal wieder die Ohren voll, wie unverschämt der Kollege aus der Nachbarabteilung immer zu ihr ist. Sie reagieren mit den Worten: „Er meint nicht Sie persönlich, er ist zu allen so. Sie dürfen nicht immer so empfindlich sein." Daraufhin zieht sich die Kollegin schmollend in ihr Büro zurück. Ihre Absicht war, der Kollegin klar zu machen, dass sie nicht alleine davon betroffen ist. Bei der Kollegin ist nur angekommen, dass sie sehr empfindlich ist. Ihre Reaktion ohne den zweiten Satz wäre in diesem Fall hilfreicher gewesen.

1.3   Die fünf Grundelemente erfolgreicher Einflussnahme:

1. Aktives Zuhören

2. Verständnis signalisieren: Am Anfang steht immer die Akzeptanz der Gefühle des Anderen

3. Geben Sie emotionale Berührungen: Nehmen Sie bei anderen Menschen positive Eigenschaften wahr

4. Emotionale Berührung annehmen: Komplimente offen entgegennehmen

5. Feedback erhalten: Das Gefühl von Verständnis und Akzeptanz

1.3.1   Fünf Stufen-Programm zu einer besseren EQ

> *„Ein Lächeln braucht der am meisten, der keines mehr hat!"*
>
> [Asiatische Weisheit]

1. Erkennen Sie Ihre eigenen Emotionen

    Gewöhnen Sie sich daran, jeden Tag zu einem bestimmten Zeitpunkt und Ort Ihre Gefühle zu reflektieren! Werden Sie sich klar über die Art der Gefühle, Auslöser, Reaktionen, Frühwarnsysteme. Beobachten Sie Ihre emotionalen Rhythmen! Führen Sie ein Protokoll, Tagebuch und eine Verlaufskurve.

So gehen Sie intelligent mit Ihren Emotionen um:

Erlernen Sie Techniken des mentalen Selbstmanagements: Werden Sie Chefin im eigenen Hirn durch realistische Erfolgsfilme, statt Gruselfilmen und aufbauenden inneren Dialog statt innerer Kritik!

2. Erlernen Sie Entspannungstechniken z. B. autogenes oder mentales Training! Trainieren Sie systematisch, bei negativen Auslösern entspannt zu bleiben!

3. Nutzen Sie Emotionen intelligent.

    Etablieren Sie Auslöser für positive Gefühle (Anker) und trainieren Sie diese regelmäßig.

    Entwickeln Sie Ihre eigene Belohnungsstrategie, wenn Sie längerfristige Ziele diszipliniert und konzentriert verfolgen.

4. Empathie – deuten Sie die Gefühle anderer richtig.

    Trainieren Sie in Gesprächen, die nonverbalen Signale des anderen bewusst zu beobachten, und überprüfen Sie Ihre Deutung durch Rückfragen.

    Schauen Sie sich Filme mit Inspektor Columbo an, und beobachten Sie, wie er gezielt nonverbale Signale deutet. Er ist ein Meister der Deutung von körpersprachlichen Signalen.

5. Umgang mit Beziehungen

    Loben Sie täglich etwas, das Ihnen an anderen gefällt!

1.4   Das Urteam: Mann und Frau

Kommen wir nun zu dem Unterschied emotionaler Intelligenz zwischen Mann und Frau – das Urteam besteht aus Mann und Frau.

Der Mann: expansiv, high-risk gambler, von ständiger Unruhe getrieben

---

Der Mann:

 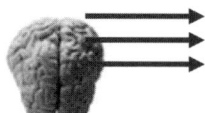

–   fokussiert, um Erfolg zu haben: erfolgsorientierter Vereinfacher
–   streicht den „Rest der Welt" um eines Zieles willen
–   Tunnelblick

Die Frau: hegend und das Erreichte schützend, safe investor, bergend statt ausschweifend

Die Frau:

 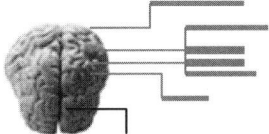

- gesteuerte Aufmerksamkeit, komplexe Wahrnehmung, „störanfällig"
- improvisationsstark, down to earth
- Panoramablick

Zwei verschieden gepolte Gehirne:

Der Tunnelblick des Mannes:

- Fokussieren, konzentrieren
- Das Ziel entscheidet

Der Panoramablick der Frau:

- Die Ränder beobachten, Störquellen ausschalten
- Gefahr kommt selten aus der Mitte

Emotionen sind also Überlebensimpulse. Sie entstehen im Reptilhirn, der ältesten Hirnregion (ca. 280 Mio. Jahre). Das Reptilhirn regelt alle vitalen Funktionen:

Kampf	Essen
Flucht	Trinken
Entspannung	Schlafen
Territorialverhalten	Sex
	Brutpflege

Emotionen sind Handlungsimpulse:

Zorn: Blut strömt in die Hände (zupacken, Griff zur Waffe)

Furcht: Blut strömt zu den großen Muskeln (Beine), Hormonausschüttung: Schema „Fight or Flight"

Glück: Blockade für alle negativen Wahrnehmungen, starke Handlungsbereitschaft

Trauer: niedriger Blutdruck, schwächere Durchblutung, verlangsamter Stoffwechsel, reduzierte Immunabwehr

Die emotionale Seele – Wozu brauchen wir sie?

Sie liefert starke, schnelle Diagnosen, wenn keine Zeit für Analysen ist. Sie bündelt Ihre Aufmerksamkeit.

Evolutionäres Grundmuster:

„Frisst es mich oder fresse ich es?"

Sie bündelt die Körperkraft bis zum Neunfachen!

Sie unterdrückt Schmerzempfinden.

Ratio:

- sichtet, was die Emotion vorlegt

- zieht etwas langsamer nach, wenn die Emotion zupacken möchte

- kontrolliert, bewertet, urteilt

- stellt Distanz her

Emotion:

- folgt einer assoziativen Logik (die Logik der Poesie, Religion, des Traums, des Mythos – und der Kinder!)

- kennt keine Grautöne, nur Schwarz und Weiß

- bezieht alles auf sich selbst

> Emotionale Intelligenz ist die Strategie der Gefühle emotionale Intelligenz ist die intelligente Nutzung emotionaler Fähigkeiten

Ihre Mittel sind:

- Selbstbeherrschung und Einsatzfreude

- Beharrlichkeit und Eigenmotivation

- Empathie – die Fähigkeit, sich auf den Platz der anderen zu setzen

- Soziale Kompetenz

1.5   Was ist emotionale Intelligenz?

Die Psychologen John Meier und Peter Salovey haben 1980 den Begriff der emotionalen Intelligenz eingeführt. Golemann hat ihn mit seinem Buch bekannt gemacht. Eine Definition für die emotionale Intelligenz könnte heißen:

> Sie ist ein aktives Vermögen und nicht nur ein passives Erleben. Das Wesentliche dabei ist, mit eigenen und fremden Gefühlen umzugehen und sie ist der Gegensatz zur rationalen Intelligenz.

Eine weitere Fähigkeit eines Menschen mit emotionaler Intelligenz ist, die eigenen Gefühle zu erkennen, damit umzugehen und sie in ihr Tun und handeln zu integrieren. um so ihr Ziel zu erreichen. So bietet sie Ihnen die Möglichkeit, sich in andere Menschen einzufühlen und auch die Beziehung zum anderen Menschen zu gestalten. Man kann also sagen, dass die emotionale Intelligenz eine Reihe von Fähigkeiten im Umgang mit sich selbst und anderen Menschen beinhaltet.

Sie können den Begriff emotionale Intelligenz auch in etwa gleichsetzen mit dem Begriff der sozialen Kompetenz. Sie kennen Menschen, die nie das Richtige sagen können auch nie richtig mit Menschen umgehen. Hingegen erleben Sie andere, die sehr viel Fingerspitzengefühl im Umgang mit den Menschen besitzen. Zur emotionalen Intelligenz gehört aber nicht nur der Umgang mit anderen Menschen, sondern auch das eigene Erleben und der Umgang mit sich selbst.

Für Ihren Alltag bedeutet dies, dass emotionale Intelligenz die Fähigkeit ist, auch mit eigenen Gefühlen erfolgreich umgehen zu können und sie sinnvoll einzusetzen.

Der Autor Uwe Scheler schreibt in seinem Buch „Management der Emotionen", dass seiner Meinung nach sechs deutlich unterscheidbare Fähigkeiten zur emotionalen Intelligenz gehören:

1. Emotionen erkennen und kennen

2. Emotionen erleben = Gefühle haben

3. Mit Gefühlen umgehen

4. Empathie: Einfühlung und Ansteckung

5. Auf Menschen emotionalen Einfluss ausüben

6. Der Umgang mit längerfristigen Beziehungen

Bei jedem Menschen sind diese Fähigkeiten mehr oder weniger gut ausgebildet. Sicher setzen sich diese Fähigkeiten aus angeborener Begabung, aber auch aus erlernten Fähigkeiten zusammen. In welchem Verhältnis diese beiden Elemente zum Tragen kommen, ist wissenschaftlich nicht erwiesen, jedoch gehen die Experten davon aus, dass der Anteil der erlernbaren Fähigkeiten sehr bedeutsam ist.

1.5.1   Emotionale Intelligenz in schwierigen Situationen

Sie wissen aus Ihrem Alltag, dass Konflikte in allen Bereichen auftreten, sei es privat, sei es beruflich. Wichtig zu wissen, auch Menschen mit hoher emotionaler Intelligenz haben das Recht ihre Emotionen auszuleben, auch in negativer Richtung. Nicht die Vermeidung von Konflikten oder diesen aus dem Weg zu gehen zeugt von emotionaler Intelligenz, sondern, wie Sie sich damit auseinandersetzen.

> Dies bedeutet, emotional intelligentere Menschen gehen erfolgreicher mit anderen um, da sie Situationen steuern und Einfluss auf andere Menschen nehmen können.

Schauen Sie sich einmal folgende Situation an:

Beispiel:

> Frau Schneider, eine engagierte Mitarbeiterin in einem mittelständischen Unternehmen, und Mutter, ist wie immer unter Zeitdruck. Sie stellt fest, dass sie dringend zum TÜV muss und entschließt sich, dies noch zu erledigen. Der TÜV hat bis 12.00 Uhr geöffnet, sie erscheint dort eine Minute vor 12.00 Uhr und wird von den Mitarbeitern darauf hingewiesen, dass sie jetzt Mittagspause haben und sie doch bitte am Nachmittag wieder kommen soll. Frau Schneider ärgert sich und beginnt über Beamte und deren Arbeitsmoral zu schimpfen. Fazit: Der TÜV-Mitarbeiter schließt seelenruhig vor ihr die Tür. Frau Schneider ist keinen Schritt weiter gekommen.
>
> Eine andere Variante dieser Situation:
>
> Frau Schneider kommt eine Minute vor 12.00 Uhr zum TÜV. Der TÜV-Mitarbeiter weist sie darauf hin, dass sie gleich schließen. Frau Schneider lächelt ihn freundlich an und sagt: „Sie haben sich Ihre Mittagspause verdient, Sie sind bereits seit 7.30 Uhr im Einsatz. Aber ich benötige ganz dringend Ihre Hilfe, ich muss heute Nachmittag für vier Wochen verreisen und möchte doch natürlich, dass mit meinem Auto noch alles in Ordnung ist. Welche Möglichkeit habe ich, wie können Sie mir helfen?" Der TÜV-Mitarbeiter lächelt sie an und sagt: „Kommen Sie, ich mache eine Ausnahme und nehme Sie eben noch dran."

Diese Situation soll Ihnen verdeutlichen, was es heißt, emotionale Intelligenz einzusetzen. Situationen wie diese ereignen sich täglich in Ihrem Leben.

An dieser Stelle möchte ich noch einmal darauf hinweisen, dass der IQ und der EQ nichts miteinander zu tun haben müssen. Viele Untersuchungen in den USA haben ergeben, dass es im durchschnittlichen Intelligenzbereich, also bei der Mehrzahl aller Menschen, keinen Zusammenhang zwischen Intelligenzhöhe und Lebenserfolg gibt. Ein wichtiger emotionaler Faktor für ihre emotionale Bildung ist, dass sie die Bedeutung der Intelligenz richtig einschätzen. Intelligenz ist für uns ein wichtiger Faktor, aber sie ist nicht alles.

Sie haben im Laufe Ihres Lebens die Möglichkeit, diese Potentiale mehr und mehr zu entfalten. D. h. also, im Lern- und Arbeitsaufwand können Sie Ihre Fähigkeit steigern. Das gilt für die geistige, psychische und auch körperliche Veranlagung. Hat jemand die Veranlagung, gut Tennis zu spielen, muss er das trainieren, um dieses Potential zu entfalten und zu verbessern.

Sicherlich gibt es Menschen, die schneller lernen, dies gilt auch für die emotionalen Fähigkeiten, aber Übung und Wiederholung sind wichtige Voraussetzungen bei diesem Lernprozess. Ein weiterer Vorteil ist, dass Sie lernen sich selber während dieses Prozesses richtig einzuschätzen.

Zu Ihrer emotionalen Bildung zählt ebenfalls, etwas über Gefühle zu wissen. Wenn Sie verstehen, was Gefühle sind, können Sie einzelne Gefühle genauer differenzieren. Jeder von Ihnen weiß, was Gefühle sind, aber sie auch als Begriff festzulegen, fällt Ihnen schwer. Nur wenige Worte, wie Freude, Glück, aber auch Angst, Hass und Traurigkeit sind ganz klar belegt und drücken Gefühle aus.

Viele andere Worte werden von Ihnen vielleicht nicht so ausgedrückt, dass der andere sie entsprechend versteht. Durch diese Vieldeutigkeit gibt es Verständnisschwierigkeiten, die teilweise auch Ursache für etliche Probleme in unserer Kommunikation sind. Darum meine Empfehlung an Sie, erläutern sie Aussagen und Begriffe, die nicht eindeutig sind. Das können Sie beispielsweise tun, indem Sie sagen: *„Ich fühle mich…"* oder *„Ich habe das Gefühl…"*.

Fassen wir also zusammen, dass zur emotionalen Bildung auch zählt, dass Sie mit dem Gebrauch der Worte für Gefühle vertraut sind.

Sie kennen es aus dem Alltag: Gefühle erleben Sie entweder als positiv oder aber als negativ. Ist Ihnen dabei vielleicht schon aufgefallen, dass es mehr negative Gefühle als positive Gefühle gibt, die Sie ausdrücken können? Sie müssen sich hier die Frage stellen, ob es an der Sprache liegt oder aber ob Ihr Leben mit negativen Gefühlen ausgefüllt ist.

Jeder gefühlsfähige Mensch hat eine Grundstimmung in sich und lebt mit dieser. Diese Stimmung schwankt selbstverständlich, sie ist mal heiter, mal aber auch gedrückt. Dies gehört zu Ihrem normalen Alltag, denn Sie können nicht immer nur heiter sein, aber Sie sollten auch darauf achten, dass Sie nicht überwiegend negativ denken, denn das könnte ein Problem in Ihrem Leben darstellen.

Übung

Stellen Sie sich doch einmal die Fragen (arbeiten Sie dies für sich auf einem Blatt Papier aus)

1. „Wie gehe ich mit meinen Stimmungen um?"

2. „Wie abhängig bin ich von meinen Stimmungen?"

3. „Wie weit kann ich sie beherrschen?"

Das sind wichtige Fragen der emotionalen Kompetenz.

Hier ist auch ein weiteres Merkmal von großer Bedeutung, denn Sie wissen, dass ein und dasselbe Ereignis bei unterschiedlichen Menschen auch unterschiedliche Gefühle auslöst. Nehmen Sie einmal das Weihnachtsfest, bei dem einen löst es ein Gefühl der Ruhe, Wärme, Harmonie aus, beim anderen der Freude, andere fliehen lieber davor oder verbinden sogar eine traurige Erinnerung damit.

Nehmen Sie ein anderes Beispiel: Sport im Urlaub. Für die einen ist es die größte Erfüllung, sich permanent zu bewegen und ihren Körper zu trainieren, andere graut es davor, auch im Urlaub permanent unter Druck zu stehen und sich bewegen zu müssen. Diesen Beispielen können Sie deutlich entnehmen, dass Ereignisse selbst niemals bestimmte Gefühle auslösen, sondern immer nur die Bewertung der Ereignisse.

Das bedeutet also für Sie, dass jedes Ereignis zuerst wahrgenommen, dann interpretiert und schließlich bewertet werden muss. Und von Ihren Bewertungen hängt es ab, welche Gefühle mit dem Ereignis verknüpft werden.

Um nun mehr Klarheit zu erzielen, wie Sie überhaupt mit Gefühlen umgehen und auch um zu erkennen, ob Sie bewusst positive Gefühle wahrnehmen, sollten Sie sich selbst in den verschiedenen Situationen genau beobachten.

> Dies bezeichnen wir bei der emotionalen Intelligenz als Achtsamkeit. Achtsamkeit bedeutet, dass Sie Ihr bewusstes Erleben auf das psychische Geschehen der Gefühle richten.

Lösen Sie sich jetzt von negativen Gefühlen, denn dies kann bei Verstärkung gewisse Ausmaße, wie Belastung oder Krankheit annehmen, Sie aber wollen sich mit dem Positiven beschäftigen. Glücklich ist der Mensch, der Freude nachhaltig und auch intensiv erleben kann.

Wir nennen diesen Zustand „Flow" (fließen oder schweben).

Wir verstehen darunter das nachhaltige Gefühl von Zufriedenheit und Glück. Dies ist der Zustand einer Erregung, in der Sie sich wohl fühlen. Sie kennen das bestimmt aus Ihrem Alltag: Sie heben ab, Sie schweben.

Wie können Sie nun einen persönlichen Nutzen für sich daraus ziehen?

- Sie können sich und Ihre Lebenssituation besser verstehen. Sie erfahren, dass Ihre Persönlichkeit dadurch gestärkt wird. Sie fühlen sich reifer, wenn Sie mehr wissen und mehr erleben können.

- Das angemessene Erkennen und Erleben von Gefühlen ist die Voraussetzung für den erfolgreichen Umgang mit Emotionen.

- Sie können besser mit negativen Gefühlen umgehen, weil Sie in der Lage sind, Abstand und Distanz zu ihnen zu nehmen.

■ Es ist erwiesen, dass Menschen mit höherer emotionaler Intelligenz auch negative Gefühle kennen, aber sie sind ihnen nicht so hilflos ausgeliefert.

Beispiel

Stellen Sie sich einmal vor: Sie ärgern sich schon lange über das Verhalten einer Kollegin Ihnen gegenüber. Sie sprechen mit der Kollegin darüber, befürchten aber, dass die Kollegin negativ reagieren wird. Dies geschieht auch; trotzdem war das Gespräch für Sie erfolgreich, denn Sie haben das dargelegt, was Sie stört, und können damit umgehen, dass die Kollegin in Zukunft distanzierter zu Ihnen ist.

Diese Situation stellt dar, wie Sie daran arbeiten können, mit Konflikten, Kritik und auch Frustrationen umzugehen. Desto höher Ihre Frustrationstoleranz Ihnen selbst gegenüber ist, desto mehr werden Sie Ihr persönliches Wohlbefinden steigern können.

Übung

Fließen ist ein Gefühlszustand der Zufriedenheit und des Glücks. Jeder Mensch erlebt ihn. Auch Sie haben sicher schon einmal dieses Gefühl erfahren. Versuchen Sie, sich daran zu erinnern. Nehmen Sie sich Zeit für eine Reise in die Vergangenheit.

1.   Wann haben Sie einmal Flow erlebt?

_____

_____

_____

2.   Welche Ereignisse haben dieses Gefühl ausgelöst?

_____

_____

_____

3.   Wie haben Sie diese Ereignisse bewertet?

_____

_____

_____

4.   Welche Konsequenzen hatte das für Ihr Verhalten und Erleben?
        Was haben Sie danach getan und gefühlt?

_____

_____

_____

Hinweis zur Übung

Die emotionale Erfahrung des Flows oder des Fließens kann mit vielen Ereignissen verknüpft sein. Beschreiben Sie Ihre Erfahrungen so genau wie möglich, auch wenn Sie meinen, dass das, was Sie erlebt haben, noch gar kein Flow war. Emotionen durch Emotionen auszulösen ist ein Meta-Phänomen. Es stabilisiert sich und verstärkt sich selbst, wenn Sie den ersten Zipfel der Erfahrung von Flow erwischen. Dazu dient diese Übung.

1.6   Die Kontrolle von Gefühlen

Kennen Sie diese Mitmenschen, die sich permanent über jede Kleinigkeit aufregen, ärgern und entsprechend häufig auch krank sind? Die Menschen, die sich ihren Gefühlen so ausliefern, können auch ihr Leben und Erleben nicht steuern. Ihnen ist bekannt, dass, wer von Zorngefühlen übermannt wird, sich nicht mehr im Griff hat, und so auch sein Verhalten nicht mehr lenken kann. In dieser Situation geschehen Dinge, die sie nicht selten später bereuen.

Ein wichtiges Kennzeichen der emotionalen Intelligenz ist, dass Sie mit Zorn und Ärger und auch mit Wut und Hass kontrolliert umgehen können. Trotzdem dürfen Sie auch mal einen Wutausbruch haben, das ist nur allzu menschlich. Schwierig wird es aber, wenn Sie sich häufig immer wieder über Kleinigkeiten stark aufregen.

Deshalb gehören zur emotionalen Intelligenz auch Dinge wie Vertrauen und Gelassenheit. Hier ein paar Tipps für Sie:

- Ärgern Sie sich, aber nur so kurz wie nötig.

- Fragen Sie sich, ob die Sache es wirklich wert war, sich so darüber aufzuregen.

- Ist vielleicht der Druck und Stress von Ihnen selbst gemacht?

- Welche Möglichkeit haben Sie, Ihren Ärger besser zu kontrollieren?

Gelassenheit ist trainierbar

Beispiel

Stellen Sie sich folgende Situation vor: Sie stehen im Supermarkt an der Kasse, vor Ihnen eine lange Schlange. Seitlich vor Ihnen entsteht eine zweite Schlange von Menschen, die ihre Ware bezahlen wollen. In einem unachtsamen Moment drängelt sich jemand mit seinem Einkaufswagen genau vor Ihnen in die Schlange.

Sie bekommen einen Wutanfall und sagen ziemlich laut zu dem Vordermann unflätige Worte und geraten in Streit mit ihm. Ihr Herz klopft vor Verärgerung. Sie spüren, wie die anderen Leute um Sie herum, die zuerst auf Ihrer Seite standen, sich immer mehr auf die Seite des jungen Mannes, der sich vorgedrängelt hat, schlagen. Auch die Kassiererin macht eine Bemerkung Ihnen gegenüber:„Na, nun müssen Sie sich ja deshalb nicht so aufregen." Zu allem Ärgernis entschuldigt sich der junge Mann bei Ihnen und lässt Sie vor.

Nun überlegen Sie, ob es nicht erheblich besser gewesen wäre, entweder den jungen Mann lächelnd vorzulassen oder ihm ganz ruhig zu sagen:„Ich glaube, ich war vor Ihnen dran." Sicherlich werden Sie sich dann nicht so lange darüber ärgern, wie Sie es in der ersten Situation tun, oder?

Übung

Welche Gefühle kennen Sie?

Überlegen Sie, welche Wörter für Gefühle Sie kennen. Wir haben acht Gruppen von Gefühlen vorgegeben. Wichtig ist, dass Sie zu den einzelnen Gruppen sehr viele ähnliche und verwandte Gefühlsbezeichnungen finden. Je mehr, desto besser. Es kommt dabei nicht auf die präzise Zuordnung an, sondern darauf, dass Sie möglichst viele Wörter finden, die Gefühle bezeichnen. Achten Sie aber darauf, dass Sie nicht eindeutige Wahrnehmungen als Gefühle ausgeben. Kennzeichnen Sie das Gefühl, das bei einer Wahrnehmung auftritt, etwas genauer, um es von der Wahrnehmung selbst zu unterscheiden.

Wir haben zu jeder der Gruppen schon ein paar Beispiele genannt, auf die Sie selbst gekommen wären. Sie sollen dadurch angeregt werden. Lassen Sie sich für die Übung ruhig Zeit oder kommen Sie zu einem späteren Zeitpunkt darauf zurück. Sie können jederzeit Ergänzungen anbringen.

1. Freude: Glück, Stolz, Wohlfühlen, Erfülltsein …

    _____

2. Angst: Furcht, Entsetzen …

    _____

3. Vertrauen: Geborgenheitsgefühle, Zuversicht …

    _____

4. Misstrauen: Eifersucht, Verzweiflung …

    _____

5. Neugierde: Berührtsein, Erfülltsein …

    _____

6. Trauer: Unglück, Leid …

    _____

7. Ärger: Zorn, Hass …

    _____

8. Scham: Schuldgefühle, Ekel …

    _____

1.7   Emotionale Intelligenz = gesunder Optimismus

Sie kennen das Gesetz der sich selbst erfüllenden Prophezeiung? Sie stehen morgens auf und sagen: „Heute ist nicht mein Tag, nichts gelingt mir." Abends ziehen Sie ein Resümee und stellen fest: Richtig, es war nicht mein Tag. Dinge, die Ihnen sonst gelingen, haben Sie nicht zustande gebracht. Sie hatten an diesem Tag ein wichtiges Gespräch mit Ihrem Chef und haben sich schon vorher eingeredet, so wie der Tag heute ist, kann es nicht klappen. Es war so, das Gespräch ist nicht so verlaufen, wie Sie es sich vorgestellt haben.

Wir vergessen dabei häufig, dass der Zusammenhang zwischen Pessimismus und Misserfolg eindeutig ist. Dies ist auch wissenschaftlich erwiesen. Versuchen Sie doch einmal in solchen Situationen über sich selbst zu schmunzeln. Auch wenn Sie vielleicht morgens einen kleinen Blechschaden oder irgendein anderes Übel hatten, muss es doch nicht den ganzen Tag so sein.

Das bekannte Schlagwort „*Positives Denken*" hat seine absolute Berechtigung. Versuchen Sie darum, Ihr Bewertungssystem zu ändern, indem Sie mehr gute Dinge als schlechte Dinge sehen. Die alte Regel „Ein halb gefülltes Glas ist entweder schon halb leer oder noch halb voll" hat noch immer ihre Berechtigung. Natürlich sollten Sie bei allen Misserfolgen auch realistisch bleiben und nicht, wenn Ihnen am Morgen jemand hinten auf Ihr Auto fährt, sagen, gut, dann haben Sie wenigstens eine Gelegenheit, zur Werkstatt zu fahren. Aber Sie können sich vielleicht sagen, ich habe noch Glück gehabt, es hätte ja auch mir etwas passieren können.

Ich weiß, dies ist häufig leichter gesagt als getan, aber zwischen den Zeilen hören Sie in diesem Kapitel immer wieder heraus, dass Sie arbeiten, lernen und trainieren müssen, um dahin zu kommen.

Eine Stärkung Ihrer optimistischen Grundhaltung bedeutet auch eine Stärkung der emotionalen Intelligenz.

1.8   Empathie = Einfühlungsvermögen

Die Empathie ist ein wesentlicher Bestandteil der emotionalen Intelligenz. Mit Empathie bezeichnet man das Einfühlungsvermögen. Der Begriff Empathie ist jedoch nicht im Zusammenhang zu sehen mit Sympathie oder Antipathie, sondern er benennt die Fähigkeit des Einfühlens.

Drei Dinge sind dabei zu unterscheiden:

1. Das Erkennen und Verstehen der emotionalen Vorgänge in einem anderen Menschen.

2. Das Verhalten, mit dem Sie dem anderen mitteilen, dass Sie ihn verstehen.

3. Empathie haben bedeutet, diese auch zu zeigen.

4. Hierzu zählen auch die einfühlsamen Reaktionen.

Empathie ist damit die Grundlage der Beziehungsfähigkeit überhaupt. Denn Zuneigung, Liebe und Freundschaft setzen immer voraus, dass die Menschen sich verstehen und das Bedürfnis, verstanden zu werden, befriedigen. Sie müssen Ihren Chef verstehen, um gut mit ihm zusammen zu arbeiten, Sie müssen Ihren Partner verstehen, um mit ihm leben zu können.

Empathie ist ebenso eine Grundlage für Entscheidungen. Dazu gehört ebenfalls, wie z. B. Produkte zu gestalten sind, damit der Kunde sie kauft. Wie sind Wohnungen zu bauen, damit Menschen darin bequem leben können? Dies heißt für Sie, je besser Sie sich in einen anderen Menschen hineinversetzen und ihn verstehen können, desto besser und desto leichter können Sie mit ihm umgehen.

Vergessen Sie dabei nicht, dass auch die nonverbale Kommunikation einen starken Einfluss auf die Empathie hat.

Kennen Sie das Indianersprichwort:„*Gehe den Weg in meinen Mokassins?*" Damit möchte ich den Begriff der Empathie noch verdeutlichen. Die moderne Psychologie spricht von einem Perspektivwechsel, d. h. sich in die Situation des anderen zu versetzen. Empathie haben Sie dann, wenn Sie das emotionale Leben Ihres Gegenübers richtig deuten.

Beispiel

Ihr Chef ist sehr viel unterwegs, viel Arbeit bleibt auf dem Schreibtisch liegen. Nach einer Woche ist er nun endlich mal wieder im Büro. Sie haben viel mit ihm zu besprechen und tragen sich gleich Montagmorgen einen Termin bei ihm ein. Als Sie in sein Büro gehen, empfängt er Sie mit den Worten: „Sie sehen doch, wie sich die Arbeit auf meinem Schreibtisch stapelt. Glauben Sie, ich habe jetzt nicht etwas Anderes und Wichtiges zu tun, als mit Ihnen die letzte Woche zu besprechen? Kommen Sie irgendwann später noch mal." Sie sind natürlich im ersten Moment wütend und beleidigt. Als Sie aber darüber nachdenken, wird Ihnen klar, dass Ihr Chef momentan einfach nur überfordert ist. Stillschweigend stellen Sie ihm eine Tasse Kaffee mit Plätzchen auf den Schreibtisch. Sie freuen sich über seine positive Reaktion darauf.

Übung

Die Gefühle anderer wahrnehmen

Versuchen Sie, immer, wenn Sie Gelegenheit haben, Menschen zu beobachten, zu erkennen, welche Gefühle und Stimmungen diese gerade erleben. Beginnen Sie Ihre Empathieübung in Situationen, in denen Sie nicht persönlich betroffen sind.

Beobachten Sie in Ruhe Mimik, Gestik und Körperhaltung. Versuchen Sie eine differenzierte Beschreibung der Stimmungen und Gefühle. Es kommt nicht darauf an, ob Ihre Deutung richtig ist.

Wichtig ist nur, dass Sie es so oft wie möglich versuchen.

Beobachten Sie Menschen:

- im Supermarkt vor einer Schlange

- an der Kinokasse

- am Flughafen

- im Freundeskreis

- bei der Arbeit

- beim Sport

Hintergrund dieser Übung: In den meisten Situationen geben die Menschen sich gar keine Mühe, Ihre Gefühle zu verbergen. Bei genauer Beobachtung können Sie recht sicher erkennen, welche Gefühle die anderen gerade empfinden.

> Nehmen Sie für Ihren Alltag folgenden Hinweis mit: Der emotional gebildete Mensch zeigt Empathie, weil er weiß, was er damit erreicht.

Und so zeigen Sie Empathie in Gesprächen:

- Zeigen Sie eine offene Körperhaltung

- Halten Sie Blickkontakt – der Blick schafft Kontakt

- Sorgen Sie für eine störungsfreie Atmosphäre ohne Zeitdruck

- Unterbrechen Sie Ihren Partner nicht

- Fragen Sie nach, kontrollieren Sie den Dialog

- Arbeiten Sie mit offenen Fragen

- Drücken Sie Anteilnahme aus, ohne jedoch sofort belehrend zu wirken

- Wiederholen Sie das, was der andere gesagt hat

- Sagen Sie ja – suchen Sie Gemeinsamkeiten

Durch diese Regeln können Sie Ihre Empathie im Kommunikationsverhalten verbessern.

Nun geschieht es immer wieder im Alltag, dass Sie das ausdrücken wollen, was Sie beim anderen wahrnehmen oder vermuten. Ihr Partner will dies vielleicht gar nicht hören. Darum fragen Sie den anderen um Erlaubnis, ob Sie Ihre emotionale Vermutung oder Deutung kommunizieren dürfen. Arbeiten Sie dabei mit den Ich-Botschaften der Kommunikation. Sagen Sie Ihrem Partner:„ich bin der Meinung, ich würde in dieser Situation das und das tun."

Ein nicht zu unterschätzendes Merkmal der emotionalen Intelligenz ist Humor. Humor schafft Distanz zu Problemen, Humor befreit Sie von Zwängen und Humor lässt manches leichter erscheinen. Nicht zu vergessen: das Lächeln. Menschen, die lächelnd durchs Leben gehen, haben es leichter im Umgang mit anderen und werden auch anders empfunden.

> Am Schluss möchte ich Ihnen die zentrale Botschaft der emotionalen Intelligenz noch einmal verdeutlichen:
>
> Sie sind Ihren Gefühlen nicht hilflos und passiv ausgeliefert.
>
> Aber erst nach erfolgreichem emotionalem Selbstmanagement werden Sie auch erfolgreich auf andere Menschen Einfluss nehmen und mit Ihnen umgehen können.

Übung

Welche Wirkungen das Zeigen von Empathie hat

Stellen Sie sich eine konkrete Gesprächssituation zwischen zwei Kollegen vor. Nehmen Sie ein Beispiel aus Ihrem Berufsumfeld.

Versetzen Sie sich dabei nicht in die Rolle des Gesprächspartners, sondern beurteilen Sie die Kommunikation vom Gesichtspunkt eines neutralen Dritten aus.

Wann wird dem Gesprächspartner Verständnis vermittelt?

Wann wird er sich unverstanden fühlen?

Kreuzen Sie jeweils das Zutreffende an.

Der Gesprächspartner	zeigt Verständnis	zeigt kein Verständnis
1. schaut zur Uhr.		
2. schaut den anderen direkt an.		
3. schaut zur Decke.		
4. liest in seinen Unterlagen.		
5. unterbricht nicht die Rede des anderen.		
6. kritisiert unausgereifte Ideen nicht.		
7. unterbricht den anderen.		

Der Gesprächspartner	zeigt Verständnis	zeigt kein Verständnis
8. ermahnt den anderen.		
9. gibt konkrete Verhaltensvor- schriften.		
10. tut die Gefühle des anderen als unwichtig ab.		
11. deutet die Gefühle des anderen richtig.		
12. lehnt sich mit verschränkten Armen zurück.		
13. schiebt etwas auf seinem Schreibtisch zur Seite.		
14. fragt nach den Hintergründen.		
15. fragt nicht nach.		

Die Lösung dieser Übung finden Sie auf S. 261

Ihr Nutzen aus diesem Kapitel:

Sie sind sensibilisiert für Gefühle. Wenn Sie bisher vielleicht der Meinung waren, dass „Gefühlsduselei" am Arbeitsplatz nichts zu suchen hat, wissen Sie nun, dass den Gefühlen eine viel größere Bedeutung zukommt, als sie dachten. Vergessen Sie nicht, sich erst einmal Ihrer eigenen Gefühle, Ihr eigenes Verhalten in bestimmten Situationen bewusst zu machen, Sie schaffen damit die Grundlage für den Umgang mit Ihren Mitmenschen. Gefühle, wir können Sie auch soziale Kompetenz nennen, erleichtern Ihnen den Zugang zu Ihrem Chef und Ihren Kollegen. Sich öfter auch in die Situation von anderen zu versetzen, ist ein wesentlicher Schritt nach vorne.

Lassen Sie dabei auch den Bereich des „Flow" nicht in Vegessenheit geraten, genießen Sie Ihre Erfolge und Ihr Leben.

2.   Farbpsychologie

„Wirke gut, so wirkst du länger, als es Menschen sonst vermögen"

[Johann Wolfgang von Goethe]

2.1   Geschichte, Erforschung und Tradition von Farben und ihrer Wirkung

Die Geschichte der Farben und Ihrer Wirkung ist eine Jahrtausende alte Geschichte von Macht, Manipulation und Herrschaft. Die Erforschung von Farben steht erst am Anfang.

Obwohl man sich der Farbforschung an den Universitäten erst seit dem 20. Jahrhundert offiziell annimmt, beschäftigen sich kluge und vor allem mächtige Köpfe schon viel länger damit. Farben werden seit Jahrtausenden ganz bewusst und gezielt in Zusammenhang mit religiösen und kultischen Handlungen eingesetzt, um beim „Zielpublikum" ganz bestimmte Empfindungen hervorzurufen oder zu verstärken. Die ersten Farbpsychologen waren Priester, die mithilfe von Farben komplizierte Inhalte auf ganz einfache Weise kommunizierten, Menschenmassen damit manipulierten und somit lenkten. Später wurden Farben und ihre Wirkung auch von Königen, Kaisern und anderen Regenten genutzt. Purpur wurde zur erhabenen Farbe der Herrschenden. Auch in der katholischen Kirche und anderen Religionen spielt die Farbe Rot eine wesentliche Rolle. Zur Farbe des Transzendenten und Übersinnlichen wurde indessen Violett, eine Farbe, die im Katholizismus das Feierlichste symbolisiert.

Während der verschiedensten Epochen haben auch Künstler – Maler und Schriftsteller – versucht, durch Farben bestimmte Stimmungen und Gefühle hervorzurufen.

Trotz ihrer langen Geschichte der Praxis steckt die Farbpsychologie in ihrer Theorie noch in den Kinderschuhen. In der Welt der Werbung findet sie ihren größten Anwendungsbereich, aber auch aus den Gebieten Betriebspsychologie, Arbeitsplatzgestaltung und Produktgestaltung ist ihr Nutzen nicht mehr wegzudenken. Immer bewusster werden Farben in der Ausstattung von Räumen eingesetzt. Nicht nur, was gefällt, sondern auch, was entsprechend wirkt, kommt in die Wohnung – beruhigende Farben ins Schlafzimmer, belebende ins Wohnzimmer. Oder umgekehrt. Mit der bewussten Farbgestaltung unseres Lebensraumes können wir im wahrsten Sinn des Wortes „Farbe in unser Leben" bringen. Darüber hinaus kann mit etwas Geschick die optische Größe oder Aufteilung eines Raums beeinflusst werden. Dunkle Farben wirken schwerer, verkleinern und können einengen. Helle Farben hingegen weiten, vergrößern und bringen Leichtigkeit und Transparenz. Ein farblich kräftiger Fußboden und hell gestrichene Wände lassen einen Raum weit und hoch wirken – glaubt man Experten, so fühlt man sich darin „geerdet" und hat nicht das Gefühl, den Boden unter den Füßen zu verlieren.

2.1.1   Wie Sie Farben empfinden

Farbpsychologen wissen heute, dass unser Farbempfinden eine Art „Urprägung" ist – etwas – das durch genetische Erfahrungen, Denkstrukturen und Instinkte geprägt ist. Einer der anerkanntesten Tiefenpsychologen, C. G. Jung, sprach in diesem Zusammenhang vom „kollektiven Unterbewusstsein" der Menschheit. Sogenannte „Archetypen" sind dabei Schemen, die wir alle seit Generationen in uns tragen und die mitbestimmen, was und wie wir denken und fühlen. So empfindet jeder Mensch Rot als eine warme Farbe, ungeachtet persönlicher Erfahrungen. Ob jemand Wärme als positiv im Sinn von Geborgenheit und Wohlbefinden oder eher negativ im Sinn von Beklemmung und Beengtheit empfindet, hängt wiederum von der individuellen Entwicklung jedes einzelnen ab.

2.1.2   Die Wirkung von Farben

Die Farbpsychologie unterscheidet die Wirkung einer Farbe auf unterschiedlichen Ebenen

- Psychologische Wirkung
  Aufgrund individueller Erfahrungen rufen Farben in uns unbewusste Reaktionen oder Erinnerungen hervor.

- Symbolische Wirkung
  Diese beruht häufig auf alten Überlieferungen. So stammt der Ausdruck „grün vor Neid werden" daher, dass die Menschen seit langem wissen: Wer sich ärgert, wird gallenkrank – und die Farbe ist gelbgrün.

- Kulturelle Wirkung
  Auch geografische Gegebenheiten, wie Landschaften sowie kulturelle Faktoren beeinflussen, wie Farben auf die Menschen der jeweiligen Kultur wirken. In Europa ist Grün die Farbe der Landschaft, in anderen Teilen der Erde ist dies nicht der Fall. Für Wüstenvölker ist Grün die Farbe des Paradieses, so ist sie auch die heilige Farbe des Islams. In einem Land kann eine Farbe eine ganz andere Bedeutung haben als in einem anderen. Vor allem nationale Unterschiede sind häufig groß. Ist ein Deutscher, Österreicher oder Schweizer „blau", so meint man damit, dass er betrunken ist. Im englischsprachigen Raum hingegen ist man melancholisch oder depressiv, wenn man „blue" (blau) ist. Franzosen werden übrigens „noir" (schwarz), wenn sie zu viel Alkohol trinken.

- Politische Wirkung
  Seit jeher haben bestimmte Herrschaftsgebiete ihre eigenen Wappen in den entsprecheden Farben. Auch die aktuelle politische Szene ist bestimmt von Farben und Farbmetaphern. Manche Staaten vereinnahmen eine ganze Farbe für sich, so wie die Iren ihr Kleeblatt-Grün. Rot ist stets die Farbe des Sozialismus, Schwarz steht fast immer für Konservatismus, und unter dem Label „die Grünen" vereint sich eine politische Bewegung, die ihren Fokus auf Umwelt- und Naturschutz hat.

■ Traditionelle Wirkung

Manchmal geht die Wirkung einer Farbe auf alte Traditionen und Färbemittel oder Techniken zurück. Warum empfinden wir grün, die Farbe der Natur, in bestimmten Situationen als giftig? Früher enthielten grüne Malerfarben giftiges Arsen. Napoleon Bonaparte soll seine Lieblingsfarbe zum Verhängnis geworden sein. Es heißt, er habe die Wände seines Domizils in St. Helena mit grüner Tapete dekorieren lassen. Aufgrund des feuchten Klimas sei das giftige Arsen verdunstet und habe schließlich zu seinem Tod geführt. Die Farbbezeichnung „Giftgrün" gibt es noch heute.

2.2   Farben im Berufsalltag

2.2.1   Graue Maus oder Graue Eminenz?

Schon Oscar Wilde stellte fest: „Das wahre Geheimnis der Welt ist das Sichtbare, nicht das Unsichtbare." Bei jeder Begegnung mit einem Fremden werden Sie innerhalb weniger Sekunden nach dem Äußeren beurteilt. Oft haben Sie keine Chance, diesen Eindruck zu verändern. Eine sorgfältig gewählte Geschäftsgarderobe ist daher ein wichtiger Baustein Ihres Erscheinungsbildes.

Als klassische Farben für offizielle Businesskleidung gelten in Deutschland noch immer Grau, Dunkelblau und Schwarz. Tragen Sie **Grau** in allen Schattierungen, wenn Sie keine herausragende Position einnehmen wollen, z. B. bei Tagungen oder Besprechungen, in denen Sie nicht das Wort ergreifen wollen. Grau wirkt unauffällig und weniger autoritär als Schwarz oder Dunkelblau, aber dennoch seriös.

Je nach Kombination mit Pastellfarben, kräftigen Farben oder modischen Farben können Sie ein anderes Erscheinungsbild vermitteln. Blau ist mit Abstand die beliebteste Farbe.

Dunkelblau wirkt korrekt und unauffällig. Mit Blau werden viele gute Eigenschaften verbunden: Harmonie, Treue, Vertrauen und Zuverlässigkeit. In der Finanzwelt gilt Blau immer noch als „die" Kleiderfarbe. Wer Blau trägt, vermittelt, dass er alles unter Kontrolle hat. Allerdings traut man jemandem, der Dunkelblau trägt, auch weniger kreative Ideen zu.

Dunkelblau kombiniert mit Weiß oder Elfenbein ist „das" klassische Outfit! Dunkelblau lässt sich aber auch hervorragend mit Pastellfarben kombinieren und wirkt so gefälliger.

Schwarz verleiht Würde und Unnahbarkeit. Schwarz ist die Farbe der Abgrenzung und der Individualität. Ein Modeschöpfer drückte es so aus: „Schwarz ist Eleganz ohne Risiko." Schwarz schluckt das Licht und lässt Problemzonen schrumpfen. Schwarz ist aus den Kleiderschränken der Damenwelt nicht wegzudenken, aller Bemühungen seitens der Farbberaterinnen zum Trotz, die diese Farbe nur dem Winter „gönnen" wollen. Vermeiden Sie jedoch schwarze Kleidung, wenn Sie Gespräche führen müssen, in denen sich der Partner öffnen soll!

Für den beruflichen Alltag empfiehlt es sich aber, sich von der Uniformität der oben genannten Farben zu lösen und eine andere Farbe zu tragen. Es gibt klassische Kombinationen in Neutralfarben, wie Beige, Braun, Oliv oder Weinrot, die Ihnen ein individuelles Erscheinungsbild geben, Sie wohltuend von der dunklen Masse abheben und trotzdem kompetent erscheinen lassen. Tragen Sie möglichst Ton-in-Ton-Kombinationen, keine auffälligen Muster.

Braun wirkt unkompliziert, nett und freundlich. Menschen in brauner Kleidung strahlen Sicherheit aus und erwecken Vertrauen. Braun lässt sich hervorragend mit hellblau oder kräftigen Farben kombinieren.

Tragen Sie es aber nicht zu oft, es wirkt auf manche Menschen auch altmodisch und träge, Eigenschaften, die im Berufsleben nicht gerade gefragt sind.

Grün wirkt verlässlich und natürlich, es lockt das Weiche und Künstlerische in Ihnen hervor. Grün kann man als Schutzfarbe tragen, wenn man sich selbst etwas Gutes tun möchte. Hellgrün wirkt stimmungsaufhellend.

Vermeiden sollte man Grün, wenn man die Aufmerksamkeit auf sich ziehen möchte. Man sollte auch daran denken, dass grüne Kleidung unter Umständen mit einer politischen Einstellung in Verbindung gebracht wird. Es gibt Stimmen, die sagen, bei Verhandlungen mit seiner Bank sollte man keine grüne Kleidung tragen!

Weinrot wirkt (ähnlich wie **Oliv**) zurückhaltend und konventionell und kann mit Pastellfarben kombiniert werden.

Rot setzt das stärkste Farbsignal. Wollen Sie auffallen und Autorität projizieren, sollten Sie rote Kleidung wählen. Rot berührt nicht die intellektuellen Aspekte, sondern stimuliert die animalische Seite des Menschen. Wer sich ängstlich, schwach, deprimiert oder gehemmt fühlt, braucht Rot. Allerdings erfordert diese Farbe auch den Mut, um sie zu tragen.

Zu viel Rot wirkt bedrohlich auf die Mitmenschen. Rot regt das Nervensystem an, nervöse Menschen können nervöser werden, auch wenn die Farbe von anderen getragen wird. Bei einem zu erwartenden Streitgespräch sollte man auf rote Kleidung verzichten. Sollten Sie einen „großen Auftritt" haben, tragen Sie möglichst Rot, mindestens einen roten Blazer.

Bei formellen Präsentationen im kleineren Kreis sollte man eine möglichst dunkle Farbe mit klassischen Accessoires tragen, das wirkt kompetenter.

Bei zwanglosen Präsentationen und Besprechungen im Kollegenkreis wirkt hellere Kleidung oder ein dunkles Unterteil mit hellem Blazer verbindlicher

2.3   Was bin ich für ein Typ: Frühling, Sommer, Herbst oder Winter

Wir unterscheiden bei uns Menschen vier verschiedene Typen. Schauen Sie sich die verschiedenen Typen an. Sie erhalten sicherlich einige Hinweise darauf, welche Farben für Sie gut oder nicht gut sind, und welche Farben Ihnen stehen und welche weniger und können daran feststellen, welcher Typ Sie sind.

Der Frühlingstyp

„Irischer Typ"

- leuchtend und klar, warm, hell
- Elfenbein, Eierschale, Vanille
- Gelbbeige, Cremebeige, Goldbeige
- Dottergelb, Orange-Gelb, Champagner
- Hellbraun, Gelbbraun, Karamell
- Maigrün, Gelbgrün, Apfelgrün, leuchtendes Khaki, Helles Oliv
- Tomatenrot, Gelbrot, Orangerot, Lachs, Hummer, Korallenrot, Feuerrot, Ziegelrot
- Türkis und rotes, leuchtendes Violett sind Grenzfälle

Nicht in diese Farbfamilie passen kalte und gedämpfte Farben: vor allem Schwarz, reines Weiß, Blau und alle Farben mit blauem Unterton, auch nicht Weinrot.

Der Sommertyp

„Skandinavischer Typ"

- kühl und zart, hell, gedämpft
- gebrochenes Weiß, Wollweiß, Altweiß
- zartes Zitronengelb
- Grau von hell bis dunkel, Anthrazit, Beigegrau
- Hellblau, Himmelblau, Türkis, Graublau, Taubenblau, Marine, zartes Blauviolett, Rauchblau, Jeansblau
- gedämpftes Grünblau
- Flieder/gräulicher Flieder, Beige-Violett, mildes Aubergine
- Rosabraun, Rosabeige
- Rosa, Rosenholz, Rosé von hell bis dunkel, Altrosa
- Brombeer, gedämpftes Bordeaux, gedämpftes Weinrot

Nicht in diese Farbfamilie passen warme, grelle und sehr dunkle Farben: Orange, Orange-Rot, Gold- oder Gelbbraun, Gelbgrün, Gold, Rost, Schwarz.

Der Herbsttyp

„Indianer"

- gedämpft und satt, warm, dunkel
- Vanille, Elfenbein
- Messing, Beige, Zimt
- Kaffeebraun, Hellbraun, Mittelbraun, Goldbraun
- Maisgelb, Messing, Curry, Senfgelb
- gedämpftes Orange, Braun-Orange, Kupfer, Rost
- braunes Rot, Kupferrot, Granat, Rostrot
- bräunliches Lachsrosa
- bräunliches Aubergine
- Lodengrün, Khaki, Moosgrün, olivbräunliches oder gelbliches Dunkelgrün
- Petrol ist ein Grenzfall

Nicht in diese Farbfamilie passen kalte und klare Farben: Schneeweiß, Blaurot, Pink, Schwarz, Blau.

Der Wintertyp

„Japaner/Schneewittchen"

- kalt, klar, leuchtend und farbintensiv, kräftig, harte Kontraste
- Schneeweiß, Kalkweiß, Kreideweiß
- Eisgrau, Stahlgrau, Schiefergrau, Silbergrau
- Zitronengelb, eisiges, starkes Gelb, Neongelb
- kräftiges Blau-Rot, frisches Weinrot, hartes, blaues Bordeaux
- Rosa in Eistönen, Pink, Fuchsia
- kräftiges Violett, Blau-Lila, Lavendel
- Blau-Grün, bläuliches Dunkelgrün
- alle kräftigen Blautöne, Eisblau, Royalblau, Kobalt, Kornblumenblau
- Schwarz, Schwarzbraun, Schwarz-Violett, Schwarz-Grün, Schwarz-Blau

Nicht in diese Farbfamilie passen warme, gedämpfte und laue Farben: Orange, Orange-Rot, Rost, Gold, Gelbgrau, Beige, Beigebraun, außer Schwarzbraun.

Haarfärbetipps für die Farbtypen:

Frühling: Honig/Goldblond, Henna, Kastanie, Haselnuss

Sommer: Asch-, Silber-, Mattblond, Rosenholz

Herbst: Kastanie, Rotbuche, Henna

Winter: Mahagoni, Bordeaux, Aubergine, Schwarz, Silberweiß, Blauspülung, schwarze Kirsche

2.4   Die generelle Wirkung von Farben im Überblick:

Schwarz

positiv:	*Negativ:*
stark	reserviert
elegant	distanziert
feierlich	leblos
Raffiniert	hart

Schwarz

macht Sie nicht schlanker, wenn Sie sich dick fühlen!

macht Sie nicht stärker, wenn Sie sich schwach fühlen!

Hat kombiniert mit leuchtenden Farben die höchste Kontrastwirkung

Grau

Positiv:	*negativ:*
angepasst	unverbindlich
neutral	unbestimmt
Seriös	allgemein

Grau = seriös, neutral und angepasst gekleidet (Business Basic), verleiht aber der Persönlichkeit nicht eben Ausdruck

Mit grau können Sie sich ins Abseits stellen, diese Farbe wirkt passiv.

Dynamik zeigen:

Kombinieren Sie graue Kleidung mit den aktuellen Modefarben oder mit Pastellfarben

grau aufpeppen:

aktive, lebendige und heitere Farben genau richtig.

Dunkelblau

Positiv:	*negativ:*
kompetent	langweilig
zuverlässig	konservativ
beständig	kühl
ordentlich	übermäßig tugendhaft
Vertrauenswürdig	melancholisch

Dunkelblau bei Verhandlungen:

 Wenn Sie als Redner/-in fungieren.

Wenn Sie kreativen Gespräche führen wollen oder in kreativen Berufen arbeiten (z. B. Design und Mode): dunkelblau vermeiden.

Dunkelblau: Wesentlich dynamischer und modischer mit kraftvollen, farbigen Accessoires (Krawatte, Tuch etc.) in den energiereichen Farben Rot, Gelb, Gold oder Orange.

Braun

Positiv:	negativ:
freundlich	übervorsichtig
gesellig	spießig
gefestigt	schwerfällig
Verlässlich	

Braunes Outfit:
Vertrauen
Menschen treten Ihnen offener entgegen.

Grün

Positiv:	negativ:
selbstbewusst	dickköpfig
verlässlich	risikoscheu
natürlich	langweilig
Hilfsbereit	

Grün vermeiden, wenn Sie für progressive Ideen werben wollen, denn grün lässt traditionelles Denken vermuten

Rot

positiv:	negativ:
energisch	aggressiv
aufregend	bedrohlich
bestimmt	beherrschend
aktiv	erotisch
selbstbewusst	

Mit der Farbe rot fallen Sie auf.
Sie projizieren Autorität.
Rot nur als Akzent in Maßen, um nicht bedrohlich und dominant zu wirken.

Rosa

positiv: *negativ:*

feminin   naiv

zart   unsachlich

zugänglich   übervorsichtig

sanft

empfindsam

Allzu neutralen Business-Look mildern:

Rosa Bluse/Hemd zum grauen Anzug/Kostüm kombinieren, dabei verliert Rosa seine spezifische Eigenschaft der Harmlosigkeit.

2.4.1 Was Sie mit bestimmten Farben erreichen

hell, glänzend, leuchtend	lassen hervortreten (Licht)
dunkel, matt	lassen zurücktreten (Schatten)
hell + dunkel	für Business oder starke Hüften: helles Kleidungsstück oben, da der Blick auf das Helle gelenkt wird
uni + Muster	für Business oder starke Hüften: Muster oben, da der Blick auf das Muster gelenkt wird
Körper- oder Gesichtsform ist nicht ideal	nicht die gleiche Form von außen wiederholen. Wenn Sie ein rundes Gesicht haben, verzichten Sie auf Kleidung mit Pünktchen. Ein Längliches Gesicht verträgt besser Quer- als Längsstreifen.
Ist eine Form extrem negativ	nicht außen genau das Gegenteil wählen, sonst Hervorhebung durch Kontrastwirkung. Ein eckiges Gesicht wird unterstrichen durch einen runden Kragen.
generell	im Beruf eher die Aufmerksamkeit nach oben als nach unten lenken bei Damen: max. drei Farben in einem Outfit, bei Herren: max. fünf

2.5 Hätten Sie's gewusst – die Lieblingsfarben der Deutschen

Sicherlich kennen Sie das behagliche Gefühl, das von einem zartgelb gestrichenen Raum ausgeht, verbinden Sie Weiß gekleidete Ärzte mit Reinheit und Gesundheit oder erkennen im Straßenverkehr Schilder mit rotem Inhalt als Warnhinweis: Farben wirken direkt auf unsere Psyche, und das ist nicht nur Offline so, auch im Internet gelten übrigens diese Assoziationen und Interpretationen.

Und das sind die Lieblingsfarben der Deutschen

Blau

Lieblingsfarbe von 38 % der Deutschen

Violett

Lieblingsfarbe von nur 1 % der Deutschen. Dagegen lehnen 12 % es strickt ab.

Rot

Lieblingsfarbe von 20 % der Deutschen

Orange

Nach Braun die unbeliebteste Farbe der Deutschen mit 14 % Ablehnung

Gelb

Lieblingsfarbe von 5 % der deutschen Männer. Frauen lehnen es eher ab.

Grün

Lieblingsfarbe von 12 % der Deutschen. Genauso viele nannten Sie aber auch die unbeliebteste. Es gibt weder ein schönes noch ein hässliches Grün, bei Grün scheiden sich die Geister. Entweder man liebt es oder man hasst es.

Weiß

Lieblingsfarbe von nur 3 % der Deutschen. Nur 0,5 % lehnen es ab.

Grau

Lieblingsfarbe von 2 % der Deutschen. Die Frauen mögen es gar nicht.

Schwarz

Lieblingsfarbe von 8 % der Deutschen. Genau soviel benannten es als unbeliebteste Farbe.

Ihr Nutzen aus diesem Kapitel:

Sie haben nun gelesen, dass Ihr Gefühl für Farben nicht nur ein Gefühl ist – die Wirkung ist vielmehr wissenschaftlich erwiesen. Nutzen Sie Ihr Wissen für Ihr Auftreten, Ihre Wirkung auf andere. Die richtigen Farben in jeder Situation. Dies vermittelt Ihnen Sicherheit. Ihr Chef wird es zu schätzen wissen.

Setzen Sie Ihr Wissen auch für Ihre Umgebung ein, gestalten Sie sich mit Farben Ihren Alltag angenehmer, Sie werden leistungsfähiger und kreativer.

3.   Konfliktmanagement

„Solange du Anderssein nicht verzeihen kannst,
bist du noch weit ab vom Wege der Weisheit. "

[Chinesisches Sprichwort]

3.1   Konflikte im Alltag

Schon wieder ein Konflikt!

„Das Einzige, um was sich Menschen nicht kümmern müssen, sind Konflikte. Die entstehen von alleine", meint Peter Drucker (Amerikanischer Unternehmensberater).

Richtig, es bedarf meist keiner großen Anstrengungen, um Fronten zwischen zwei Menschen oder in einem Team aufzubauen. Menschen mit ihren individuell verschiedenen Ansprüchen, ihrem Denken und ihren Gefühlen geraten automatisch aneinander. Und das ist ganz natürlich, denn Sie haben alle verschiedene Ansichten was ist richtig oder falsch. Ihre Einstellung ist stets subjektiv.

Haben Sie bei der letzten gemeinsamen Aufgabe gute Erfahrungen gemacht, werden Sie auf die neue Aufgabe anders zugehen als jemand, der schlechte Erfahrungen gemacht hat.

Diese Erfahrungen bestimmen auch Ihr zukünftiges Verhalten. Sehen Sie Konflikte als etwas Negatives, werden sie Sie auch sicher belasten. Stehen Sie hingegen Problemen positiv gegenüber und sind der Meinung, für jeden Konflikt gibt es eine Lösung, dann setzen Sie Ihre Energien für Lösungen frei, statt sie für Probleme zu verschwenden.

3.1.1   Reaktionen auf Konflikte

Konflikte gehören zu Ihrem Zusammenleben und zur Zusammenarbeit, ebenso wie Spaß, Freude und Glück. Wo Menschen zusammen sind, entstehen Reibungen und diese Reibungen beschäftigen Sie emotional. Das kostet Sie Kräfte.

Das erste Signale dafür ist die Gereiztheit, Sie reagieren genervt auf die alltäglichen Dinge, die Sie sonst gar nicht so wahrnehmen. Wichtig ist, dass Sie dieser Unzufriedenheit auf den Grund gehen. Nehmen Sie sich jetzt Zeit zum Nachdenken, denn die Auseinandersetzung mit sich selbst kann Konflikten vorbeugen. Jedes noch so kleine ungute Gefühl kann ein Hinweis auf einen kleinen oder auch größeren bevorstehenden Konflikt geben. Umso früher Sie auf diese Signale achten, desto einfacher und klarer erkennen Sie meistens die Ursache. Achten Sie in diesem Zusammenhang auch auf die Wahrnehmungen des Körpers. Ihr Körper nimmt Konflikte schneller wahr als ihr Verstand. Es kann durchaus sein, dass Rückenschmerzen im Büro eine Auswirkung eines privaten Konfliktes sind. Wenn Sie sich aber mit dem Konflikt bewusst auseinandersetzen, gehen die körperlichen Reaktionen meist zurück.

3.1.2   Wahrnehmung und Konflikte

Ihre Wahrnehmung ist gefühlsorientiert gesteuert. „Was das Herz nicht will, lässt der Kopf nicht ein", sagte schon Schopenhauer. Alles, was um Sie herum geschieht, nehmen Sie mit Ihren fünf Sinnen wahr (Sehen, Hören, Riechen, Fühlen und Schmecken). In Ihrem Leben suchen Sie einen Sinn für das, was Sie mit Ihren fünf Sinnen aufnehmen.

Wie die Wahrnehmung Konflikte steuert:

Im Konfliktfall neigen Sie dazu, negatives Verhalten des Konfliktpartners bevorzugt wahrzunehmen. Dies müssen Sie sich bewusst machen, denn wenn Sie sich ausschließlich auf das Negative beschränken, verschließen Sie sich dem Positiven.

Darum müssen Sie sich fragen:

- Ist das, was mir bewusst ist, wirklich alles, was ich hören, sehen und empfinden kann?

- Was könnte ich zusätzlich noch wahrnehmen?

- Gibt es positive Aspekte, die ich bisher übersehen habe?

Das Schwierige an der Sache ist, dass Sie häufig keine Ahnung haben, wie groß der Bereich ist, den Sie nicht sehen und beachten.

In welcher Weise Sie die einzelnen Informationen zusammentragen und sehen, hängt von Ihren Vorerfahrungen, Ihren Einstellungen und Ihren Erwartungen ab. Sie fügen die einzelnen Wahrnehmungselemente so zusammen, dass aus Ihrer Sicht ein sinnvolles Ganzes entsteht.

Kommen Sie auf die Welt, sehen Sie alles auf dem Kopf, und erst durch die Erfahrung wird das Bild gedreht. Dies bedeutet, dass Erfahrungen Ihre Eindrücke korrigieren.

Dies bedeutet also, je mehr Sie wissen, umso weniger nehmen Sie von außen auf. Sie müssen sich also konzentrieren.

In Konfliktsituationen sind Sie manchmal geneigt, negative Verhaltensmuster Ihres Konflikt-partners bevorzugt wahrzunehmen. Wenn Sie sich das nicht bewusst machen, dann werden Sie tatsächlich überwiegend die Verhaltensweisen wahrnehmen, die Sie am anderen Partner stören. Konzentrieren Sie sich auf Negatives, so deuten Sie rasch positive Signalen als nega-tive.

> Damit Ihnen dies nicht so schnell passiert, sensibilisieren Sie sich:
> Auf Distanz zum Konflikt gehen,
> Fragen Sie sich, ob Ihnen wirklich alles bewusst ist, was Sie sehen, hören und empfinden können?
> Was könnte ich außerdem wahrnehmen?
> Was ignoriere ich vielleicht?
> Gibt es positive Dinge, die Sie bisher übersehen haben?

Nur dann können Sie Ihre Ideen so formulieren, dass sie von anderen verstanden werden. Ebenso wichtig dabei ist auch, zu beachten, dass Konflikte aus einer anderen Perspektive betrachtet häufig neue Ideen und auch mehr Verständnis für die Situation des anderen mit sich bringen.

> Fassen wir zusammen: Sie bestimmen bewusst und unbewusst, was Sie wahrnehmen. Ihr Vorwissen kann Ihre Wahrnehmung beeinträchtigen. Hilfreich im Konflikt ist es, wenn Sie diesen aus der Sicht Ihres Gegenübers und auch aus der Sicht eines unabhängigen Drit-ten betrachten, Sie gewinnen somit neue Ansichten.

Beispiel

> Für Ihren Bereich wurde eine neue Kollegin eingestellt. Ein Kollege kennt diese schon von einem anderen Unternehmen, er hat bisher nur schlechte Erfahrungen mit ihr gemacht und berichtet Ihnen davon. Nun ist der erste Tag der Kollegin da. Bei der Begrüßung vermittelt Sie Ihnen das Gefühl, die Stärkere zu sein. Ihr ganzes Auftreten ist dominant. Bei der Be-grüßungsrunde ist Sie Ihrer Meinung nach zu forsch und zu überschwänglich. Sie denken: Da hat mein Kollege mal wieder recht gehabt.

> Wenn Sie diesen Gedanken jetzt nicht Einhalt gebieten, ist ein Konflikt ziemlich wahr-scheinlich.

Eine weitere häufige Konfliktursache:

Was für den einen noch warm ist, ist für den anderen schon kalt. Was für die einen ein herrliches Grün ist, ist für den anderen schon ein dunkles Braun. Das heißt, Sie sagen ein Wort und meinen etwas ganz Bestimmtes damit. Ihr Gesprächspartner sagt dasselbe Wort, aber meint auch etwas Bestimmtes damit. Wenn Sie Glück haben, meinen Sie das Gleiche. Im Alltag ist das aber nicht immer der Fall.

Dies heißt also, gleiches Wort – andere Interpretation.

Beispiel

Nehmen Sie einmal ein Beispiel aus dem Büroalltag: Sie haben ein neues PC- Programm und Ihre Kollegin sagt zu Ihnen: „Ich finde das neue Programm sehr gut und auch leicht im Umgang." Sie antworten: „Ich konnte mit dem alten besser arbeiten."

Ihre Kollegin antwortet darauf hin: „Nun machen Sie sich mal keine Sorgen, Sie werden auch lernen, damit zu arbeiten." Sie denken, wer hat denn davon gesprochen, dass ich es nicht kann? Ich fand nur das alte Programm angenehmer. Dies ist ein Beispiel dafür, dass wir uns immer ein bisschen verstehen und ein bisschen nicht verstehen.

3.2   Was ist ein Konflikt?

Schauen Sie sich zur Definition die nächsten dreo Begriffe an:

1. *Meinungsverschiedenheit:* Differenz, Unstimmigkeit

2. *Streit*: Zwist, Reiberei, Unfriede, Zerwürfnis, Tätlichkeit, Handgemenge

3. *Konflikt*: Streit, Zusammenstoß, Zwiespalt, bewaffneter Krieg

Wenn Sie also mit einem Menschen, sei es jetzt Ihre Kollegin, Ihr Chef oder Ihr Partner, eine Meinungsverschiedenheit haben, ist das noch lange kein Konflikt. Können Sie diese Meinungsverschiedenheit aber nicht beilegen, entsteht ein Streit. Sie reiben sich aneinander. Es kommt zum Zerwürfnis.

Vielleicht haben Sie bei den Worten Tätlichkeit und Handgemenge gelächelt, aber wenn Sie sich Kinder vorstellen, die noch nicht so wortgewandt sind wie viele erwachsene Menschen, sondern handgreiflich werden, dann wird Ihnen das immer klarer. Auch bei erwachsenen Menschen kommt das nicht selten vor. Und wenn wir diesen Streit nicht beilegen können, dann rutschen wir in einen Konflikt. Wir bewaffnen uns bis an die Zähne und wir sammeln.

Kennen Sie das? Es gibt auch diesen schönen Begriff aus dem Sprachalltag „Wir waschen schmutzige Wäsche". Uns fallen Dinge ein, die uns dieser Mensch vor zehn Jahren einmal angetan hat.

Das Wort Konflikt stammt von dem lateinischen Substantiv „conflictus" und bedeutet aneinander schlagen, zusammenstoßen, in weiterem Sinne daher auch Kampf und Streit.

In der Psychologie bzw. in den Sozialwissenschaften allgemein sprechen wir von einem Konflikt, wenn zwei – meist soziale – Elemente gleichzeitig gegensätzlich oder unvereinbar sind. Ein Konflikt kann sich auf einzelne Personen beschränken (intrapersonell) aber auch mehrere Menschen (interpersonell) oder ganze Organisationssysteme (organisatorischer Konflikt) umfassen. Konflikte sind Störungen, die den Handlungsablauf unterbrechen und belastend auf uns Menschen wirken. Das Problem ist, dass Konflikte die Tendenz zur Eskalation haben. Sie weiten sich aus und nehmen an Intensität zu. *Wir empfinden Konflikte als Störung des „normalen" Lebens, weil sie uns von unserem gewohnten Tages- und Handlungsablauf abhalten.*

Folgende Bedingungen müssen erfüllt sein, damit wir von einem Konflikt sprechen können:

- mindestens zwei Parteien

- ein gemeinsames Konfliktfeld

- unterschiedliche Handlungsabsichten

- Vorhandensein von Gefühlen (Hierbei spielen nur die negativen Gefühle wie Angst und Wut eine Rolle. Sie dienen im Konflikt als Antriebselement.)

- Gegenseitige Beeinflussungsversuche (auch über Dritte, also indirekt)

> Konflikte unterscheiden sich von Problemen vor allem dadurch, dass sich die Parteien in der Bewältigung der Situation uneinig sind und dabei negative Gefühle entwickeln.

Ursachen von Konflikten können sein:

- persönliche Bedürfnisse

- Suche nach Ich-Identität

- schlechte Kommunikation

- unterschiedliche Ziele, Werte, Interessen

- unterschiedliche Wahrnehmungen des Problems

- Macht, Status, Rivalität

- Unsicherheit

- Widerstand gegen Veränderung

- Rollenverwirrung

Und das sind die zwischenmenschlichen Merkmale bei Konflikten:

1. Wahrnehmung:
   Reduziert, verzerrt
   Differenzen treten hervor
   Verdeckte Drohungen
   Druck statt Argumente

2. Gefühle:
   Erhöhte Empfindlichkeit
   Ambivalente Gefühle
   Gefühlsmäßiges Abkapseln

3. Einstellung:
   Misstrauen
   Konkurrenz
   Geringeres Einfühlungsvermögen
   Persönliche Verletzungen nehmen zu

4. Verhalten:
   Von der Freundlichkeit zur Feindseligkeit
   Gegenseitige Behinderung
   Zielerreichung auf Kosten der anderen

Übung

Machen Sie sich nun einmal Gedanken über Ihre eigene Konfliktpersönlichkeit:

Bleiben Sie bei Sachkonflikten auf der Sachebene oder werden Sie persönlich?

_____

_____

Vermitteln Sie dem Konfliktpartner Schuldgefühle, oder sind Sie selbst immer an allem Schuld?

_____

_____

Können Sie sich zurücknehmen oder auch einmal selbst dann zurückstecken, wenn Sie Ihrer Meinung nach im Recht sind?

_____

_____

Stellen Sie sich selbst öfter infrage, oder wollen Sie auf jeden Fall Recht behalten und sich durchsetzen?

_____

_____

Kritisieren Sie häufig andere, oder klagen Sie sich gerne selbst an?

_____

_____

Helfen Sie anderen durch Ratschläge, sagen Sie, wie es für sie besser wäre?

_____

_____

Machen Sie auch einmal eine persönliche Ärgerbilanz. Lassen Sie einen Tag an sich vorüber ziehen und fragen Sie sich abends:

Was hat mich heute geärgert, verletzt, irritiert, verunsichert oder gewurmt?

_____

_____

Kenne ich die dahinterliegenden Ursachen für meine Verärgerung?

_____

_____

Wie habe ich reagiert (z. B. überhaupt nicht, mit Rückzug, mit Selbstvorwürfen oder Anschuldigungen)?

_____

_____

Wie wünsche ich mir in solchen Situationen meine angemessene Reaktion? Stellen Sie sich Ihre gewünschten Reaktionen einmal bildlich vor.

_____

_____

Was können Sie tun, um Konflikte ruhig und „mit klarem Kopf" zu bewältigen?

Wie können Sie andere dazu bringen, Konflikte ruhig zu bearbeiten?

_____

_____

_____

_____

_____

_____

3.3   Die neun typischen Stufen eines Konfliktes

Experten haben in Untersuchungen immer wieder ein ähnliches Phänomen festgestellt: Der Verlauf eines Konfliktes verläuft fast immer gleich.

Hier die typischen Eskalationsstufen von Konflikten:

Verstimmung

Häufig sind es zu Beginn nicht die großen Probleme, die einen Konflikt verursachen. Irgendetwas hat jemanden verärgert, jemand fühlt sich vielleicht ungerecht behandelt. Das bedeutet, dass im Moment der Konflikt nur bei der Person existiert, die verärgert ist, die anderen sind nicht betroffen. In diesem Moment muss man den Mut haben, die Sache zu besprechen, damit wäre das Gewitter aus der Luft. Sonst aber schluckt die Person die Sache hinunter und schluckt aus falscher Harmoniesucht oft viel zu lange den Ärger hinunter.

Ärger sammeln

Die Person, die als einzige von diesem Konflikt betroffen ist, achtet natürlich jetzt besonders empfindlich auf alles, was um sie herum passiert, entdeckt Misstöne, Nachlässigkeiten anderer, auf die sie vorher überhaupt nicht geachtet hat. Sie hat das Gefühl, dass auf einmal alles gegen sie ist. Das Problem ist, dass die Kollegen dies vielleicht gar nicht bemerken und höchstens verwundert über die schlechte Laune sind.

Erster Emotionsausbruch

Sie kennen es alle, jetzt reicht ein Tropfen, um das Fass zum Überlaufen zu bringen. Unserer Person platzt der Kragen, und sie lässt alles heraus, was sie schon die ganze Zeit stört. Dies ist der Zeitpunkt, zu dem auch zum ersten Mal die anderen darauf aufmerksam werden. Die Person wird nun natürlich in ihren Angriffen und Äußerungen häufig ungerecht. Da die Kollegen gar nicht wissen, worum es der Person geht, verhalten auch sie sich häufig falsch. Sie versuchen entweder, wieder zu beruhigen oder aber sind selbst beleidigt.

Positiv ist es, wenn jetzt endlich alles auf den Tisch kommt und die Dinge besprochen werden. Leider geschieht dies aber nur sehr selten, vielmehr ist es in der Praxis oft der Fall, dass man nicht über die Inhalte streitet, sondern über den Ton, wer wie mit wem spricht. Also sagt unsere Person noch immer nicht, was sie wirklich verärgert.

Kontaktabbruch

Für Kollegen und Kolleginnen ist die Sache erst einmal erledigt, denn sie haben gesagt, dass sie sich das nicht gefallen lassen, erst recht nicht in diesem Ton. Die betroffene Person aber zieht sich jetzt zurück und weicht den anderen aus. Die andere Seite hält das für Schmollen und denkt sich nichts dabei. Unsere betroffene Person ist jetzt an der Stelle angelangt, wo der Konflikt ein Sieger-Verlierer-: Der Konflikt geht danach in die nächste Stufe.

Soziale Ausweitung

Die Person, die bei diesem Konflikt der Verlierer ist, kann natürlich mit ihrem Ärger nicht alleine bleiben. Sie bespricht ihn zu Hause mit Bekannten und bekommt dort sicherlich Recht, denn diese kennen nur eine Seite, und sie erhält auch noch Tipps, wie sie zur Gegenwehr ansetzen kann.

Andeutungen und Drohungen

Kollegen haben den Streit schon längst vergessen, aber die verärgerte Person baut den Ärger weiter auf. Sie macht klar, dass sie schließlich nicht auf den Job angewiesen ist, und zeigt dies auch demonstrativ, indem sie Telefonate führt, die andere nicht mitbekommen sollen oder vielleicht die Stellenanzeigen liest. Die anderen nehmen das aber in der Hektik des Alltages gar nicht wahr. Dies bedeutet für unsere Person, dass sie sich noch mehr ärgert.

Der große Knall

Es genügt schon ein kleiner Anlass, und der emotionale Ausbruch ist da. Nun aber sind auch die Kollegen viel reizbarer, denn sie haben sich, wenn vielleicht auch unbewusst, eine Weile über das Verhalten der Person geärgert. Dieser Knall jetzt ist schon um einiges heftiger als der erste. Jeder sagt jetzt Äußerungen, die eigentlich nicht so gemeint sind, die aber die Beziehungen stören. Auch Beleidigungen können an dieser Stelle massiv auftreten. Eine neutrale Person macht jetzt vielleicht klar, dass es an der Zeit ist, den Streit zu beenden. Aber auch jetzt ist der Konflikt nur scheinbar zu Ende und geht wiederum in die nächste Stufe.

Scham und Wut

Bei allen, die an diesem Konflikt und an diesem Problem beteiligt sind, bleiben die Gemüter erhitzt. Sie sind wütend über das, was gesagt wurde, schämen sich vielleicht auch für das, was sie gesagt haben, und sie ärgern sich, dass sie nun weiter miteinander arbeiten müssen.

Vernichtungswelle

Sie sind jetzt an dem Punkt angelangt, wo kein Frieden mehr gefragt ist, sondern die Rache. Jeder will jeden bestrafen. Es kann durchaus passieren, dass die seit langem verärgerte Person kündigt, aber sie kündigt nicht, weil sie eine neue Stelle will, sondern mehr aus Rachegedanken.

Konflikte neigen dabei dazu, nicht auf einer einzelnen Stufe ausgetragen zu werden, sondern mehr und mehr zu eskalieren.

Mit jeder weiteren Eskalationsstufe wird die Wahrscheinlichkeit einer Verhaltensänderung des anderen und damit die Wahrscheinlichkeit einer Konfliktlösung geringer.

In vielen Konfliktsituationen wissen wir nicht mehr, was überhaupt in den einzelnen Phasen geschehen ist, vieler Äußerungen und Verhaltensweisen sind wir uns nicht mehr bewusst. Dies erschwert häufig eine sachliche und positive Konfliktlösung. Das nachfolgende Schema soll Ihnen helfen, in Konflikten die Übersicht über das Geschehen zu behalten. Machen Sie sich einmal die Mühe, beim nächsten Konflikt ein solches Blatt zu erstellen. Sie werden erstaunt sein, wie hilfreich es ist.

Konfliktverlauf

■ Welche Vorgeschichte hat der Konflikt?

_____

_____

_____

■ Sind kritische Wendepunkte im Konfliktverlauf zu erkennen?

_____

_____

_____

■ Ist der Konflikt eskaliert, hat er sich abgeschwächt oder in einer anderen Weise verändert?

_____

_____

_____

■ In welchen Situationen erhitzt sich der Konflikt, in welchen kühlt er sich ab?

_____

_____

_____

■ Was ist geeignet, den Konflikt voranzutreiben oder abzuschwächen?

_____

_____

_____

■ Gibt es Situationen, in denen eine Distanzierung vom Konfliktgeschehen möglich ist?

_____

_____

_____

■ Welche Möglichkeiten werden von wem und in welchen Situationen zur Konfliktlösung vorgeschlagen?

_____

_____

_____

■ Wie wird versucht, die Möglichkeiten einer Konfliktlösung umzusetzen?

_____

_____

_____

3.3.1 Die typischen Warnsignale für Konflikte

Was können typische Warnsignale für einen möglichen schwelenden Konflikt sein?

- häufige Reizbarkeit gegenüber Kollegen und Kunden

- jammern über körperliches Unwohlsein

- „Krankfeiern"

- stures Verhalten und Bestehen auf Vorschriften, Regeln und Anweisungen (dafür bin ich nicht zuständig, ich habe das nicht gewusst)

- nachlässiges Verhalten im Umgang mit Firmeneigentum

- empfindliches Reagieren und negative Deutung von Worten anderer

- negative Andeutungen, was alles im Unternehmen passieren könnte

- Überfreundlichkeit

- das Abkapseln von gemeinsamen Unternehmungen

- aggressives Verhalten gegenüber Schwächeren

Achten Sie in Ihrer Umgebung auf solche Verhaltensweisen, gehen Sie den Dingen nicht aus dem Weg, verschließen Sie sich nicht!

3.3.2 Typische Verhaltensmuster bei dialektischer Argumentation

Die typischen Verhaltensmuster bei dialektischer Argumentation sind:

- Die gegenseitige Kritik dominiert den Konflikt und nicht die Würdigung der anderen Person.

- Es entsteht eine Eskalation von gegenseitigen verdeckten und offenen Abwertungen zwischen den Parteien (Druck erzeugt Gegendruck).

- Nicht die bessere Idee ist im Vordergrund, sondern die stärkere Partei.

- Gesprächspartner werden aus Angst vor Gesichtsverlust zunehmend starr in ihren Positionen/Einstellungen aus Angst vor Gesichtsverlust.

- Den Parteien fällt es schwer, eine neue (dritte) Idee zu entwickeln, die sich von den beiden konkurrierenden Ideen unterscheidet.

- Die Kreativität und Fähigkeiten beider Seiten konzentrieren sich darauf, die Niederlage der anderen (konkurrierenden) Idee/Position zu erreichen.

- Die Argumentationsstärke (Rhetorik) der Partei ist entscheidend für den Erfolg und weniger die Fachkompetenz.

■ Unproduktive Zeit, Energie und Kosten werden für den Konflikt verschwendet, ohne große Erfolgswahrscheinlichkeit.

Beispiel

Ihnen ist bei einer Excel-Tabelle ein Eingabefehler unterlaufen. Während einer Besprechung fällt dies einem Kollegen auf, zu dem Sie ohnehin ein diffiziles Verhältnis haben. Für ihn ist Ihr Fehler ein „gefundenes Fressen". Er greift Sie nicht sachlich, sondern persönlich an: „Es hätte mich auch gewundert, wenn Sie mit Ihrer hektischen Art so etwas fehlerfrei hinbekommen."

Dies hat nichts mehr mit sachlicher Kritik zu tun, es zielt total auf die persönliche Ebene ab.

3.3.3   Warum Konfliktbewältigung?

Der professionelle Umgang mit Konflikten ist eine Aufgabe, mit der wir Menschen immer wieder konfrontiert werden:

Die Annahme, dass Konflikte immer vermeidbar sind, dass sie grundsätzlich destruktiv und hemmend wirken und in der Regel von bestimmten Personen ausgehen („Störenfrieden"), wurde inzwischen von der Einsicht abgelöst, dass Konflikte im Alltag unvermeidbar sind, dass sie produktiv genutzt werden können (zur kreativen Problemlösung, zu innovativen Verbesserungen etc.) und sowohl durch strukturelle als auch durch persönliche Faktoren bedingt sind.

Ziel einer kooperativen Konfliktbewältigung ist es immer, dass beide Parteien profitieren und der Konflikt zu einem positiven Ergebnis führt.

3.3.4   Problem lösen

Erst wenn eine Basis für eine offene Kommunikation geschaffen ist, erscheint es sinnvoll, den Inhalt oder das Thema des Konflikts aufzugreifen. Dies geschieht durch die gemeinsame Problemlösung.

Hilfreich ist dabei z. B. die Anwendung des PELZ-Modells:

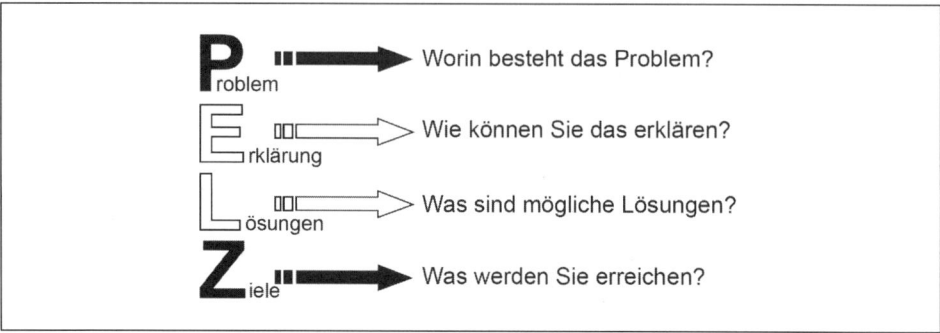

Abbildung 11: *Phasen der Problemlösung*

Eine Vereinbarung treffen:

■ Die Lösung, auf die sich die Parteien einigen, muss abgesichert werden, da sonst das Vertrauen überstrapaziert würde. Die normative Festlegung schließt die Lösungssuche ab. Sie sollte nach Möglichkeit schriftlich fixiert werden und wird in der Regel auch unterschrieben.

■ Eine Lösungsvereinbarung enthält mindestens:

   – eine Zielvereinbarung (Was soll durch wen bis wann erreicht werden?)
   – einen Umsetzungsplan (Was wird von wem bis wann/wann getan?)
   – eine Auswertungs- oder Kontrollvereinbarung (Wann wird was von wem kontrolliert? Wann werden die Ergebnisse ausgewertet? Was geschieht danach? Was geschieht, wenn die Lösung nicht funktioniert?)

Übung

Nehmen Sie sich die Zeit, in Konfliktsituationen die folgenden Fragen zu beantworten. Sie sollen Ihnen helfen, einen kühlen Kopf zu bewahren.

Ist das, was mir bewusst ist, wirklich alles, was ich hören, sehen und empfinden kann?

Was könnte ich zusätzlich noch wahrnehmen?

Gibt es positive Aspekte, die ich bisher übersehen habe?

Was können Sie persönlich tun, um Konflikte zu verarbeiten?

Wie können Sie andere bei Ihrer Konfliktverarbeitung unterstützen?

_____

_____

_____

_____

Was können Sie tun, um Konflikte ruhig und „mit klarem Kopf" zu bewältigen?

Wie können Sie andere dazu bringen, Konflikte ruhig zu bearbeiten?

_____

_____

_____

_____

Wie können Sie im Konfliktgespräch für eine offene Kommunikation sorgen?

_____

_____

_____

_____

Es gibt bei Konfliktlösungen zwei strategische Ansätze:

■ Die Problemlösungsstrategie und

■ die Pokerstrategie

Schauen Sie sich beide im Vergleich an. Sie werden klar erkennen, dass Sie mit der Poker-strategie nicht sonderlich weit kommen.

Achten Sie darauf, welche Strategie Ihr Gegenüber einsetzt, denn das wird Sie ebenfalls beeinflussen.

Problemlösungsstrategie	Pokerstrategie
Ich betrachte den Konflikt als unser gemeinsames Problem.	Ich gehe davon aus, dass einer sich im Konflikt durchsetzen muss. Das möchte ich sein.
Ich kenne meine Wünsche, Interessen und Ziele und habe vor, sie unmissverständlich offenzulegen.	Ich kenne zwar meine Wünsche, Interessen und Ziele, aber ich werde mich hüten, sie offen zu zeigen; entweder schweige ich mich aus, oder ich stelle sie verzerrt dar.
Ich suche nach einer Lösung, die uns beide zufriedenstellt.	Ich werde alles daran setzen, dem anderen meine Position aufzuzwingen.
Ich möchte gemeinsame Ziele verfolgen.	Ich will meine eigenen Ziele verfolgen.
Ich suche Machtunterschiede auszugleichen, indem ich hervorhebe, wie wichtig es ist, dass wir zu einer gemeinsamen Lösung kommen, betone, dass wir beide auf einander angewiesen sind.	Ich suche Machtunterschiede bewusst herauszustreichen, indem ich gleich zu Beginn feststelle, dass es gänzlich unerheblich ist, ob wir zu einer gemeinsamen Lösung kommen, und indem ich hervorhebe, dass ich vom anderen in keiner Weise abhängig bin.
Ich stelle zu Beginn meine Gefühle, Interessen, Absichten und Positionen offen und unverfälscht dar.	Ich lasse den anderen im Unklaren über meine Gefühle, Interessen, Absichten und Positionen; ich halte mich zurück und „lasse ihn kommen".
Während der andere spricht, versuche ich, mich in ihn hineinzuversetzen.	Ich vermeide es, mich in die Lage des anderen hineinzuversetzen; das „psychologisiert" nur den Konflikt.
Weder locke ich mit Versprechungen, noch verunsichere ich mit Drohungen.	Anfangs lasse ich Versprechungen durchblicken; wenn der andere aber nicht nachgeben will, drohe ich ganz unverhüllt.
Negative Gefühle drücke ich so aus, dass sie nicht verletzen.	Negative Gefühle bringe ich scharf zum Ausdruck, auch wenn sie verletzen.
Heftige Gefühle (Zorn, Ungeduld) gebe ich temperamentvoll wieder (= heißer Konflikt).	Heftige Gefühle halte ich zurück, um sie dem anderen zu einem späteren Zeitpunkt in gezielten Bemerkungen „heimzuzahlen" (=kalter Konflikt).
Ich gebe zu verstehen, dass meine Position flexibel ist.	Ich gebe unmissverständlich zu erkennen, dass ich von meiner Position nicht abrücken kann und werde.
Ich zeige mich kooperativ, um eine kooperative Beziehung herzustellen oder zu stabilisieren.	Ich zeige mich kooperativ, um die Kooperationsbereitschaft des anderen zum Durchsetzen meiner Ziele auszunutzen.

3.4   Erregung kontrollieren

Ein Konflikt beginnt, wenn eine Person wahrnimmt, dass eine andere sie in irgendeiner Weise beeinträchtigt. Normalerweise reagieren Menschen darauf mit erhöhter Erregung und der Mobilisierung von Kräften zur Überwindung der sie behindernden Situation.

Folglich setzt auch der Prozess der Konfliktbewältigung in der Person ein: Ihre Aufgabe ist es, ihre Erregung unter Kontrolle zu bringen sowie ihre Wahrnehmungen und Einstellungen zu überprüfen.

Geeignete Strategien dazu sind u. a.:

■ tief durchatmen,

■ bis zehn zählen,

■ Zeit lassen,

■ Unterstellung einer positiven Absicht.

Nun richtet sich der Blick auf die andere Konfliktpartei. Zu ihr muss eine Beziehung hergestellt werden, die die Grundlage für eine gemeinsame Suche nach der besten Lösung sein kann. Die Bereitschaft, sich auf ein solches Vorgehen einzulassen, setzt aber Vertrauen voraus.

Die Kontaktaufnahme zum Gegenüber und vertrauensbildende Maßnahmen sind also der nächste Schritt:

■ freundliche Atmosphäre schaffen

■ offene Körperhaltung

■ zeigen von Interesse und Verständnis

■ achten Sie dabei auf die Signale, die die andere Person aussendet

■ offen kommunizieren

Vertrauen im Prozess der Konfliktbewältigung bedarf der ständigen Vergewisserung. Diese kann nur durch eine offene Kommunikation zuwege gebracht werden.

3.5   Grundstrategien offener Kommunikation

Eine weitere Grundlage für eine offene Kommunikation ist auch die Beachtung und Klärung der Gesprächsebenen. Ein großer Teil der Konfliktbewältigung findet nicht auf der sogenannten „Sachebene" statt („Bleiben Sie doch objektiv!"), sondern vielmehr auf der Beziehungsebene („Sie halten mich eben für inkompetent!"; „Wenn Sie mir vertrauen würden, wäre das nicht passiert!"; „Ich bin deshalb wütend.")

Hier ein paar Hinweise dazu für Ihren Arbeitsalltag:

3.5.1   Wenn Sie kritisiert werden

Wenn Sie kritisiert werden, sollten Sie möglichst weder zum Gegenangriff übergehen, noch sich verteidigen. Idealerweise hören Sie sich die Kritik an und überprüfen, inwieweit Sie sie annehmen und von ihr lernen wollen. Das aber ist oft nicht leicht.

Atmen Sie zunächst tief durch

Wann Sie kritisiert und damit angegriffen werden, stockt Ihnen der Atem. Atmen Sie deswegen zunächst ein paar Mal tief durch. Damit können Sie meist den ersten Schmerz und den Impuls, selbst anzugreifen, vermindern.

Finden Sie die nötige Distanz

Wenn immer Sie kritisiert werden, ist es hilfreich, dass Sie sich emotional ein bisschen von der Situation distanzieren. Das heißt nicht, dass Sie alles an sich abprallen lassen sollen. Es geht vielmehr darum, die Kritik nicht so sehr an sich heranzulassen, dass es wehtut. Stellen Sie sich dafür im Geiste neben sich und versuchen Sie, sich von der Situation zu distanzieren.

Fordern Sie Spielregeln ein

Sie müssen nicht jede Art von Kritik annehmen. Sie können durchaus ein paar Spielregeln festlegen und deren Einhaltung von Ihrem Gegenüber einfordern oder zumindest darum bitten. So könnten Sie vielleicht sagen, dass es Ihnen leichter fällt, Kritik anzunehmen, wenn derjenige auch etwas Positives sagt. Nicht immer allerdings werden sich Ihre Gesprächspartner an Ihre Regeln halten. Versuchen Sie aber dennoch, wo immer es möglich ist, solche Kommunikationsregeln auszumachen und sie einzufordern. Das ist natürlich mit Kollegen einfacher als z. B. mit Ihrem Vorgesetzten. Denken Sie auch daran, dass Sie im privaten Bereich solche Regeln einführen können. So können viele Familienkräche deutlich milder ausfallen.

Lernen Sie aus Kritik

Wie Sie mit Kritik zurechtkommen, hängt auch wesentlich von Ihrer Einstellung zu Kritik ganz allgemein ab. Die meisten sehen in einer Kritik einen Angriff. Versuchen Sie doch einmal, jede Kritik als eine Chance zu sehen, etwas Neues für sich zu lernen. Das erfordert ein bisschen Disziplin und Übung. Es kann Ihnen aber dabei helfen, Kritik besser anzunehmen. Wenn Sie kein Feedback von außen bekommen würden, könnten Sie auch nicht wissen, wo Sie Ihre Leistungen noch verbessern können.

Fragen Sie gezielt nach Verbesserungsmöglichkeiten

Wenn Sie kritisiert werden, können Sie den Kritiker danach fragen, was er anders machen würde oder ob er Ihnen helfen kann. Vielleicht hat er ja ein paar wertvolle Hinweise für Sie. Sie können dadurch sicherstellen, dass die Kritik an Ihnen wirklich konstruktiv und hilfreich für Sie ist. Sie stellen so auch schnell fest, ob es Ihrem Gegenüber wirklich um die Verbesserung der Situation geht oder ob es Sie aus anderen Gründen kritisiert.

3.5.2   Wenn Sie andere kritisieren

Der Ton macht die Musik

Es ist sehr wichtig, dass Sie sich einmal klarmachen, in welchem Ton Sie Ihre Mitmenschen kritisieren. Besonders bei Menschen, die Ihnen nahe stehen oder mit denen Sie schon sehr lange zusammenarbeiten, achten Sie oft nicht mehr auf Ihren Ton. Und so wird aus Ihrer Kritik schnell ein Anblaffen. Damit machen Sie es der anderen Person natürlich sehr schwer, Ihnen zuzuhören und Ihre Kritik anzunehmen. Mehr noch: Der Angegriffene wird vermutlich zum Gegenschlag ausholen und selbst angreifen. Und dann sind Sie wieder mitten in einem Streit.

Beginnen Sie jede Kritik mit einem Lob

Bevor Sie das nächste Mal eine andere Person kritisieren, könnten Sie diese Person zuerst für irgendetwas loben. Wenn Sie Ihre Kritik mit etwas Positivem einleiten, fühlt sich Ihr Gegenüber respektiert und gewürdigt und die nachfolgende Kritik tut ihm oder ihr nicht mehr so weh. Ihr Gesprächspartner oder Ihre Gesprächspartnerin kann Ihnen dann wahrscheinlich viel leichter und offener zuhören.

Wenn Sie glauben, es gäbe nichts Positives

Vielleicht denken Sie, dass Ihnen meist aber gar nichts Positives einfällt. Dann liegt es in der Regel nicht daran, das es tatsächlich nichts Positives zu bemerken gibt, sondern vielmehr daran, dass Sie sich nicht genug Mühe geben, es zu erkennen. Denn: Es gibt immer etwas Positives zu sagen. Nehmen Sie das gleich als kleines Training, Ihren Fokus mehr auf die positiven Dinge zu legen.

Finden Sie Gegen- und Verbesserungsvorschläge

Es ist oft leichter, einen Gegenvorschlag oder einen Verbesserungsvorschlag anzunehmen als pure Kritik. Stellen Sie also nicht das Problem, sondern die Lösung in den Mittelpunkt. Statt zu sagen, was Ihnen nicht gefällt, versuchen Sie das nächste Mal lieber einen Vorschlag zu machen, den Sie für richtig oder effektiver halten.

Beachtung verstärkt die Dinge

In der Regel werden die Dinge verstärkt, denen Sie Beachtung schenken. Wenn Sie sich also nur auf die Fehler oder Unzulänglichkeiten einer anderen Person konzentrieren, schenken Sie dem Negativen viel Aufmerksamkeit. Viel nützlicher ist es aber oft, Alternativvorschläge zu machen oder Tipps dafür zu geben, wie es besser gehen könnte. Dann weist Ihre Kritik auch gleich in die richtige Richtung: nämlich nach vorn auf die Lösung zu.

Ohne Gegenvorschlag keine Kritik

Falls Ihnen selbst kein Verbesserungsvorschlag einfällt, können Sie sich einmal überlegen, ob Sie dann überhaupt kritisieren sollten. Statt die Person zu kritisieren, sagen Sie dann vielleicht etwas in der Art: „Bei diesem und jenem habe ich noch kein gutes Gefühl." Damit können Sie ein Gespräch über ein Problem beginnen, ohne Ihr Gegenüber direkt zu kritisieren.

Machen Sie deutlich, dass Sie Ihre persönliche Meinung äußern

Wenn Sie Kritik als Ihre ganz persönliche Meinung kennzeichnen, fällt es dem Gegenüber wahrscheinlich leichter, sich nicht angegriffen zu fühlen. So können Sie z. B. sagen: „Also, meiner Auffassung nach könnte dies noch verbessert werden, und zwar …" oder „Ich weiß nicht, wie du das siehst, aber ich denke, dass …"

Denn: Ihre Kritik ist tatsächlich Ihre ganz persönliche Meinung

Viele von Ihnen vergessen, dass Kritik immer aus Ihrer persönlichen Meinung entsteht. Wie überzeugt Sie auch immer sein mögen, letztlich äußern Sie mit Kritik wirklich nur Ihre persönliche Ansicht, denn es gibt für alles immer verschiedene Sichtweisen.

Auch Vorgesetzte können sich irren

Vielleicht sehen Sie sich als Vorgesetzter, Lehrer oder Elternteil in der Position, Ihre Meinung über die von anderen zu stellen. Und es kann ja auch gut sein, dass Sie mit Ihrer Kritik tatsächlich Recht haben mit Ihrer Kritik. Denken Sie aber vielleicht einmal daran, dass immer viele verschiedene Wege möglich sind, und dass es zu jeder Ansicht eine Gegenansicht gibt.

Überprüfen Sie, ob Ihre Kritik angebracht ist

Nicht immer ist Ihre Kritik tatsächlich notwendig. Dann kritisieren Sie andere Menschen völlig ungefragt, weil Sie z. B. glauben, es besser zu wissen, oder weil Sie der Person helfen möchten. So gut Sie das vielleicht auch meinen mögen, denken Sie daran: Jeder Mensch hat das Recht, seine Fehler selbst zu machen. Sie lernen vor allem durch Ausprobieren. Wenn Sie also das nächste Mal eine andere Person kritisieren wollen, überlegen Sie zuerst, ob das wirklich angebracht ist und fragen Sie vielleicht einmal, bevor Sie zu kritisieren beginnen, ob der andere überhaupt an Ihrer Ansicht interessiert ist.

Selbst im besten Unternehmen wird es nicht ganz ohne Konflikte gehen.

Dies können Auslöser für einen Konflikt sein:

- **Missverständnisse** durch mangelhafte Kommunikation bzw. Information
- **Unsicherheit** durch fehlendes Selbstvertrauen bzw. unklare Ziele
- **Stress** durch Zeitmangel oder methodische Probleme
- **Frustration** durch ausbleibenden Erfolg und fehlende Anerkennung
- Aggressive oder resignative **Abwehrhaltung**.
- **Außenseiterposition** durch fehlende soziale Anpassung
- „**Aus der Rolle fallen**" durch mangelhafte Anpassung an die Situation
- **Versagen** durch fehlendes Know-how

Im Gegensatz zu früheren Zeiten, in denen wir Konflikte als hemmend und auch zerstörerisch angesehen haben und deshalb auf Konfliktvermeidungs-Strategien setzten, sind wir heute verstärkt der Auffassung, dass Konflikte nicht immer zu vermeiden sind. Wir haben erkannt, dass sie auch Chancen bieten, Probleme anzupacken und damit auch positive Veränderungen herbeizuführen.

3.5.3   Konflikte als Chance

Konflikte sind nicht nur negativ und destruktiv, sondern sie bieten auch Chancen.

Konflikte

- verhindern Stagnation

- führen zu neuen Lösungen

- bewirken Veränderung im Einzelnen und im gesellschaftlichen Umfeld

- weisen auf Probleme hin

- begünstigen Selbsterkenntnis

- schaffen Identität

- schaffen Gemeinschaftserlebnisse

3.5.4 Und so sieht positives Konfliktlösungsverhalten in der Praxis aus:

- Erkennen und akzeptieren Sie das Problem.

- Suchen Sie nach Lösungen, die im Interesse der Sache und der Beziehung sind.

- Ziehen Sie mehrere Lösungen in Betracht.

- Lernen Sie, Gefühle mit Vernunft zu kombinieren.

- Nehmen Sie Probleme und Differenzen nicht persönlich.

- Leugnen Sie eine vorhandene Gegenreaktion nicht, unterstellen Sie Ihrem Gegenüber aber auch keine.

- Lernen Sie, einen Mittelweg zwischen Loslassen und Handeln einzuhalten.

- Üben Sie wohlüberlegte, aber zeitlich begrenzte Geduld.

- Drücken Sie Ihre Wünsche und Bedürfnisse deutlich aus.

- Nehmen Sie Ihre Wünsche und Bedürfnisse und die anderer wichtig.

- Trennen Sie Prinzipien von Personen.

- Teilen Sie sich mit.

- Gesunde Grenzen sind für Konfliktverhandlungen unerlässlich.

- Ständig darüber zu reden, was Sie wünschen und brauchen, ist keine Konfliktlösung.

- Vermeiden Sie Machtspiele.

- Lernen Sie erkennen, wann Sie Kompromisse schließen sollten.

- Hüten Sie sich vor Naivität und Zynismus.

- Stellen Sie Ultimaten nur bei absolut nicht verhandelbaren Themen oder bei Verhandlungen im Spätstadium.

- Vergeuden Sie keine Zeit damit, nicht Verhandelbares zu verhandeln.

- Begegnen Sie jedem Menschen mit Achtung und Würde.

- Übernehmen Sie die Verantwortung für Ihr Verhalten.

3.6   Konfliktbewältigung

Übung

Konfliktbearbeitung und -bewältigung

Die fünf Phasen der Konfliktlösung sind:

1. **Den Konflikt erkennen und akzeptieren**

   Konfliktsignale können gegeben werden durch ständigen Widerspruch, Unpünktlichkeit, Ironisieren, „spitze" Nebenbemerkungen, mimische Reaktionen…

   Je früher Konfliktsignale angesprochen werden, desto größer sind die Chancen einer zügigen Konfliktregelung, da die Konfliktdynamik noch nicht fortgeschritten ist.

   Eigene Beispiele:

   _____

   _____

   _____

   _____

2. **Formulierung der Interessen und Bedürfnisse durch die Konfliktparteien und Beurteilung des Konfliktes**

   - eigene Interessen und Bedürfnisse formulieren

   - Konfliktart festlegen (z. B. Sachkonflikt, Beziehungskonflikt, Wertekonflikt)

   - Konfliktgegenstand herausfinden (z. B. Ziele, Kompetenzen, Mittel)

   - Konfliktsymptom beschreiben (Wie zeigt sich der Konflikt?)

   - Konfliktursachen und Hintergründe aufdecken (Was sind die eigentlichen Ursachen?)

   - Welche Gefühle sind verletzt? Welche Gefühle sind vorhanden?

Eigene Beispiele:

_____

_____

_____

_____

3. **Minimieren oder sogar ausschalten der gegenseitigen Erwartungen und Wünsche**

    Die genannten Eigenbedürfnisse werden als Appelle an die Gegenseite möglichst konkret umformuliert. Jede Seite kann überlegen, ob und inwieweit sie auf die Wünsche und Erwartungen der Konfliktpartner eingehen will.

    Eigene Beispiele:

_____

_____

_____

_____

4. **Beschaffung von Daten und Fakten**

    Es kann notwendig sein, sich zusätzlich Daten und Fakten zu beschaffen, um Behauptungen zu überprüfen oder gegenseitige Wahrnehmungsverzerrungen abzubauen.

    Eigene Beispiele:

_____

_____

_____

_____

5.   Gemeinsame Suche nach und Vereinbarung einer Lösung

Nachdem die gegenseitigen Erwartungen und Wünsche geäußert wurden, sollen möglichst viele Lösungsalternativen gesucht werden. Wichtig dabei ist, von einem Sieg-
Denken auszugehen, z. B. von Kompromissen, die beiden Seiten Vorteile verschaffen. Ist
eine von beiden Seiten akzeptierte Lösung gefunden, so sollte ein schriftlicher Kontrakt
festgelegt werden, da dieser verbindlicher und verpflichtender ist als mündliche Vereinbarungen. Die Erfüllung des Kontraktes sollte auch gegenseitig kontrolliert werden können.

Eigene Beispiele:

_____

_____

_____

_____

3.7   Konflikt und Körpersprache

Nicht nur Worte, auch bestimmtes körpersprachliches Verhalten kann zu Konflikten führen
oder Konflikte verstärken.

So umgibt z. B. jeden Menschen ein individueller Raum, der nicht ungestraft von anderen
Menschen eingenommen werden darf.

Mindestens drei Variablen bestimmen Ihre Körperorientierung:

1. der Raum, in dem Sie sich befinden

2. andere Individuen, die in diesen eindringen

3. die jeweilige Situation

Pauschal können Sie also nicht sagen, wann Sie sich sozusagen territorial bedroht fühlen und
somit ein Konflikt entsteht oder verstärkt wird.

Ihr Leben spielt sich gleichwohl immer in vier verschiedenen Zonen ab:

■ Die öffentliche Zone: Sie beginnt bei ca. 4 Metern Abstand. Redner wählen diese Entfernung, wenn sie eine Rede vor einem großen Publikum halten müssen.

■ Die soziale Zone: Sie beginnt bei ca. 1,20 Meter. In ihr finden oberflächliche oder formelle Gespräche statt.

■ Die persönliche Zone: Sie beginnt bei 35 Zentimetern. Hier ereignen sich persönliche Gespräche und unter Umständen ein großer Teil der Kommunikation am Arbeitsplatz.

■ Die Intimzone: Sie liegt unter 35 Zentimetern und ist in normalen Situationen (also nicht gerade in der vollbesetzten S-Bahn) nur engen Freunden und dem Intimpartner vorbehalten.

Je nach Situation werden Konflikte durch entsprechendes körpersprachliches Verhalten geschürt und verstärkt:

■ Sie verletzen permanent die Intimzone ihrer Kollegen.

■ Sie halten ständig einen unangemessenen großen Abstand zu Ihren Kollegen.

■ Sie führen häufig Droh- oder Dominanzgebärden aus.

■ Sie symbolisieren körpersprachlich Konfrontation.

Beispiel

Einer Ihrer Kollegen hat die Angewohnheit, sich hinter Sie zu stellen, um zu sehen, was Sie gerade machen. Sie ärgern sich darüber, nehmen es aber eine ganze Weile so hin. Eines Tages geht er dann zu weit, er beugt sich dicht über Sie. Sie können sich nun nicht mehr beherrschen und machen ihm klar, dass er sofort Abstand zu Ihnen nehmen soll.

Um Missverständnissen vorzubeugen: Körpersprachliches Verhalten ist in vielen Situationen durchaus nicht eindeutig zu interpretieren. Auch bleibt es zweifelhaft, ob Sie Ihre Mitmenschen anhand ihrer Körpersprache eindeutig analysieren oder durchschauen können. Je heftiger allerdings Emotionen ins Spiel kommen, desto klarer wird in der Regel Ihre Körpersprache.

Hier geht es also um eindeutige körpersprachliche Signale, die Sie kaum fehldeuten können.

Übung Körpersprache/Kinesik*
*Wissenschaft, die sich mit Körpersprache befasst

	Wenn plötzlich der Gesprächspartner:	Dann bedeutet dies:
1.	den Kopf ruckartig zurückwirft	
2.	den Kopf einzieht (Schultern hochgezogen)	
3.	die Stirn runzelt	
4.	die Augenbrauen hebt	
5.	durch Sie hindurchschaut	
6.	Sie mit geradem Blick anschaut	
7.	keinen Blickkontakt mehr hält	
8.	häufig die Lider bewegt	
9.	die Brille hochschiebt	
10.	die Brille (hastig) abnimmt	
11.	kurz an die Nase greift	
12.	sich die Nase reibt	
13.	den Mund öffnet	
14.	immer leiser (langsamer) spricht	
15.	auf die Lippe beißt	
16.	das Kinn streichelt	
17.	mit dem Oberkörper weit nach vorn kommt	
18.	den Oberkörper weit zurücklehnt	
19.	die Arme verschränkt a) bei Männern b) bei Frauen	
20.	eine weite Armbewegung macht	
21.	eine enge Armbewegung macht	

	Wenn plötzlich der Gesprächspartner:	Dann bedeutet dies:
22.	die Hand vor den Mund nimmt a) während des Sprechens b) nach dem Sprechen	
23.	mit dem Bleistift spielt	
24.	die Hand zur Faust verkrampft	
25.	mit den Fingern trommelt	
26.	die Hände in die Hüften stemmt	
27.	die Hände an den Stuhl klammert	
28.	die Hand in die Hosentasche steckt	
29.	die Hand vor die Brust legt	
30.	die Hand auf den Rücken legt	
31.	die Hände im Nacken verschränkt	
32.	den Zeigefinger hebt	
33.	mit dem Finger schnippt a) einmal b) mehrmals	
34.	mit dem Zeigefinger auf den Tisch pocht	
35.	ein Spitzdach mit den Händen formt	
36.	die Fingerkuppen aneinander presst	
37.	sich die Hände reibt	
38.	die Finger zum Mund nimmt a) kurze Zeit b) längere Zeit	
39.	die Hand bei der Begrüßung von oben gibt	
40.	das Jackett öffnet	
41.	die Beine übereinander schlägt a) zum Gesprächspartner b) vom Gesprächspartner abgewandt	

	Wenn plötzlich der Gesprächspartner:	Dann bedeutet dies:
42.	mit den Füßen wippt (stehend)	
43.	die Füße verschränkt	
44.	die Füße um die Stuhlbeine legt	
45.	die Füße nach hinten nimmt	

Die Lösung zu dieser Aufgabe finden Sie auf Seite 261

3.7.1   Konfliktregeln

Was sollten Sie beachten, wenn Sie Konflikte konstruktiv lösen wollen?

Hier die wichtigsten Konfliktregeln:

Regel 1: Merke frühzeitig, dass ein Konflikt vorliegt.

Ihr Körper hat ein wunderbares Frühwarnsystem, nämlich die Stressreaktion.

Wenn Sie an sich eines der folgenden Symptome beobachten, liegt vielleicht ein Konflikt vor:

psychisch: Anspannung, Unbehagen, Unsicherheit, Unruhe, Ärger (!), starke Emotionen

oder

physisch: hohe Herzfrequenz, schnelle flache Atmung, Muskelanspannung, Bewegungs-
            drang, Schlaflosigkeit, Übelkeit, Magendruck

Regel 2: Analyse des Konfliktes

Spätestens jetzt sollten Sie wach werden: Auf welcher Ebene spielt sich der Konflikt ab? Wissen Sie nicht, was überhaupt los ist, liegt es am Verhalten einer dritten Person oder hat Ihnen ein Fehler/eine Unklarheit in der Organisation Ärger bereitet?

Regel 3: Konflikte nicht schwelen lassen

Sie werden nicht besser – im Gegenteil – nehmen Sie sich vor, sofort zu handeln, wenn Sie den Konflikt bemerken. Und zwar nicht irgendwann, sondern so bald als möglich. Wenn Sie bereits sehr emotionsgeladen sind, sollten Sie allerdings eine kleine Verschnaufpause einlegen, bis Sie wieder klar und sachlich denken können.

Regel 4: Konflikte mit dem Verursacher austragen

Ihr Ansprechpartner sollte immer derjenige sein, der den Konflikt verursacht. Ziehen Sie, wann immer möglich, nicht unbeteiligte Personen in den Konflikt hinein (auch nicht beim Chef petzen), sondern wählen Sie die direkte Auseinandersetzung.

Regel 5: Vorbereitung auf das Gespräch

Wenn Sie über einen größeren Konflikt sprechen wollen, sollten Sie mit dem Konfliktgegner einen Gesprächstermin vereinbaren. Überfallen Sie den anderen nicht und gewinnen Sie selbst Zeit, um sich gut auf das Gespräch vorzubereiten.

Regel 6: Beginnen Sie das Gespräch mit einer Ich-Botschaft

„Du bist unmöglich" ist wesentlich schwerer anzunehmen und reizt mehr zur Gegenwehr als „Ich bin gekränkt, eifersüchtig, ärgerlich". Sie haben sich geärgert – also sollten Sie auch von sich sprechen.

Regel 7: Hören Sie genau zu, was Ihr Gegenüber sagt

Das fällt im Eifer des Gefechts sehr schwer, ist aber enorm wichtig, wenn das Gespräch nicht eskalieren soll. Am besten gelingt das Zuhören, wenn Sie immer wieder versuchen, den Standpunkt des anderen in eigenen Worten wiederzugeben, bevor Sie antworten: „Sie sind also der Meinung, dass es zu lange dauert, ein neues Ablagesystem einzuführen. Ich sehe den Punkt … (und jetzt sind Sie dran), gebe aber zu bedenken …" Auch das Gesprächsergebnis sollten Sie am Ende nochmals mit Ihren Worten formulieren.

Regel 8: Kritisieren Sie konkretes Verhalten

Viel zu häufig werden Personen im Allgemeinen („Sie sind unzuverlässig, gemein, unhöflich") kritisiert, statt das konkrete Verhalten zu benennen. („Am letzten Dienstag hat Ihr Verhalten Y für mich die Konsequenz gehabt; das war sehr unangenehm für mich …)

Regel 9: Überdenken Sie Ihren Anspruch an die Beziehungen am Arbeitsplatz

Es ist nicht nötig und wahrscheinlich auch gar nicht möglich, am Arbeitsplatz dasselbe Maß an Nähe, Hilfsbereitschaft und Einfühlung füreinander aufzubringen, wie im privaten Bereich. Wichtig ist ein fairer, klarer Umgang miteinander, der einen reibungslosen Arbeitsablauf ermöglicht.

Regel 10: Werden Sie sich über eigene berufliche und private Ziele und Prioritäten klar

Wo wollen Sie in fünf Jahren stehen? Was ist Ihnen (und nur Ihnen) wichtig im Leben? Haben Sie z. B. herausgefunden, dass Ihnen Ihre Familie und Freunde am wichtigsten im Leben sind, müsste Ihnen die Entscheidung „Überstunden oder nach Hause gehen" eigentlich leichter fallen. In die Dinge, die Ihnen wirklich wichtig sind, lohnt es sich, Zeit und Energie zu stecken. Ihre persönlichen Ziele und Prioritäten sind der Kompass im Wirrwarr möglicher Entscheidungen und bewahren Sie davor, fremdbestimmt zu werden, solange Sie den Mut aufbringen, klar und entschieden für sie einzutreten.

3.7.2   Konflikt-Tagebuch

Sie haben nun schon ein paar Mal in diesem Kapitel gelesen – und Sie wissen es auch selbst aus Ihrer Praxis –, dass Sie im Konfliktfall nicht immer objektiv sind. Hier hilft es häufig aufzuschreiben, was genau passiert ist und wer was gesagt hat. In diesem Fall sprechen wir von einem Konflikt-Tagebuch. Schauen Sie sich an, was alles dazu gehört:

- Worum ging es?

- Weshalb wurde die Sache konfliktträchtig?

- Wer hat sich wie verhalten?

- Wer hat was gesagt?

- Welche Rahmenbedingungen und sonstigen Umstände waren von Bedeutung?

- Woran wurde der Konflikt deutlich?

- Welche Gefühle wurden bei mir ausgelöst?

- Wie habe ich reagiert?

- Wer hat mich unterstützt?

- Welche Zeugen gab es?

Übung

Schwierige Situationen/Konflikte

Motivationsliste

Sache/Vorgang (evtl. Datum)	motiviert mich	demotiviert mich	selbst ändern (bis ...)	sprechen mit ...
Ergebnisse:				

3.8   Problemlösung: Konflikte

Probleme: Wer hat sie nicht und versucht, sie zu lösen? Wann Sie immer denken, dass Sie im Recht sind und an Ihrem Verhalten festhalten, können Sie natürlich keine Probleme lösen. Ganz im Gegenteil: Probleme und Konflikte spitzen sich zu, und wenn Sie dann noch Ihrem Konfliktpartner nicht sagen, dass Sie mit seinem Verhalten ein Problem haben, wie soll sich denn da im positiven Sinne etwas ändern?

Ich höre Sie jetzt schon sagen: „Ach wenn ich etwas sage, dann ändert sich ja doch nichts." Dies ist aber so nicht richtig, denn wenn Sie nicht versuchen, Ihre Probleme zu lösen, indem Sie über sie sprechen, werden sie sich verschlimmern.

Bevor Sie Ihr Problem lösen, müssen Sie es genau kennen:

1. Erkennen Sie Ihr Problem

■ Erkennen Sie Ihr Problem genau.

■ Bemühen Sie sich, es zu verstehen.

■ Verändern Sie es oder lösen Sie es.

Stellen Sie sich in dieser Situation die Frage, warum es zu diesem Problem gekommen ist, und bitte vergessen Sie nicht, sich diese Frage auch zu beantworten.

Darum mein Tipp: Fragen, fragen und nochmals fragen.

- Stellen Sie sich selbst viele Fragen.

- Beantworten Sie sich diese.

- Sammeln Sie die Fakten.

- Ordnen Sie diese.

Es ist sinnvoll, dass Sie diese Schritte schriftlich notieren. Dies ist umso wichtiger, je größer Ihr Problem ist.

Nachfolgend ein paar Beispiele für Ihre Fragen:

- Worum geht es eigentlich?
  Dies ist der Platz für den sachlichen Problembericht.

- Wie heißt Ihr Konflikt?
  Es ist wichtig, dass Sie Ihren Konflikt benennen, denn wenn Sie einen Menschen mit seinem Namen kennen, ist er Ihnen schon etwas vertrauter.

- Wer oder was ist an Ihrem Konflikt beteiligt?
  An dieser Stelle nennen Sie bitte alle Personen und Fakten.

- Wer hat welchen Anteil?
  Bedenken Sie, dass an einem Konflikt jeder Beteiligte seinen Konfliktanteil hat.

- Wo hat sich der Konflikt ereignet?
  Für viele Menschen macht es einen riesigen Unterschied in ihrem Verhalten, ob sie sich im eigenen Büro oder vielleicht im Chefzimmer aufhalten.

- Sind Ihnen solche Situationen schon von früher bekannt oder kennen Sie ähnliche Situationen?
  Häufig passiert es Ihnen nämlich, dass Sie immer wieder in die gleichen oder ähnliche Situationen hineinrutschen.

- Wie ist Ihr Verhalten?
  Beobachten Sie sich jetzt: Sind Sie ruhig, sind Sie leicht aufbrausend, verteidigen Sie sich sofort oder hören Sie zu, weinen Sie, wird Ihre Stimme grell, schimpfen Sie so richtig drauf los, gehen Sie Ihrem Konfliktpartner aus dem Weg, hegen Sie Rachegedanken?

- Was glauben Sie, von welchen Absichten Ihr Konflikt geleitet werden könnte?
  Hier sind Sie zumeist auf Ihre Phantasie angewiesen.

2. Wie kann ich mein Gegenüber verstehen?

Benutzen Sie das Wort „weil", und gehen Sie jede Ihrer eigenen Reaktion, aber auch die Ihres Gegenübers, durch. „Ich wurde sehr wütend, weil …"

- Was ist an der Situation das Schlimmste für mich?

- Überlegen Sie: Sind Sie beleidigt oder gekränkt, weil Sie denken, dass der andere nicht so reagieren darf oder weil sich das nicht gehört

- Haben Sie Angst, dass Sie Ihre Stelle verlieren, wenn Sie den Mund aufmachen? Ich mache mir Sorgen, weil …

- Welche Gründe kann die Person haben, so mit mir umzugehen? Liegen die Gründe vielleicht sogar in meinem Verhalten? Liegen sie im Konkurrenzdenken? Ist der Grund , dass der Konfliktpartner private Sorgen hat? Geht diese Person auch mit den anderen so um oder nur mit mir?

Nun noch ein paar Verhaltenstipps für Ihren Ärger:

- Ärgern Sie sich, aber bitte so kurz wie möglich.

- Stoppen Sie Ihren Ärger.

- Sagen Sie, dass ein Problem besteht.

- Sagen Sie, dass jedes Problem nach einer Lösung verlangt.

- Bedenken Sie, dass jedes Problem mindestens eine Lösung hat.

- Jetzt beginnen Sie, Ihr Problem zu lösen.

3.8.1 Das Phasenmodell der kooperativen Konfliktbewältigung

Hinter diesem Modell stehen die folgenden Annahmen:

Konflikt und Konfliktbewältigung aktivieren kognitive und emotionale Vorgänge. Die gedanklichen Bemühungen sind aber nur dann kreativ, konstruktiv und erfolgreich, wenn sie in ein gefühlsmäßig akzeptables Klima eingebettet sind. Denken in feindseliger Stimmung kann durchaus scharf sein, fraglich aber bleibt, ob dies einer kooperativen Konfliktbewältigung dient. Konflikte sind meist belastend, weshalb es unerlässlich erscheint, bei den Emotionen der beteiligten Personen zu beginnen und die Konfliktbewältigung auch wieder emotional abzuschließen.

*Konflikt und Konfliktbewältigung spielen sich sowohl auf der **Sachebene,** wie auch auf der Beziehungsebene ab. Kein Konflikt wird ausschließlich auf der Sachebene ausgetragen. Ein Konflikt ist eher wie ein Eisberg: Die größten und auch die schwierigsten Anteile liegen „unter Wasser" auf der **Beziehungsebene**. Das Phasenmodell hellt diesen Zusammenhang deutlich dar und ermöglicht, Konflikte wirklich zu bewältigen.*

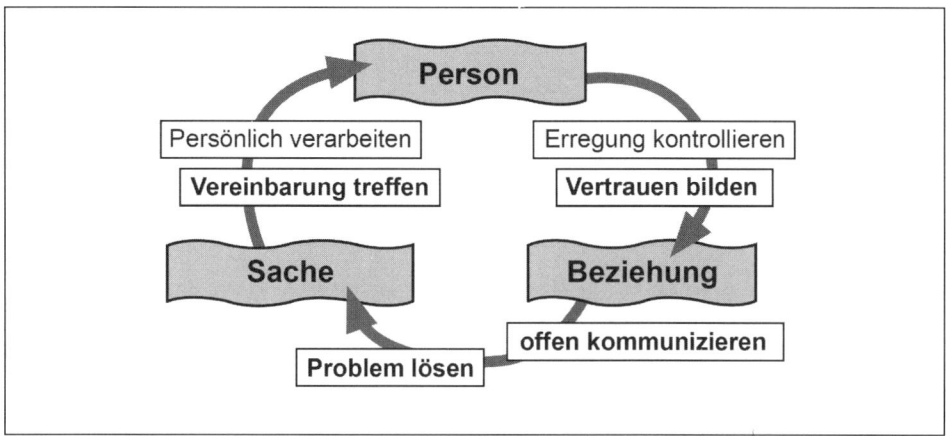

Abbildung 12: *Kreislauf kooperativer Konfliktbewältigung*

Damit der Zusammenhang zwischen Sache und Beziehung für Sie deutlich wird, noch ein paar Worte dazu. Zu rund 70 % findet Kommunikation auf der Beziehungsebene und zu lediglich ca. 30 % auf der Sachebene statt. Sie werden hier schon deutlich erkennen, welches Konfliktpotenzial in diesem Bereich steckt. Halten Sie sich die folgenden Sätze stets im Konflikt vor Augen:

1. Der Sachaspekt beinhaltet die sachlichen Aussagen

2. Der Beziehungsaspekt bewertet die Informationen

3. Ein wesentlicher Grundsatz für Gespräche: Erst müssen Sie das Gesprächsklima auf der Beziehungsebene schaffen und dann den Sachverhalt auf der Inhaltsebene klären

4. Ein Merkmal: Die Gefühlsebene bestimmt immer die Sachebene

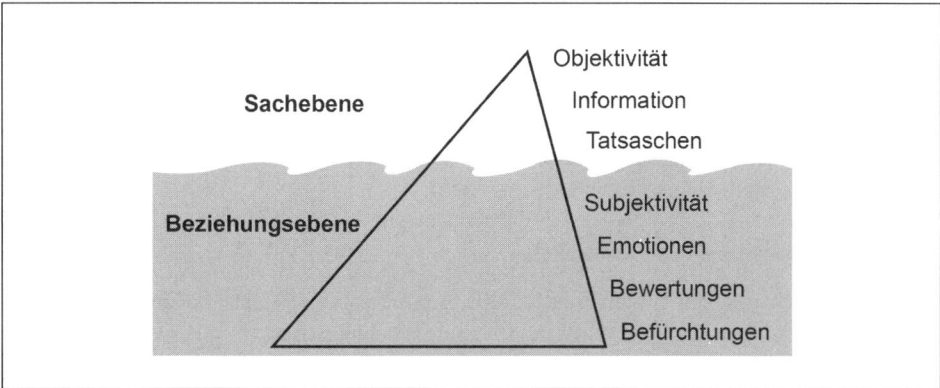

Abbildung 13: *Eine Konfliktdarstellung anhand des Eisbergmodells (30 % sind über Wasser, also sichtbar. 70 % sind unter Wasser (also nicht sichtbar)*

Tipp:

Kommunikationsstörungen müssen Sie immer auf der Beziehungsebene klären, denn dort ist das eigentliche Problem.

Eine Anmerkung aus der Praxis: Sachkonflikte können wir fast immer lösen, Beziehungskonflikte dagegen nur schwer oder gar nicht.

Meine Empfehlung:

Wenn Sie merken, dass Sie am Arbeitsplatz ein Beziehungsproblem haben, versuchen Sie, mit dieser Person ausschließlich auf der sachlichen Ebene zu kommunizieren. Lösen Sie sich von der Vorstellung, Antipathie abbauen zu können. Verinnerlichen Sie den nächsten Satz, dann sind Sie der Konfliktlösung bereits ein großes Stück näher gekommen: „Nicht das, was ich sage, sondern was der andere meint, gehört zu haben, bestimmt sein Verhalten."

3.8.2   Sechs Stufen kooperativer Konfliktregelung (für Eilige)

Wenn die Worte „für Eilige" Sie stutzen lassen, dann werden Sie – wenn Sie weiter lesen – erkennen, worum es hierbei geht. Diese sechs Stufen sind durchaus ausreichend, wenn es ein nicht allzu tief gehender Konflikt ist. Ansonsten sollten Sie das nächste Modell mit den zehn Stufen anwenden.

Stufe 1: Wo genau liegen die Probleme?

Den Konflikt identifizieren und definieren, d. h. gegen andere Probleme abgrenzen (sich Zeit nehmen, den Konflikt klar aussprechen, Ich-Aussagen senden, Kooperation anbieten, auf niederlagenlose Methode der Regelung verweisen).

Stufe 2: Mögliche Lösungen entwickeln

Welche unterschiedlichen Lösungen sehen die Konfliktpartner? Keine Lösung bewerten, zu möglichst vielen Vorschlägen anregen, alle Beteiligten einbeziehen.

Stufe 3: Lösungsmöglichkeiten kritisch bewerten

Was spricht für/gegen die einzelnen Lösungen? Streichung der für einzelne unannehmbaren Lösungen.

Stufe 4: Sich für die beste annehmbare Lösung entscheiden

Wie sieht die beste Lösung genau aus? Die Lösung exakt beschreiben, die Lösung nicht als endgültig, sondern als wandelbar ansehen, abfragen, ob alle Beteiligten sie akzeptieren, Angst abbauen.

Stufe 5: Wie wird die Lösung durchgesetzt?

Wege zur Ausführung der Entscheidung ausarbeiten. Genau festlegen, wer was macht.

Stufe 6: Lösungsmöglichkeiten kritisch bewerten

Spätere Untersuchungen über die Funktionsfähigkeit der Lösung und die Einhaltung der getroffenen Absprachen.

3.8.3 10-Stufen-Plan zur Konfliktbewältigung

1. Stufe: Klare und verständliche Beschreibung und Definition des Konfliktes

2. Stufe: Herausarbeiten der sachlichen und persönlichen Konfliktanteile

3. Stufe: Sammeln und Austauschen aller noch notwendigen Informationen. Was wurde bisher noch nicht angesprochen?

4. Stufe: Entwicklung von Zielvorstellungen, die für alle Beteiligten klar und verständlich sind

5. Stufe: Sammlung und Entwicklung möglicher Lösungswege

6. Stufe: Bewertung der möglichen Lösungswege durch alle Beteiligten

7. Stufe: Entscheidung über brauchbare Lösungswege treffen und dabei prüfen, ob alle Beteiligten diese Lösungswege auch gehen wollen

8. Stufe: Vereinbarung darüber treffen, welche konkreten Handlungen jetzt von wem bis wann einzuleiten sind

9. Stufe: Klären, woran die Einhaltung der Maßnahmen gemessen werden soll, und was im Fall der Nichteinhaltung passieren soll

10. Stufe: Persönliche Konfliktverarbeitung: Gefühlsmäßige und rationale innere Verarbeitung des Konflikts, so dass keine „Restgefühle" den Konflikt wieder auflodern lassen

3.8.4   Das erfolgreiche Konfliktgespräch

Hier eine weitere Variante, wie Sie ein Gespräch on Konfliktsituationen führen sollten:

Vor dem Gespräch: Negative Emotionen kontrollieren

Bevor Sie in das Gespräch mit Ihrem Konfliktpartner gehen, sollten Sie Ihre negativen Emotionen in einer der zuvor beschriebenen Weisen kontrollieren.

Schritt 1: Begrüßung

Begrüßen Sie Ihren Gesprächspartner freundlich und offen. Sorgen Sie für eine angenehme störungsfreie Umgebung.

Schritt 2: Gesprächsanlass

Machen Sie der anderen Konfliktpartei deutlich, warum Sie um das Gespräch gebeten haben. Was ist Ihr Ziel?

Tipp:

In dieser Phase ist es wichtig, dass Sie sehr kurz, klar und sachlich nur das übergeordnete Thema ansprechen. Ein oder zwei Sätze reichen. Wenn der Andere sich angegriffen fühlt, werden Sie es in den folgenden Phasen sehr viel schwerer haben.

Schritt 3: Sichtweise der anderen Konfliktpartei

Der Andere schildert seine Sichtweise des Problems. Sie hören aktiv zu und stellen offene Fragen. Der Andere führt seine Sicht weiter aus. Sie hören weiter aktiv zu und stellen offene Fragen. Dieser kontrollierte Dialog wird so lange weitergeführt, bis Sie sicher sind, den Anderen verstanden zu haben. Sie sollten die Gefühle und Bedürfnisse des Anderen bezüglich dieses Themas erfasst haben.

Tipp:

Die Konzentration auf die Gesprächstechniken (aktiv zuhören, offen fragen, Herausarbeiten von Bedürfnissen = Selbstoffenbarungsseite des Anderen betrachten) hilft Ihnen, mit negativen Emotionen umzugehen, die Sie eventuell haben, wenn in den Äußerungen des Anderen Angriffe enthalten sind. Hierzu ist es wichtig, dass Sie dem Leitfaden konsequent folgen.

Schritt 4: Gemeinsame Basis

Sie fassen die Sichtweise des Anderen überblickartig zusammen. Hierbei stellen Sie die positiven Absichten und Ressourcen des Anderen heraus. Als wichtigsten Punkt dieser Phase betonen Sie die Gemeinsamkeiten in der Sichtweise: Wo und in welchen Punkten sind sich beide bereits einig?

> **Tipp:**
>
> Normalerweise erwartet man in Konfliktsituationen, dass der andere widerspricht und man selbst nicht richtig verstanden wird. Es kommt zu einer Lösung erster Ordnung und einer Konflikteskalation. Sie verhalten sich in dieser Situation „angemessen ungewöhnlich" und gehen in Richtung Lösung zweiter Ordnung. Sie zeigen dem anderen, dass Sie ihn verstanden haben. Statt ihm zu widersprechen stellen Sie Gemeinsamkeiten und positive Absichten und Bedürfnisse des Anderen heraus. Der Andere wird „nicken". Durch dieses „Nicken" – das Yes-Set – entsteht automatisch ein Miteinander statt eines Gegeneinanders. Jetzt ist der Andere aufnahmebereit für Ihre sachlichen, angriffsfrei formulierten Argumente.

Schritt 5: Ihre Sichtweise

Was soll zukünftig passieren? Sie formulieren in klaren und einfachen Worten die wichtigsten Wünsche für die Zukunft. Welches Verhalten soll der Andere wann zeigen? Warum ist das für Sie persönlich wichtig? Was sind Ihre Bedürfnisse?

> **Tipp:**
>
> Nutzen Sie die Feedbackregeln, die Sie zuvor bereits gelesen haben. Arbeiten Sie auch in dieser Phase des Gespräches mit positiven Unterstellungen. Betonen Sie so häufig wie möglich die positive Absicht des Anderen und Ihre gemeinsame Basis. Versuchen Sie das „Yes-Set" aufrecht zu erhalten. Achten Sie auf die Körpersprache des Anderen.

Gabelung

Sind Sie sich beide nach dieser Phase einig, geht es weiter mit der 6. Phase. Hat der Andere Einwände, wird wieder bei Phase 3 begonnen. Die Phasen werden so lange immer wieder durchlaufen, bis nach Phase 5 eine Einigung erzielt werden kann.

Schritt 6: Einigung

Suchen Sie nach einer gemeinsamen Problemlösung, die zu den Bedürfnissen aller Beteiligter passt. Seien Sie dabei flexibel und sprechen mehr als eine Variante durch. Treffen Sie anschließend eine konkrete, nachvollziehbare Vereinbarung und legen einen Termin fest, an dem Sie den Erfolg der Lösung kontrollieren. Vereinbaren Sie Spielregeln.

Schritt 7: Abschluss

Finden Sie einen klaren Abschluss. Hilfreich sind Formulierungen, mit denen Sie sich bei Ihrem Gesprächspartner für seine Offenheit bedanken. Sie können auch Ihre Erleichterung darüber ansprechen, dass Sie dieses schwierige Thema gemeinsam so gut bewältigt haben. Loben Sie Ihre gemeinsame gute Arbeit in diesem Gespräch!

3.8.5 Häufige Fehler in der Konfliktklärung

Die zehn häufigsten Fehler in der Konfliktklärung sind:

Sie …

1. … machen den Konfliktgegner häufig vor Publikum „zur Schnecke". Warum? Weil Sie glauben, dass er schneller zur Einsicht kommt, wenn er von vielen vernünftigen Menschen umgeben ist? Das Gegenteil ist der Fall: Der Gegner wird aggressiv, weil er vor allen anderen nicht sein Gesicht verlieren will.

2. … fallen gerne mit der Tür ins Haus und konfrontieren den anderen sofort mit dem Konfliktgegenstand. Warum? Weil sie glauben, damit „schnell zur Sache zu kommen"? Ein Irrtum. Die Situation eskaliert, weil sich jeder automatisch nur noch verteidigt, dem man mit der Tür ins Haus fällt.

3. … ergeben sich in Andeutungen: „So goldig sieht's in Ihrer Abteilung auch nicht aus!" Warum? Weil sie eben nicht zu hart formulieren möchten. Nachteil: Der andere weiß nicht, was denn nun angedeutet werden soll.

4. … machen Vorwürfe: „Hören Sie doch endlich mit diesen Querschüssen auf!" Man meint zwar immer, dass man damit ein klares Wort gesprochen hat, doch gleichzeitig ist es ein Vorwurf – und der reizt zum Widerspruch.

5. … suchen bei Dauerkonflikten nur die Ursachen, können sich in diesem Fall nicht vom Problem lösen. Das ist gut gemeint, führt jedoch gerade bei Dauerkonflikten zu stundenlangem, ergebnislosem Fischen im Trüben. Denn wer weiß schon noch, weshalb man vor drei Jahren zu streiten begann?

6. … sagen dem Konfliktpartner, wie eine Lösung auszusehen hat. Man meint zwar, damit dem Partner zu helfen – doch dieser fühlt sich bevormundet!

7. … texten den Konfliktpartner zu. Sie wollen ihn eben überzeugen. Das funktioniert nicht, denn der Partner fühlt sich dabei überredet. Viele Dauerkonflikte sind nur deshalb so lang, weil so lange zugetextet wird!

8. ... tun Einwände ab: „Das können Sie nicht ernst meinen!" Der Partner fühlt sich nicht ernst genommen und blockt erst einmal ab. Je länger man Einwände abtut, desto eher entsteht ein Dauerkonflikt.

9. ... lassen sich vom Partner mit Äußerungen „aufs Glatteis" führen und fallen wieder in den Konfliktstil zurück.

10. ... beenden ein Konfliktgespräch in Friede, Freude, Eierkuchen – das bringt leider nichts, sondern fördert vielmehr das Wiederaufbrechen des Dauerkonflikts.

3.8.6   Und so führen Sie Ihr Konfliktgespräch

◼ Machen Sie sich vor dem Gespräch zunächst klar, was genau am Verhalten Ihres Gegenübers Sie stört. Überlegen Sie sich auch, welches konkrete Ziel Ihr Gespräch haben soll.

◼ Handeln Sie möglichst rechtzeitig. Nichts ist schädlicher, als Kritik unbeherrscht zu äußern, weil sich die Wut zu lange angestaut hat. Wenn Sie spüren, dass die Situation für Sie anstrengend wird und Ihnen nicht mehr aus dem Kopf geht, regen Sie ein Gespräch an.

◼ Achten Sie unbedingt darauf, das Gespräch unter vier Augen zu führen.

◼ Sammeln Sie ausreichend Argumente.

◼ Bleiben Sie sachlich! Wer einfach nur schimpft, erreicht beim Gegenüber mit Sicherheit kein Verständnis, sondern nur ein Abblocken. Deshalb: keine Übertreibungen, keine Vorwürfe, kein Lamentieren. Versuchen Sie außerdem, Ihre Kritik in einem ruhigen Ton anzubringen.

◼ Sagen Sie dem Gegenüber, was Sie sich von ihm wünschen. Welches Verhalten wäre für Sie besser, erträglicher oder passender?

◼ Lassen Sie den anderen auch einmal zu Wort kommen. Auch bei einem Kritikgespräch gilt: Beide haben die gleiche Redezeit.

◼ Sprechen Sie Ihre Kritik einmal aus und nicht immer wieder. Suchen Sie gemeinsam nach Lösungen für die Zukunft. Treffen Sie Vereinbarungen, finden Sie neue Regelungen – mit denen beide zufrieden sind.

Das leuchtet ein! So finden Sie Ihre stärksten Argumente

Überzeugende Argumente brauchen eine gute Vorbereitung. Deshalb entwickeln Sie Ihre Argumente, *bevor* Sie in ein Konfliktgespräch gehen.

Beantworten Sie die folgenden Fragen. Und denken Sie daran: Was Sie zuvor notiert haben, können Sie später besser in Erinnerung rufen.

Was möchten Sie genau?

_____
_____
_____

Welche Begründungen haben Sie für das, was Sie möchten? Warum wollen Sie das?
Je mehr Begründungen Sie haben, umso besser.

_____
_____
_____

Welchen *Nutzen* hat die andere Seite (Ihr Gesprächspartner oder die Firma) von dem, was Sie
wollen? Welche Vorteile hat das, was Sie wollen, für andere?

_____
_____
_____

Welches langfristige (Unternehmens-) Ziel oder welche langfristige Verbesserung verfolgen
Sie mit dem, was Sie wollen?

_____
_____
_____

Welche Fragen wird die andere Seite haben?

_____
_____
_____

Welche Gegenargumente wird die andere Seite wahrscheinlich vorbringen?

_____
_____
_____

Was antworten Sie auf diese Fragen und Gegenargumente?

_____
_____
_____

Was möchten Sie, wenn Sie mit Ihrem Anliegen *nicht* durchkommen?
Welche Kompromissvorschläge haben Sie?

_____
_____
_____
_____

Wenn gar nichts geht – auf welchem *anderen Weg* können Sie das erreichen, was Sie wollen?

_____

_____

_____

Sortieren Sie Ihre Argumente nach ihrer Überzeugungskraft

Was nützt Ihr Vorschlag? Welche Vorteile hat das, was Sie wollen, für die andere Seite? Der Nutzen oder der Vorteil für die andere Seite (für den Chef, die Kollegen, die Abteilung, die Firma, die Branche etc.) – das sind Ihre *sehr starken Argumente*.

Schreiben Sie sie nochmals auf:

_____

_____

_____

Weitere Begründungen für Ihr Anliegen sind plausible, *gute Argumente*. Welche Gründe gibt es noch, für das, was Sie wollen?

_____

_____

_____

Sie sind am überzeugendsten, wenn Sie viele sehr starke und starke Argumente haben.

3.8.7 Phasen des erfolgreichen Konfliktgesprächs

Sie wissen nun, dass sich ein gutes Konfliktgespräch planen lässt. Folgendes Schema hat sich dabei bewährt:

Verlauf	Zweck
Vorarbeit	Verstandesgemäße Klärung
Nachdenken, Analyse, evtl. Selbstgespräch	Emotionale Entlastung zur Verhinderung eines destruktiven Streitverlaufs
Beginn	**Zweck**
Wahl des Zeitpunktes	Die Weichen für ein konstruktives Konfliktgespräch werden gestellt, ggf. wird das Gespräch verschoben
Wahl der Einleitungsworte	„Ich-Botschaften"! Der Gesprächsbeginn muss gut überlegt sein, er entscheidet über Erfolg oder Misserfolg des Konfliktgesprächs

Durchführung	Zweck
Mitteilung, dass ein Konflikt besteht	Erste Informationen an den Konfliktpartner als „Ich-Botschaften"
Konfliktanalyse	Beide Konfliktpartner liefern Informationen, klären Gegensätze, benennen Probleme und Gemeinsamkeiten
Zielanalyse	Beide Konfliktpartner klären Bedürfnisse, Prioritäten, Nah-/Fernziele
Regelung	Beide Konfliktpartner handeln Regelungen aus, mit denen sie leben können
Beendigung	**Zweck**
Abschluss	Regelung noch einmal nennen, Nachdenken über Sonderfälle, Testphase, Nachfolgegespräch
Versöhnung	Versöhnliche Gefühle, Wertschätzung, Gemeinsamkeit, Dank u. Ä. aussprechen. „Gut, dass Sie die Sache so offen besprochen haben."

3.9   Konflikte und die Kommunikation

Kommunizieren leitet sich von dem lateinischen Wort „communicare" her. Es bedeutet, den anderen an etwas teilhaben lassen, etwas gemeinschaftlich machen.

Folgende Komponenten spielen dabei eine Rolle:

1. Wer (Sender)

2. sagt *was* (Nachricht, Botschaft, Information)

3. zu *wem* (Empfänger, Adressat)

4. *womit* (Zeichen, Signal, verbale, nonverbale Verhaltensweisen)

6. mit welcher *Absicht* (Motivation, Intention, Ziel) und

7. mit welchem *Effekt?*

Das Sender-Empfänger-Modell

Das einfachste Modell der Kommunikation ist das Sender-Empfänger-Modell:

Bei der Kommunikation werden bedeutungsvolle Signale (Nachrichten) ausgetauscht. Die Person, die die Nachricht (bewusst oder unbewusst) erzeugt, ist der **Sender**, der oder die anderen sind die **Empfänger**.

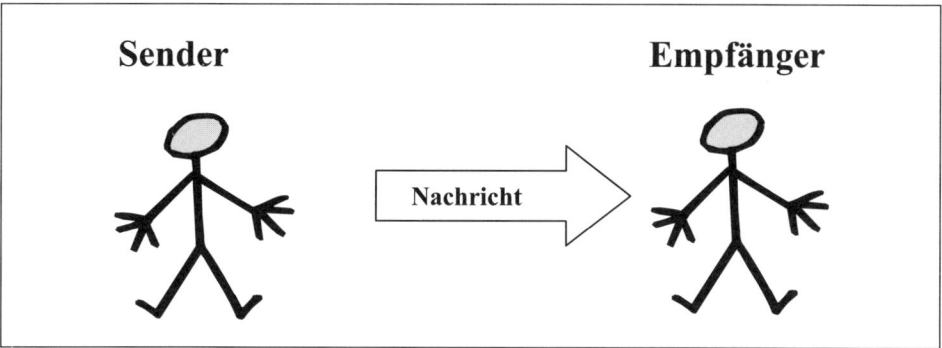

Abbildung 14: *Sender-Empfänger-Modell*

3.9.1 Das Modell der Welt

Menschen sind keine Maschinen, die Nachrichten senden und empfangen: Jeder Mensch schafft sich eine Vorstellung der Welt, in der er lebt – d. h. heißt eine Landkarte oder ein Modell der Welt, das durch die individuellen Erfahrungen und Wahrnehmungen der Welt bestimmt wird. Jeder Mensch hat in diesem Zusammenhang seine eigene Wahrheit.

Da zwei Menschen nie genau die gleichen Erfahrungen machen, leben sie alle in einer etwas unterschiedlichen Welt und haben auch unterschiedliche Wahrheiten.

Denn: „Eine Landkarte ist nicht das Gebiet, das sie darstellt, sondern hat, wenn sie genau ist, eine dem Gebiet ähnliche Struktur, worin ihre Brauchbarkeit begründet ist ..."
A. Korzybski (polnischer Psychologe, 1880 – 1950)

Wenn zwei Menschen kommunizieren, sendet der „Sender" seine Nachricht auf der Grundlage seines „Modells der Welt" und der Empfänger empfängt wiederum auf einer (ganz) anderen Grundlage, nämlich auf der seiner eigenen Annahmen:

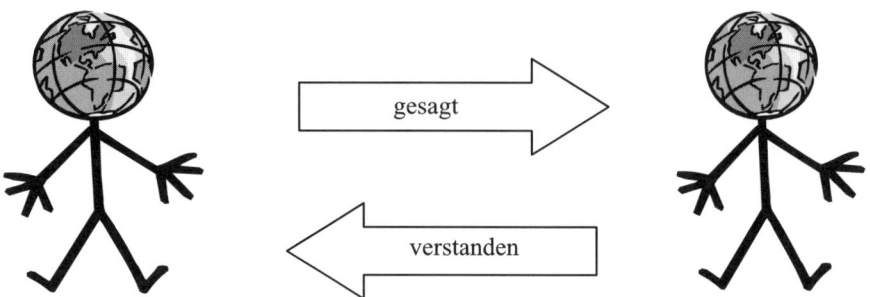

Sie verfassen und entschlüsseln Nachrichten immer im Rahmen Ihres individuellen Modells der Welt. D. h., alle Nachrichten sind in bestimmter Weise von Ihnen codiert, sie enthalten bestimmte Erfahrungen und Annahmen und sind Ausdruck Ihres Modells der Welt.

Einige Codes sind festgelegte Normen

Dazu zählt der sprachliche Code, Ihre Fachgebietssprachen, ein gesellschaftlicher Code, milieuabhängige Sprache oder Gesten und ein kultureller Code, europäische Mimik, Gestik, Sprache versus ostasiatische Mimik, Gestik, Sprache.

Darüber hinaus haben Sie einen persönlichen Code. Hierzu zählen alle individuellen Erfahrungen, die Sie so empfinden und denken lassen, wie Sie es tun. Dazu zählt auch, dass bestimmte Wörter (meistens Substantive) blitzschnell als positiv oder negativ bewertet werden. Das Wort „Macht" kann, wenn Sie es positiv bewerten, Achtung für eine Person mitbringen. Betrachten Sie es jedoch als negativ, kann damit Angst verbunden sein.

Ihr Nutzen aus diesem Kapitel:

Wo Menschen sind, da wird „gemenschelt", da bleiben folglich Konflikte nicht aus. Sie gehören zu Ihrem Alltag wie das Atmen. Arbeiten Sie daran, die Chancen in Konflikten zu erkennen und welchen Nutzen Ihnen eine solche Situation bringen kann. Sie werden für Ihren Chef eine große Unterstützung sein, wenn Sie gemeinsam an Lösungen arbeiten, statt sich in den Konflikt zu steigern.

Suchen Sie bei Konflikten nicht immer nur die Schuld bei den anderen, denken Sie darüber nach, welchen Anteil Sie am Konflikt haben.

> Suchen Sie die Ursachen für den Konflikt, denn nur an der Wurzel können Sie ihn auch lösen.
>
> Versetzen Sie sich stets auch in die Lage des Anderen: Warum handelt er so, meint er Sie persönlich oder geht es um die Sache. Dieses Verhalten lässt Sie sicher in der Achtung Ihres Chefs und der Kollegen steigen.
>
> Sie haben auf den letzten Seiten verschiedene Ansätze zur Konfliktlösung kennen gelernt. Testen Sie die diversen Vorschläge. Beurteilen Sie dann, mit welchem Lösungsvorschlag Sie am besten „leben" können.
>
> Sie sind für Ihren Chef eine gute Unterstützung, wenn Sie zukünftig in schwierigen Situationen noch souveräner reagieren. Vielleicht lässt er sich auch noch den einen oder anderen Tipp von Ihnen geben.

4.   Hilfsmittel im Konflikt

In diesem Kapitel stellen wir Ihnen nun einige psychologische Ansätze vor, die Ihnen im Alltag eine Unterstützung bieten sollen. Sie werden sicher einiges an Übung zur Anwendung benötigen, aber der Aufwand lohnt sich!

4.1   N L P

Das Kürzel NLP steht für die Bezeichnung **Neuro-Linguistic Programming (neuro-linguistisches Programmieren).**

Neuro = Synonym für Sinnesorgane, also für unser Sehen, Fühlen, Hören, Riechen und Schmecken.

Linguistic = für unsere Sprache, also die Art und Weise, was wir über unsere Sprache verraten, was in unserem Kopf beim Denken vor sich geht.

Programming = für die Programme der sich immer wiederholenden Muster unseres Wahrnehmens, Denkens und Fühlens.

Robert Dilts, einer der wichtigsten Entwickler des NLP, beschreibt NLP als ein Verhaltens-
modell und ein System klar definierter Fähigkeiten und Techniken, das von John Grinder und
Richard Bandler im Jahr 1975 begründet wurde.

NLP wird definiert als die Struktur der subjektiven Erfahrung. NLP untersucht die Muster oder die
„Programmierung", die durch die Interaktion zwischen Gehirn (Neuro), Sprache (Linguistik) und Körper kreiert wird. Diese Struktur kann sowohl effektives als auch ineffektives Verhalten produzieren.

Die wahrscheinlich kürzeste und einfachste Formulierung für NLP lautet

■ „NLP ist das, was du tust, damit es dir und anderen gut geht."

Das neurolinguistische Programmieren gilt als bedeutsames Konzept für Kommunikation und
Veränderung, das heute ganz besonders von den Menschen nachgefragt und genutzt wird, die
beruflich mit Kommunikation zu tun haben. NLP ist ein Werkzeugkasten für die Kommunikation mit sich und anderen.

Was bringt Ihnen NLP?

Sie können die Methoden des NLPs nutzen,

■ um unerwünschte Verhaltensweisen bei sich selbst zu verändern,

■ um einschränkende Einstellungen durch nützlichere Einstellungen zu ersetzen,

■ um Ihre eigene Kommunikationsfähigkeit mit sich selbst

■ und mit anderen zu verbessern.

NLP setzt sich aus fünf Schritten zusammen:

1. Rapport

2. Pacing/Leading

3. Ankern

4. Ressource

5. Reframing

Rapport = mit jemandem in Kommunikation treten (guter Kontakt)

Pacing = gemeinsam, nebeneinander einen Weg gehen, sich auf jemanden einstellen, die
Sprache des anderen sprechen (Wenn Ihr Partner ein Wort immer benutzt, tun Sie dies auch)

Ganzheitliches Sehen und Hören: Je mehr Sinne man einschaltet, desto besser ist die Kommunikation. (Jeder hat eine andere Vorstellung von Dingen und Worten, bitte dies beachten.)

Pacing dient dazu, den Rapport aufzubauen. Dies läuft auf zwei Ebenen ab: der verbalen und der non-verbalen.

Paraphrasieren = Wiederholen, was der andere sagt plus Zustimmung/Bestätigung plus Verbalisieren der Gefühle (des anderen)

Leading = Nach erfolgreichem Rapport und Pacing kann das Leading erfolgen: Sie übernehmen die Führung (z. B. durch Fragen)

Gute Voraussetzungen um die Führung jetzt zu übernehmen, haben Sie, wenn Sie vorher die Signale des anderen spiegelten.

Ankern: Unter Ankern versteht man das Verankern eines Aspektes, den Sie quasi in einem anderen auslösen, und zwar durch sprachliche oder körpersprachliche Mittel = Gefühle. Sie vertiefen damit Ihr Gefühl beim Gesprächspartner. Dies ist ein positiver und wichtiger Aspekt für den Verlauf der Kommunikation.

Reframing = Einen neuen Rahmen schaffen, einen anderen Rahmen schaffen, etwas in einen anderen Rahmen stellen. Dabei ist es wichtig, sich die Frage zu stellen „Wozu?"

Ein entscheidender Faktor beim NLP ist die Zielsetzung. Dabei gibt es nur einen Erfolg, nämlich nach seinen eigenen Vorstellungen leben zu können. Bedenken Sie bitte, dass es wichtig ist, Ihr Ziel immer positiv zu formulieren. Verneinungen filtert das Gehirn weg. Ihr Ziel muss eine Vision sei: Wie sieht es aus, wie fühlt es sich an?

Folgende Fragen müssen Sie beantworten:

- Was werden Sie sehen?

- Was werden Sie hören?

- Was werden Sie fühlen?

- Was werden Sie riechen?

- Was werden Sie schmecken?

NLP spricht also alle Sinne und Gefühle an.

Anschließend folgen diese Fragen:

1. Was ist der gewünschte Zustand? – Was ist der gegenwärtige Zustand?

2. Was ist Ihr Zielzustand? – Was ist Ihr aktueller Zustand?

3. Worin besteht der Unterschied?

Diese Fragen müssen beantwortet werden, sonst haben Sie keine Möglichkeiten, Ihr Ziel zu erreichen.

Wichtig beim NLP: **Beweisverfahren**

Woran werden Sie merken, dass Sie Ihr Ziel erreicht haben? (Was mir selbst Zufriedenheit, Sicherheit, Stolz, neues Auto, gefülltes Bankkonto, Geldanlage, gute Kleidung, Reisen)

Das zielstrebige Verhalten muss ausgelöst und aufrechterhalten werden. Ihr Ziel darf nur von Faktoren abhängen, die Sie direkt und selbst beeinflussen können. Überprüfen Sie Ihr Ziel darauf, ob es zu Ihnen passt. Stellen Sie sich die Frage, welche zukünftigen Folgen es haben wird, wenn Sie Ihr Ziel verwirklichen. Ihr Verhalten muss für Sie und für andere von Nutzen sein.

4.2   Unsere fünf Sinneskanäle

Viele Übungen und Methoden des NLP arbeiten mit unseren verschiedenen Sinnen. Deshalb ist es sehr hilfreich, unser Sinnessystem besser zu verstehen. Wir nehmen die Welt durch unsere fünf Sinne wahr. Wir erleben unsere Umgebung durch unsere fünf Sinne:

Wir sehen, hören, fühlen, schmecken und riechen. Alle Informationen von außen erreichen uns also über unsere Sinne. Wir speichern diese Informationen oft auch in derselben Art ab wie wir sie bekommen haben: So können wir innere Bilder sehen, Töne hören und uns an Gerüche oder an einen Geschmack erinnern, und wir können im Geist auch Berührungen und sogar Gefühle wieder erleben.

4.2.1   VAKOG – unsere fünf Sinne im NLP

Im NLP bezeichnet man alle fünf Sinneskanäle oft mit der Abkürzung VAKOG.

VAKOG steht für:

V   wie visuell: das Sehen

A   wie auditiv: das Hören von Geräuschen, Tönen

K   wie kinästhetisch: das Fühlen durch Tasten, Berührungen unserer Haut, aber auch Magenschmerzen und Verspannungen

O   wir olfaktorisch: das Riechen

G   wir gustatorisch: das Schmecken

Augenmuster

Diese Übung soll dazu dienen, sich selbst besser einzuordnen und natürlich entsprechend auch Ihren Gesprächspartner. Sie können dabei erkennen, worauf Sie und Ihr Partner reagieren.

Beispiel

> Ist Ihr ein Gesprächspartner ein visueller Typ, benötigt er bildliche Darstellungen, um Dinge zu verstehen und anzunehmen. Formulierungen wie „Sie können sich davon ein Bild machen", wirken auf ihn.
>
> Ist er eher ein auditiver Typ, reagiert er auf Äußerungen wie: „Bei Herrn Müller muss man immer genau hinhören und auf die Zwischentöne achten…"
>
> Ist er ein kinästhetischer Mensch, reagiert er auf Fühlen: „Ich fühle, dass da etwas nicht in Ordnung ist."
>
> Der olfaktorische Mensch muss „Riechen": „Die Sache stinkt mir allmählich."
>
> Haben Sie es mit einem gustatorischen Menschen zu tun, reagieren besonders seine Geschmacksnerven: „Mir schmeckt das Ganze nicht."

Ein kleines Experiment: Wie erinnern Sie sich?

Denken Sie doch einmal kurz an die Grundschule, die Sie besucht haben. Achten Sie einmal darauf, wie Sie sich genau daran erinnern. Was fällt Ihnen zur Ihrer Grundschule als erstes ein: Ist es das Bild des Gebäudes oder hören Sie den Klang einer vertrauten Stimme? Oder vielleicht haben Sie auch einfach nur ein Gefühl, das Sie früher in der Schule hatten. Erinnern Sie sich an einen bestimmten Geruch im Klassenzimmer oder vielleicht an den Geschmack einer Speise oder eines Getränkes?

Wir alle erinnern uns unterschiedlich. Die Art, wie wir uns erinnern, ist sehr eng an unsere Sinne gekoppelt, die wir am liebsten nutzen.

Ihre Augen zeigen, wie Sie sich erinnern. Ihre Augen bewegen sich abhängig davon, was Sie im Geiste gerade tun, in verschiedene Richtungen:

Rechts nach oben = ein Bild wird konstruiert (haben Sie noch nie so gesehen)

Links nach oben = visuell erinnern (haben Sie in der Vergangenheit tatsächlich gesehen)

Mitte links = Klänge, Geräusche, Worte werden erinnert (haben Sie in der Vergangenheit tatsächlich gehört)

Mitte rechts = Klänge, Geräusche, Worte werden konstruiert (haben Sie noch nie so gehört)

Rechts unten = Konzentration auf Gefühle

Links unten = innerer Dialog

Zugegeben, es ist nicht ganz so einfach, sich immer darauf zu konzentrieren, wie Ihr gegenüber gerade seine Augen bewegt. Sie sind jetzt sensibilisiert und werden feststellen, dass es bei einigen Menschen leicht zu erkennen ist. Wenn Sie also um Ihre nächste Gehaltserhöhung bitten, achten Sie auf die Augenstellung Ihres Chefs, so wissen Sie dann, mit welchen Worten Sie ihn am besten erreichen. Dies bedarf natürlich, wie alles im Leben, viel Übung.

Übung

Nehmen Sie einmal an, Sie wollen sich an einen schönen Urlaub erinnern, um dem tristen Wetter zu entfliehen. Sie wollen so richtig in Ihren Erinnerungen schwelgen. Tun Sie dies nun einmal systematisch über Ihre fünf Sinneskanäle.

Mit den entsprechenden Augenbewegungen – nun bewusst eingesetzt – können Sie sich selbst dabei unterstützen.

Beim Coaching mit NLP geht es nicht darum, einem Menschen nur kurzfristig zu helfen, sondern darum, ihn zu einer dauerhaften Lösung zu führen, die auch seinem Umfeld und damit dem gesamten System, dessen Teil er ist, so zu helfen, dass die Lebensumstände, die für den einzelnen Menschen daraus resultieren, langfristig bestmöglich sind. Credo: Respekt bedeutet, mich und andere zu respektieren.

> NLP vergleicht den Problemzustand mit dem Zielzustand und es wird überlegt, welche Ressourcen der Mensch braucht, um von seinem jetzigen Zustand in seinen erwünschten zukünftigen Zustand zu gelangen.
>
> NLP stärkt das Vertrauen in die eigenen Möglichkeiten und in das eigene Selbst.

Dies bedeutet, dass jeder für sich selbst verantwortlich ist, aber auch, dass jeder auch alles dazu tun kann, zu seinem Ziel zu gelangen.

> Ein Problem lösen Sie am besten, indem Sie sich vom Problem lösen:
>
> Bei jeder Aufgabe, die man lösen will, erst einmal weg vom Problem und sich auf einen neutralen Standpunkt stellen. Aus der Distanz können Sie ganz andere Lösungsmöglichkeiten finden.
>
> Je mehr Abstand Sie haben, desto näher kommen Sie der Lösung.

Bewusst Sehen, Hören und auch innovativ Denken können Menschen am besten dann, wenn sie nicht unter Stress stehen und sie nicht von Gefühlen belasten werden, also wenn sie „gut drauf sind".

Darum lautet auch eine NLP-Regel:

Menschen leisten in einem guten Zustand in kurzer Zeit viel mehr als in einem schlechten Zustand in viel Zeit.

Ihr Nutzen für den Alltag

> Üben Sie, Ihre geistige Vorstellungskraft zu verbessern. Schärfen Sie Ihre fünf Sinne, dies versetzt Sie in die Lage, im Geiste innere Bilder, Töne oder Empfindungen zu erleben und

wieder zu erleben. Dies können Sie für Ihre geistige Entspannung nutzen, wenn es einmal wieder sehr hektisch oder stressig im Büro ist. Sie haben die Möglichkeit, mit den Ansätzen von NLP die Qualität des Erlebens zu verbessern.

Wenn Sie dann noch ein wenig Übung haben und erkennen können, auf welcher Ebene Ihr Gesprächspartner am besten zu erreichen ist, wie Sie ihn am besten ansprechen, kann auch das wieder eine Verbesserung im Umgang mit Ihrem Chef sein.

5.   Die Transaktionsanalyse (TA)

„Mit gutem Beispiel voranzugehen,
ist nicht nur der beste Weg, andere zu beeinflussen,
es ist der einzige."

[Albert Schweitzer]

5.1   Die TA im Alltag

Die Transaktionsanalyse ist nicht „noch eine" psychologische Theorie, die wieder nur erklärt, warum ich so bin und angeblich so sein muss, wie ich bin, sondern ein praktikables Instrument der therapeutischen Psychologie, das von Dr. Eric Berne in Anlehnung an die Psychoanalyse entwickelt wurde. Sie wurde weiterentwickelt und in den letzten 20 Jahren in verschiedenen Management-Trainingsprogrammen mit Erfolg eingesetzt. Das Modell der Transaktionsanalyse ermöglicht ein systematisches Verstehen der Prozesse, die im Umgang mit Menschen ablaufen, sie gibt Hinweise für die Verbesserung zwischenmenschlicher Beziehungen.

Dr. Eric Berne (1910 – 1970) kam 1935 nach Erwerb seines Dr. med. nach New York und übernahm die Schulung am psychoanalytischen Institut von New York. Er freundete sich mit der Freudschen Bewegung an und veröffentlichte fünf Jahre später seine „Transaktionale Analyse in Psychotherapie" (1961).

Die Erkenntnisse der Transaktionsanalyse sind auf jede zwischenmenschliche Beziehung anwendbar, also ebenso gut auf die Beziehung Assistentin – Chef, Kunde – Verkäufer wie auf die Beziehung Führungskraft – Mitarbeiter und Kollege/in – Kollege/in.

> Die Transaktionsanalyse ist ein Instrument, das hilft, auch mit persönlichen, familiären und gesellschaftlichen Krisensituationen des Alltags besser fertig zu werden. In diesem Sinne soll die TA neben der unmittelbaren Anwendung im Beruf auch der Persönlichkeitsentwicklung dienen, die sich wiederum in einer verbesserten zwischenmenschlichen Beziehung niederschlägt.

5.2   Das Modell der TA

Das Modell der Transaktionsanalyse beruht auf einer Unterteilung der menschlichen Persönlichkeit in drei verschiedene Ich-Zustände, die bei jedem Menschen in unterschiedlicher Ausprägung vorhanden sind.

Diese Ich-Zustände sind:

- Eltern-Ich (Parent)

- Erwachsenen-Ich (Adult)

- Kindheits-Ich (Child)

Alle drei Ich-Zustände äußern sich im menschlichen Verhalten und beinhalten jeweils ein **eigenständiges System** von Gefühlen, von Denkweisen und von entsprechenden Verhaltensweisen.

Durch Erziehung und Erfahrungen können sich diese drei Ich-Bereiche in unterschiedlicher Weise entwickeln und das Verhalten eines Menschen entsprechend prägen. Das Modell der TA ermöglicht, gewisse Verhaltenstendenzen festzustellen und zu bestimmen, welcher dieser drei Ich-Zustände beim Verhalten in verschiedenen Situationen verantwortlich ist.

Jedes Verhalten ist also mit einer bestimmten Stimmung gekoppelt. Ein anderes Verhalten ist mit einer anderen Stimmung verbunden

Dies kann man von Zeit zu Zeit anhand deutlicher Veränderungen von Haltung, Stimme, Meinungen, Wortwahl, Gesten und anderer Verhaltensmerkmale erkennen.

Eine Transaktion besteht aus dem **Reiz**, den ein Mensch ausübt, und aus der **Reaktion** eines anderen Menschen auf diesen Reiz, wobei die Reaktion wiederum zum neuen Reiz für eine Reaktion des ersten wird.

In der Transaktionsanalyse wird versucht herauszufinden, **welche Ich-Anteile der Beteiligten an einer Interaktion den jeweiligen Reiz oder die Reaktion auslösen.**

In jedem Menschen befinden sich seine eigenen Eltern oder Elternfiguren. Alles, was Sie während der ersten sechs oder sieben Lebensjahre bei Ihren Eltern (oder auch anderen erwachsenen Leuten) gesehen oder gehört haben, ist in Ihrem Gehirn aufgezeichnet worden und **unlöschbar** gespeichert. Diesen Speicher nennen wir

„PARENT" = Eltern

Innerhalb jedes ICH-Zustands können verschiedene Unterzustände existieren, z. B. kann man sich einen PARENT-Zustand vorstellen, der helfend, unterstützend, motivierend ist. Dies sind die „gütigen Eltern". Dann gibt es eine andere Form der Eltern: jene, die kritisieren, schelten, die fordern, richten und Vorurteile haben. Dies sind die „strengen Eltern".

> Im „PARENT" sind also alle Regeln, Gebote, Verbote, Ermahnungen, Tausende von „Lass das" und „Nein, nein", was man tut und nicht tut, gespeichert.

Ganz gleich, ob diese Regeln gut oder schlecht sind, das Entscheidende ist, dass sie als absolute Wahrheiten gespeichert sind und **nicht gelöscht** werden können. Sie können jederzeit wieder abgerufen werden und üben auf das ganze Leben einen starken Einfluss aus.

Aussagen des „PARENT" beziehen sich meist auf andere Personen! (SIE- bzw. DU-bezogen).

Im „PARENT" sind die Spielegeln und Gebrauchsanweisungen des täglichen Lebens gespeichert.

Das „PARENT" beurteilt oder bewertet spontan, statt sachlich zu beschreiben!

Beispiele für solche ungeprüft übernommenen und als Wahrheit aufgezeichneten „Lebensregeln" und Verhaltensvorschriften des „PARENT" sind:

- „Sag' immer die Wahrheit."

- „Anständige Menschen machen keine Schulden!"

- „Ein braver Junge isst seinen Teller leer."

- „Müßiggang ist aller Laster Anfang."

- „Du musst immer …"

- „Vergiss niemals …"

- „Du solltest grundsätzlich …"

- „Merke dir ein für allemal …

usw.

„CHILD" = Kind

In uns befinden sich aber nicht nur unsere Eltern oder Ersatzeltern, sondern in jedem von uns existiert auch noch die gleiche kleine Person, die er im Alter von drei Jahren war, das heißt, dass jeder von uns einen kleinen Jungen oder ein kleines Mädchen mich sich herumträgt.

Diesen ICH-Zustand nennen wir „CHILD" – Kind. Im „CHILD" werden die Gefühle gespeichert, die mit den Erlebnissen, die im „PARENT" gespeichert sind, verbunden sind.

So werden Parallelen mit den Ge- und Verboten, Ermahnungen und „Lebensweisheiten" Gefühle der Angst, der Unfähigkeit, der Frustration, der Hilflosigkeit und der Abhängigkeit gespeichert. Diese Gefühle werden als „Nicht-okay-Gefühle" bezeichnet.

Im „CHILD" sind aber auch positive Gefühle wie Freude am Forschen, Entdecken und Ausprobieren usw. gespeichert. Gefühle, die mit Anerkennung verbunden sind und die das Selbstwertgefühl des Kindes heben.

Dieses Gefühl bezeichnet man als „Okay-Gefühle".

Im „CHILD" sind Gefühle gespeichert!

Daher nennt man das „CHILD" auch das „gefühlte" Lebenskonzept.

Auch die „CHILD"-Daten sind nicht löschbar.

Aussagen des „CHILD" beziehen sich in aller Regel auf die eigenen Gefühle (ICH-bezogen).

Fassen wir noch einmal zusammen:

In den ersten Lebensjahren werden alle Erlebnisse, die Sie jemals wahrgenommen haben, im „PARENT" aufgezeichnet. Gleichzeitig werden die mit diesen Erlebnissen verbundenen Gefühle im „CHILD" gespeichert. Beide Speicher sind **nicht löschbar.**

Auch beim „CHILD" haben wir verschiedene Typen: das angepasste Kind, das rebellische Kind und das natürliche Kind.

Ein Erlebnis und das Gefühl, welches mit diesem Erlebnis verbunden war, sind im Gehirn untrennbar miteinander verknüpft.

Woher weiß man, dass diese Aufzeichnungen nicht löschbar sind?

Wilder Penfield machte 1951 durch Reizungen bestimmter Gehirnzellen (z. B. Schläfenlappen) mittels elektrogalvanischer Ströme folgende Erfahrungen:

Alle bewussten Erfahrungen und Beobachtungen von Kindheit an, bis zur Gegenwart, sind im Detail im Gehirn gespeichert.

Wenn die Elektrosonde mit einer bestimmten Stelle des Gehirns in Berührung gebracht wurde, löste dies Erinnerungen an bestimmte Erfahrungen der Vergangenheit aus.

Das Reizen einer bestimmten Stelle des Gehirns löste jeweils die gleiche Erinnerung aus. Das Erinnerungsvermögen konnte nicht von der Person selbst gesteuert werden, sondern wurde durch externe Reize ausgelöst.

Diese nicht löschbaren Speicherungen beeinflussen unser Handeln auf zwei verschiedene Arten:

Es ist möglich, dass Sie sich an die Kindheitserlebnisse und -gefühle **bewusst erinnern** und Ihre Handlungen entsprechend einrichten.

Dies muss aber nicht sein. An vieles, was Sie auf diese Weise **unbewusst wiedererleben,** können Sie sich nicht mehr erinnern. Trotzdem beeinflussen auch diese unbewussten Erlebnisse und Gefühle Ihre Handlungen.

Beispiel

> Ihre Mutter hat jedes Jahr zu Weihnachten Zimtsterne gebacken. Sie haben das Weihnachtsfest stets als sehr harmonisch und schön empfunden. Wenn Sie nun irgendwo den Geruch von Zimt wahrnehmen, wird das in Ihnen immer eine angenehme Erinnerung, eine angenehme Stimmung wecken.

Wenn Sie also aus Ihrer Kindheit einen unauslöschlichen Schatz von Erfahrungen mitbringen, die in Ihrem „PARENT" und „CHILD" gespeichert sind, welche Möglichkeiten bleiben Ihnen dann eigentlich noch, sich zu ändern?

Ihre Möglichkeiten liegen in dem dritten ICH-Zustand, der sich von den beiden anderen unterscheidet. Dieser dritte ICH-Zustand ist eine Aufzeichnung von allem, was eine Person durch Forschen und Ausprobieren etwa vom 10. Lebensmonat an gelernt hat. Diesen ICH-Zustand nennt man „ADULT" – Erwachsenen.

> Im „ADULT" sind eigene Erfahrungen gespeichert!

> Daher bezeichnet man das „ADULT" auch als erfahrenes oder überlegtes Lebenskonzept.

> Das „ADULT" ist der Teil in Ihnen, der Probleme löst, indem er Informationen und Tatsachen sammelt. Das „ADULT" prüft und bewertet die Daten, die in den beiden anderen ICH-Zuständen gespeichert sind auf ihre Aktualität. Sie können Ihr „ADULT" als Ihren Computer betrachten, den Sie dazu benutzen, Wahrscheinlichkeiten abzuschätzen und Entscheidungen aufgrund von Tatsachen zu treffen.

Das „ADULT" funktioniert wie ein Datenverarbeitungssystem. Es speichert Informationen, verarbeitet Informationen, wandelt Informationen um und produziert Entscheidungen. Überlegen, denken, abwägen, Wahrscheinlichkeiten abschätzen: Das sind Verhaltensweisen aus dem „ADULT".

Während „PARENT" und „CHILD" ungeprüft aufzeichnen, was passiert, werden im „ADULT" verschiedene Erfahrungen gegeneinander abgewogen und geprüft. Das „ADULT" ist derjenige ICH-Zustand, der für vernünftige Verhaltensweisen verantwortlich ist.

> Nur das „ADULT" kann denken.
>
> „PARENT" und „CHILD" können nur reagieren.

Das „ADULT" überprüft die Daten aus allen drei Quellen („PARENT"; „CHILD" und eigene Erfahrungen) und entscheidet, welche abgespielt werden und welche nicht.

Beispiel

> Ein Beerdigungsunternehmer hat morgens früh die Nachricht von einem Lottogewinn erhalten. Seine spontane Reaktion ist Freude („CHILD"). Da erhält er einen Anruf, dass jemand gestorben ist. Aufgrund seiner momentanen Stimmung („CHILD") würde er am liebsten mit einem „fröhlichen Lied auf den Lippen" ins Trauerhaus spazieren. Im „PARENT" ist das Verbot gespeichert: „Man geht niemals lustig in ein Trauerhaus!"

Das „ADULT" prüft die „PARENT"- und „CHILD"-Daten und die eigenen Erfahrungen und entscheidet dann, dass das Abspielen der „CHILD"-Daten für die aktuelle Situation nicht passt. Der Beerdigungsunternehmer setzt die angebrachte Trauermiene auf!

Woran kann man nun das „ADULT" erkennen?

Das Grundvokabular des „ADULT" besteht aus den Frageworten:

- Was?
- Wo?
- Warum?
- Wann?
- Wer?
- Wie?

und aus den Formulierungen, die erkennen lassen, dass man über sie diskutieren kann:

- wahrscheinlich
- verglichen mit

- möglich

- ich denke

- meiner Meinung nach

- richtig

- falsch usw.

> Das „ADULT" fragt, prüft kritisch und bietet eigene Meinungen als Diskussionsgrundlage an!

> ADULT–Aussagen beziehen sich meist auf eine Sache, sind also sachbezogen.

5.3   Die individuelle Ausprägung der Ich-Zustände

Die menschliche Persönlichkeit umfasst im Erwachsenenalter alle drei Ich-Zustände.

Doch können diese bei verschiedenen Menschen unterschiedlich stark ausgeprägt sein. Es handeln nicht alle Menschen in ein und derselben Situation aus den gleichen Ich-Zuständen heraus. Je nachdem, welcher Ich-Zustand vorwiegend abgerufen und verhaltensbestimmend wird, erhält man ein unterschiedliches Ich-Zustands-Profil oder Egogramm.

So gibt es Menschen, die sich überwiegend aus dem Eltern-Ich, Erwachsenen-Ich oder Kindheits-Ich heraus verhalten.

> Derjenige Ich-Zustand, aus dem heraus man sich am häufigsten verhält, dominiert das gesamte Verhalten und damit auch die Persönlichkeit.

Bei einem psychisch stabilen Menschen sind alle drei Ich-Bereiche vorhanden, allerdings in unterschiedlichem Ausmaß. Egogramme unterscheiden sich also von Person zu Person. In diesem Sinne gibt es kein „normales" oder „abnormales" Egogramm, sondern nur unterschiedliche Ausprägungen. Und alle Bereiche sollten auch gleichberechtigt – jeder seiner Aufgabe entsprechend – genutzt werden, denn jeder dieser Ich-Zustände hat seine Vor- und Nachteile, seine guten und schlechten Seiten.

5.4   Verständnis der Transaktionen

Eine Transaktion ist die Grundeinheit der Kommunikation.

Bisher haben wir immer nur untersucht, aus welchem Ich-Zustand eine Aussage kam. Das nennen wir den Transaktionsreiz. Eine andere Person wird darauf in irgendeiner Weise reagieren. Diese Reaktion nennen wir Transaktionsantwort.

Die Transaktionsanalyse beschäftigt sich damit, herauszufinden, welcher Ich-Zustand für den **Reiz** und welcher Ich-Zustand für die **Antwort** verantwortlich ist.

Mit anderen Worten: In der Transaktionsanalyse analysieren Sie eine Kommunikation (Transaktion) zwischen zwei Personen (normalerweise Ihnen selbst und einer anderen Person), um festzustellen, warum der eine was zum anderen gesagt hat.

Bei der Kommunikation ist es nicht nur wichtig, dass passende Worte gebraucht werden, Worte, die für die Person, an die sie gerichtet sind, eine Bedeutung haben (Empfänger), sondern dass der Sender auch Kommunikationsformen gebraucht, die für den Empfänger verständlich sind.

Zuzüglich zur geeigneten Sprache und zu den passenden Kommunikationsformen sollte der Sender auch wissen, welcher Ich-Zustand im Augenblick beim Empfänger dominiert, damit die Kommunikation am effektivsten ist.

Übung

Parallele Transaktionen

Bitte notieren Sie bei den einzelnen Sätzen, aus welchem Ich-Zustand diese Ihrer Meinung nach gesprochen werden:

1.   A: „Das ist doch Humanitätsduselei mit dem modernen Strafvollzug.
                    Brummen müssen die!"

      B: „Klar, wer was verbrochen hat, muss Knast schieben.
                    Da gibt es kein Pardon."

      A: „Wo kommen wir denn hin, wenn es diesen Brüdern
                    im Knast besser geht als draußen!"

      B: „Ja, da muss mal wieder ordentlich aufgeräumt werden!"

2.   A: „Der Betriebsausflug war ja dufte, hat mal wieder richtig Spaß gemacht."

        B: „Und gelacht haben die! Unseren Alten hättest du sehen sollen, der war unheimlich witzig!"

3.   A: „Wie spät ist es?"

        B: „Halb zwölf."

4.   A: „Mist, ich komme einfach mit meinem Chef nicht zurecht!"

        B: „Na, dann rede doch mal mit ihm. Bei Schwierigkeiten muss man doch reden."

        A: „Hab ich doch schon versucht, das hat doch alles keinen Zweck, der lenkt sofort vom Thema ab. Da hab' ich keine Chance."

        B: „Na, dann musst du dich vorbereiten, dir eine Strategie zurechtlegen."

        A: „Das sagst du so. Ich weiß doch vorher nicht, wann er mich rein ruft."

Die Lösung zu dieser Übung finden Sie auf Seite 264.

Bei einer Transaktion zwischen Erwachsenen spricht der Sender meistens:

■ vom ADULT zum ADULT oder

■ vom CHILD zum PARENT oder

■ vom PARENT zum CHILD

Die Form, dass ein Erwachsener zu einem anderen Erwachsenen vom ADULT zum CHILD oder vom ADULT zum PARENT spricht, kommt nur selten vor.

5.5   Ziele der Transaktionsanalyse

■ Klarheit/Bewusstsein

■ Kompetenz

■ Flexibilität/Spontaneität

■ Intimität

■ Autonomie

Die TA ist eine Theorie über das Verhalten der menschlichen Person und zugleich eine Richtung der Psychotherapie, die darauf abzielt, die Entwicklung wie auch die Veränderung der Person zu fördern.

Ein großer Bereich der TA sind die Verträge zwischen den Beteiligten, die Eric Berne wie folgt benennt: Beiderseitige Verpflichtung – klar definiertes Vorgehen:

Wer   die beiden Seiten sind

Was   sie zusammen tun werden

Wie   lange das dauern soll

Welches   das Ziel oder Resultat dieses Prozesses sein soll

Woran   sie feststellen können, wann sie dort angelangt sind

Inwiefern   das für den Klienten vorteilhaft und/oder angenehm sein wird

Nutzen   was die einzelnen Beteiligten für sich daraus entnehmen können, welche Vorteile sie haben werden

5.6   Transaktionsanalyse-Regeln auf einen Blick

- Vermeide allgemeine Aussagen

- Erkenne die „Spiele" deines Gesprächspartners

- Unterdrücke nicht dein Kindheits-Ich

- Reagiere, wenn du dich manipuliert fühlst

- Erkenne, aus welchem Ich-Zustand heraus dein Gesprächspartner spricht

- Wie reagierst du auf Transaktionen

- Bestimme selbst, wann du etwas sagen willst

- Vermeide einengende Rollen

- Gekreuzte Transaktionen verursachen Störungen (Näheres zu gekreuzten Transaktionen erfahren Sie im Kapitel 5.7)

- Klammere keinen Ich-Zustand aus

- Sprich das Erwachsenen-Ich an

Grenzen und Kritik der Transaktionsanalyse

- Vereinfachung

- Gefahr der Manipulation

- Erschwerte Spontaneität

- Hoher Trainingsaufwand

- Psychologisieren

Kommunikationsregel:

Solange Reiz und Antwort auf dem P-A-C-Transaktionsdiagramm parallele Linien ergeben, kann eine Transaktion unbegrenzt weitergehen. Längstens bis ihr Zweck erfüllt ist.

Beispiel

„Renate, weißt du, wo meine Manschettenknöpfe sind?"

„Mensch, pass doch auf deine Klamotten selbst auf. Du bist doch keine Kind mehr!"

In diesem Fall zielt der Reiz auf das ADULT des Partners, der aber antwortet wie eine Mutter ihrem Kind.

Die Kommunikation zum angeschnittenen Thema (wo sind die Manschettenknöpfe?) ist damit vorbei. Die Kommunikation dreht sich jetzt um ein anderes Thema: „Warum räumst du deine Sachen nie so ordentlich weg, dass du sie wiederfindest?"

5.7   Gekreuzte Transaktionen

Eine gekreuzte Transaktion liegt vor, wenn die Partner nicht auf einer Ebene kommunizieren. Wenn der Empfänger die Nachricht des Senders also auf einer anderen Ebene durchkreuzt, wie Sie an dem nächsten Beispiel erkennen können. Bringt der Sender bereits seine Aussage provokativ vor, legt er schon den Grundstein für eine gekreuzte Transaktion. Diese Situation könnte wieder auf eine Ebene gebracht werden, wenn der Empfänger nicht darauf eingeht. Empfehlenswert ist hier stets die Anwendung des Erwachsenen-Ich.

Beispiel

> **A:** „Herr Hansen, sagen Sie mal, wo bleibt denn eigentlich Ihre Lohnsteuerkarte?"
>
> **B:** „Stellen Sie sich nicht so an. Sie kriegen sie schon noch."
>
> **A:** „Soll ich vielleicht hinter jedem einzelnen hertelefonieren?"
>
> **B:** „Dafür werden Sie doch bezahlt."
>
> **A:** „Glauben Sie vielleicht, ich hätte nichts Besseres zu tun?"
>
> **B:** „Sie tun gerade so, als ob es für mich nichts Wichtigeres gäbe als meine Lohnsteuerkarte."
>
> **A:** „Na gut, wie Sie wollen. Keine Lohnsteuerkarte, kein Geld."
>
> **B:** „Also mein Geld kriege ich schon, darauf können Sie Gift nehmen."

Die Transaktionsanalyse liefert lediglich Richtlinien, um die Kommunikation zu bestimmen; Sie müssen sich vergegenwärtigen, dass dies nur Richtlinien sind und dass es in vielen Fällen keine klare Beschreibung für die verschiedenen Ich-Zustände gibt. Durch den Ton der Stimme, durch den Gesichtsausdruck und durch die Gestik kommen zu den Transaktionen noch weitere Kriterien hinzu.

5.8 Verdeckte Transaktion

Bei der verdeckten Transaktion sind zwei Ich-Bereiche gleichzeitig beteiligt. Vordergründig scheint das Gesagte aus dem Adult-Bereich zu kommen, doch hintergründig ist noch der Parent-Bereich beteiligt. Es sind also zwei Reaktionen möglich, je nachdem, auf welchen Bereich man anspricht, doch kann die gewählte Reaktion immer als falsch bezeichnet werden, da ja die andere noch möglich ist.

Beispiel

> Ein Mann fragt seine Frau: „Wo hast du den Schuhlöffel versteckt?"
>
> Eigentlich eine Transaktion auf der Adult-Ebene, doch im Wort „versteckt" schwingt noch so etwas wie ein Vorwurf mit. („Kannst du den Schuhlöffel denn nie an die richtige Stelle legen?") Dieser Vorwurf kommt aus dem Parent. Der Fortgang dieses Gesprächs hängt davon ab, auf welchen Reiz die Frau reagiert.
>
> „Ach ja, er liegt im Korridor, der Kleine hat mit ihm gespielt!" (Adult-Ich)

oder aber

„Such doch selbst, der Kleine wird ihn gehabt haben." (siehe Abb. 15)

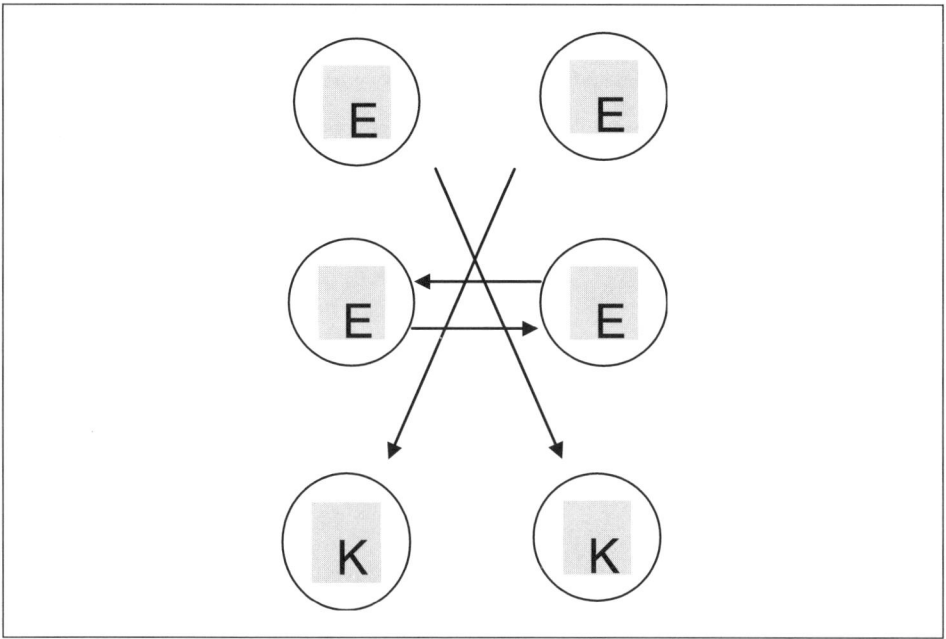

Abbildung 15: *Beispiel einer verdeckten Transaktion*

5.9 Rabattmarken und die Transaktionsanalyse

Wenn Sie sich über Dinge wie Terminüberschreitungen, Beschwerden von Kunden, schlechte Arbeitstechnik, Kritik vom Chef oder dumme Bemerkungen von Kollegen ärgern, stauen Sie Ärger in Form von „Rabattmarken" an.

Im Verlauf eines Tages kommen viele dieser negativen Gefühle zusammen, d. h., Sie kleben immer mehr Rabattmarken in Ihr Büchlein. Ist die letzte Marke eingeklebt, so lösen Sie bei diesem letzten Ärgernis das gesamte Rabattmarkenbüchlein ein, ohne ein schlechtes Gewissen zu haben. Oft ist es eine Kleinigkeit – die letzte Rabattmarke, die noch gefehlt hat – die den „Kragen zum Platzen" bringt. Solche Wutausbrüche sind für Ihre Gesprächspartner oft unverständlich, weil das Ausmaß der Reaktion in keinem Verhältnis zum Anlass steht. Schon stecken Sie mitten im schönsten Konflikt.

Rabattmarkensammlungen können vermieden werden, z. B. durch:

■ umgehende Reaktion auf Frustration, wann immer das möglich ist

■ rasches Abführen von Emotionen (Schimpfen, lautes Fluchen, gezielter Aggressionsabbau)

■ Meiden von Situationen, in denen immer wieder Rabattmarken gesammelt werden

■ Reden über den Ärger mit einem Unbeteiligten („ausweinen")

■ eventueller Abbruch des Gesprächs, bevor es zur Explosion kommt

5.10 Auswirkungen der Transaktionsformen

Bei der parallelen oder komplementären Transaktion verhält sich der Transaktionspartner so, wie Sie es von ihm erwarten. Dadurch sind die Voraussetzungen für das Fortsetzen eines Gespräches gegeben.

Beispiel

Parallele Transaktion:

A: „Kann ich bitte eine Wolldecke haben? Mir ist so kalt" (angepasstes Kind-Ich)

B: „Hier, nun deck dich mal schön zu." (gütiges Eltern-Ich)

Reagiert der Partner aber **nicht** aus dem angesprochenen Ich-Bereich, so wird die Kommunikationsbeziehung gestört, was vielfach zu einem Abbruch des Gespräches führt.

Beispiel

Gekreuzte Transaktion:

A: „Hol mir eine Wolldecke!" (rebellisches Kind-Ich)

B: „Kannst dir diesen Kram gefälligst selber holen, dazu bist du alt genug!"
      (strenges Eltern-Ich)

Durch ein konsequentes Verhalten aus dem Erwachsenen-Bereich heraus kann der Gesprächspartner in vielen Fällen auf eine sachliche Gesprächsebene zurückgebracht und somit ein **Gesprächswendepunkt** herbeigeführt werden, so dass beide Gesprächspartner auf der Erwachsenen-Ich-Ebene kommunizieren.

Folgende Hilfsmittel können Sie zur Erreichung eines Gesprächswendepunktes einsetzen:

Aktives Zuhören

▦ zur Konfrontation mit der Wirkung der Aussage

▦ um Aufmerksamkeit zu zeigen

▦ um Bereitschaft zur offenen Auseinandersetzung zu bekunden

▦ um Zeit zu gewinnen

Fragen stellen

▦ zur Klärung

▦ um präzise Information zu erhalten

▦ um Zeit zu gewinnen

Versachlichung

▦ Standortbestimmung

▦ Verstärkung der Erwachsenen-Reaktion

▦ Vernunftebene erst dann anstreben, wenn die Gefühlswelt abgeklungen ist

5.11 Entschärfung von Konfliktsituationen

In ihrer Grundform können Transaktionen sich ergänzen (parallel) oder sich überkreuzen. Ergänzende Transaktionen führen zu einer Annäherung und erwarten Antworten auf die Mitteilungen des Senders. Z. B. ist eine „PARENT"-zu-„CHILD"-Antwort auf eine „CHILD"-zu-„PARENT"-Frage eine ergänzende oder komplementäre Transaktion. Gewöhnlich wird eine solche Unterhaltung in einer wohlwollenden Atmosphäre geführt, und sie wird bei komplementären Transaktionen zufriedenstellend enden.

Hingegen beenden Überkreuz-Transaktionen den Fluss einer wirkungsvollen Kommunikation. Dies gilt in besonderem Maße, wenn bei einer „ADULT"-zu-„ADULT"-Frage die Antworten in der Form „CHILD" zu „PARENT" oder „PARENT" zu „CHILD" gegeben werden.

Im Büroalltag sind gewöhnlich die erfolgreichsten Transaktionen „ADULT" zu „ADULT". Im Allgemeinen führen diese am schnellsten zu den gewünschten Ergebnissen.

Manchmal können „PARENT"-zu-„CHILD"-Transaktionen und auch „CHILD"-zu-„CHILD"-Transaktionen insbesondere dann erfolgreich sein, wenn sie emotionale Bedürfnisse befriedigen. Allerdings ist das Hauptproblem, aufgrund einer „ADULT"-zu-„ADULT"-

Frage die „PARENT"-„CHILD"- oder „CHILD"-„PARENT"-Reaktion zu erkennen, um sofort durch geeignete Maßnahmen Probleme, die diese Reaktionen mit sich bringen können, zu überwinden.

Wenn die Transaktion mit einer „ADULT"-zu-„ADULT"-Frage beginnt, können Sie gewöhnlich ebenso fortfahren, Sie sollten aber sobald wie möglich aus den Antworten des Konfliktpartners/Gesprächspartners den Ich-Zustand erkennen.

Beispiel:

Chef:	„Würden Sie heute Abend länger arbeiten?" (Erwachsenen-Ich)
Mitarbeiterin:	„Warum muss ich Ihnen immer aushelfen?" (Rebellisches Kind-Ich)
Chef:	„Wie Sie wissen, muss diese Arbeit beendet werden. Können Sie sich einen anderen Weg denken, wie Sie es schaffen könnten?" (Erwachsenen-Ich)

Einmal mit dem „ADULT"-Ich-Zustand begonnen, kann der Chef in dieser Art weiter fortfahren.

Ein wesentlich schwierigeres Problem entsteht, wenn eine Diskussion mit einer „PARENT"-zu-„CHILD"- oder „CHILD"-zu-„PARENT"-Bemerkung eingeleitet wird. Wenn sich in diesen Situationen wirklich eine überkreuzte Transaktion ergibt, ist es für den Chef nicht so leicht, die Diskussionen in eine fruchtbare Richtung zu lenken. Eine gute Regel, der Sie häufig folgen sollten, ist „schrittweise" voranzukommen (auf eine überkreuzte Transaktion eingehen) und dann zu versuchen, zu einer „ADULT"-Transaktion zu wechseln.

Beispiel

Chef:	„Warum legen Sie mir so viele schlechte Kopien vor?" (Strenges Eltern-Ich)
Mitarbeiter:	„Wenn Sie eine bessere Maschine angeschafft hätten, wie ich es schon lange verlangt habe, wäre das nicht passiert." (Rebellisches Kind-Ich)

„Schrittweise vorankommen" würde hier eine Antwort verlangt haben wie:

Mitarbeiter:	„Sie haben Recht, Sie sollten etwas wegen dieser Maschine unternehmen. Ich habe es versucht, es war mir nicht möglich, etwas zu ändern. Ich weiß nicht, ob es etwas hilft, ich werde es noch einmal versuchen." (Erwachsenen-Ich)

Nun könnte der Chef fortfahren: „Während ich das versuche, was können Sie unternehmen, um diesen Zustand abzuändern?". Dies ist eine an das „ADULT"-Ich des Mitarbeiters gerichtete im „ADULT"-Ich formulierte Mitteilung.

5.12 Zusammenfassung: Die drei Ich-Zustände nach Eric Berne

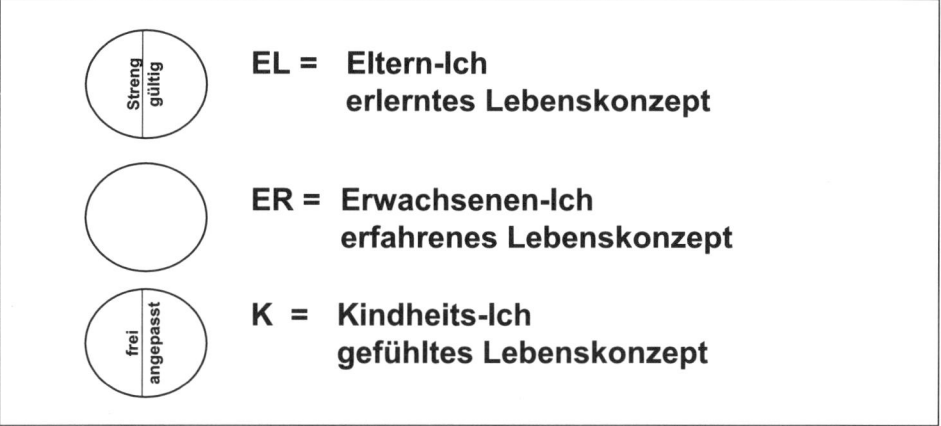

Abbildung 16: *Die drei Ich-Zustände nach Eric Berne*

Die Transaktionsanalyse unterscheidet drei Gruppen von Transaktionen:

Parallele Transaktionen bezeichnet man als Transaktionen, bei denen die Transaktionslinien parallel verlaufen, weil die Reaktion aus dem angepeilten Ich-Bereich kommt. Diese Transaktionen verlaufen in der Regel konfliktfrei: A fragt etwas – spricht dabei B an und B antwortet aus diesem Ich-Zustand heraus und spricht wiederum den gleichen Ich-Zustand bei A an, wo sie dann auch landet. Die Transaktionen laufen also parallel. Auf diese Weise können Sie stundenlang kommunizieren, Sie sind sich einig.

Diese parallelen Transaktionen können zwischen den gleichen Ich-Zuständen stattfinden (z. B. von Erwachsenen-Ich zu Erwachsenen-Ich) oder zwischen verschiedenen Ich-Zuständen) oder zwischen verschiedenen Ich-Zuständen sein (z. B. zwischen Eltern-Ich und Kindheits-Ich). Wichtig ist es, dass sich Transaktionen nicht kreuzen.

5.12.1 Parallele Transaktionen nach Eric Berne

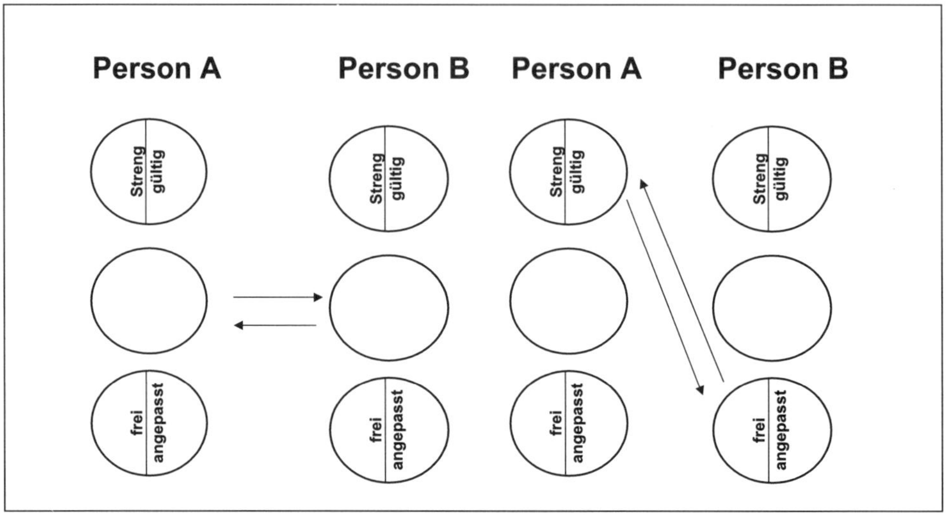

Abbildung 17: *Parallele Transaktionen nach Eric Berne*

Gekreuzte Transaktionen sind Transaktionen, bei denen sich die Transaktionslinien kreuzen, weil die Reaktion aus einem anderen als dem angepeilten Ich-Zustand erfolgt.

Lassen Sie mich an unserem Beispiel mit der Uhr verdeutlichen, was Sie mit der Transaktionsanalyse machen können. Erinnern Sie sich noch? Person A fragte nach der Uhrzeit und B antwortete ihm.

Beispiel

A: „Wie viel Uhr ist es?"

Mit dieser Frage möchte A die momentane Uhrzeit herausfinden.

Jetzt kommt es ganz auf B an. Er kann auf seine Uhr schauen und antworten:

B: „16.45 Uhr" (parallele Transaktion, alles in Ordnung)

Er kann allerdings auch ganz anders und unerwartet reagieren. Alternative Antworten oder Reaktionen:

B: „Schauen Sie doch selbst nach! Sie haben doch selbst eine Uhr an." (gekreuzte Transaktion, kann konfliktträchtig sein)

B: „Es ist Zeit für eine Pause." (gekreuzte Transaktion, muss nicht unbedingt einen Konflikt zur Folge haben. Die Antwort passt aber nicht auf die Frage)

B: „Lass mich in Ruhe!" (gekreuzte Transaktion, Konflikt sehr wahrscheinlich)

5.12.2 Übungen für Ihren Arbeitsalltag:

Erkennen von Transaktionen

Versuchen Sie es jetzt einmal alleine und analysieren Sie bitte anhand der Beispiele die Transaktionen bei den verschiedenen Antworten.

Übung

Was ist passiert? Analysieren Sie die verschiedenen Ich-Zustände

Beispiel 1: (Variante A)

A: „Wie viel Uhr ist es?"

        Mit dieser Frage möchte A die momentane Uhrzeit herausfinden.

B: „Schauen Sie doch selbst nach! Sie tragen doch auch eine Uhr."

A: „Solange ich als Ihre Seminarleiterin frage, haben Sie mir zu antworten."

Beispiel 2: (Variante B)

A: „Wie viel Uhr ist es?"

        Mit dieser Frage möchte A die momentane Uhrzeit herausfinden.

B: „Schauen Sie doch selbst nach! Sie haben doch selbst eine Uhr an."

A: „Hey, warum sind Sie denn plötzlich so verärgert? Meine Uhr ist momentan kaputt – ich trage Sie nur als Schmuck. Könnten Sie mir jetzt bitte die Uhrzeit sagen?"

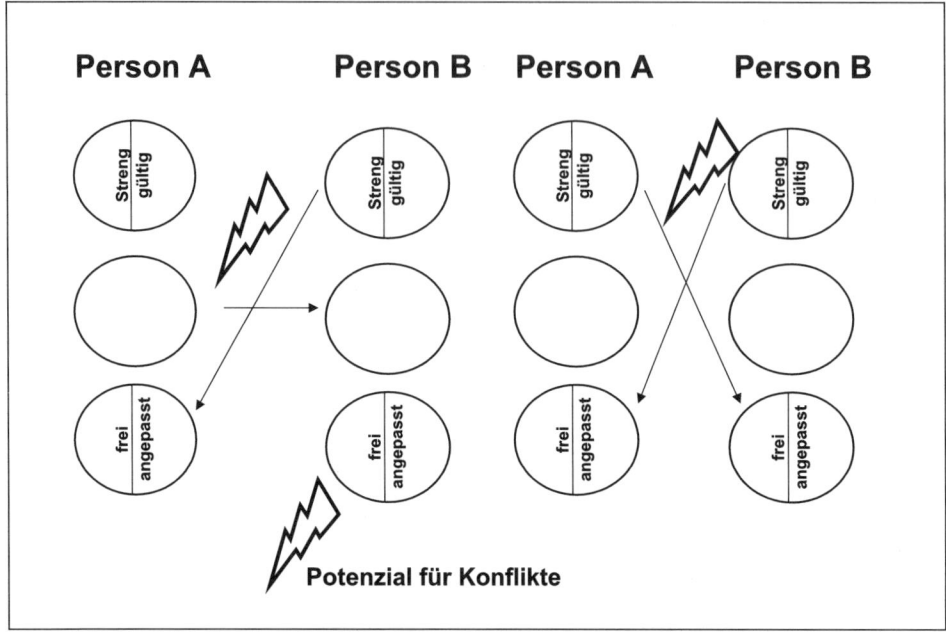

Abbildung 18: *gekreuzte Transaktionen, die Konfliktpotenzial enthalten*

5.12.3 Verdeckte Transaktionen nach Eric Berne

Verdeckte Transaktionen sind Transaktionen, bei denen eine oberflächliche Aussage die eigentliche Botschaft verdeckt.

Beispiel

Zwei Freunde treffen sich:

A: „Wie geht es dir?"

B: „Gut."

So die oberflächliche Analyse.

Könnten Sie in die beiden hineinschauen, hätten Sie noch weitere Informationen:

A: „Wie geht es dir?" (und denkt, oh, sieht der schlecht aus, ihm geht es bestimmt nicht gut)

B: „Gut." (und denkt, komm, es interessiert sowieso keinen, wie es mir wirklich geht)

Sie alle kennen das. Sie bekommen eine doppelte Botschaft: die verbale „Mir geht es gut"
und nonverbale „Mein Freund sieht schlecht aus, ob er krank ist?"

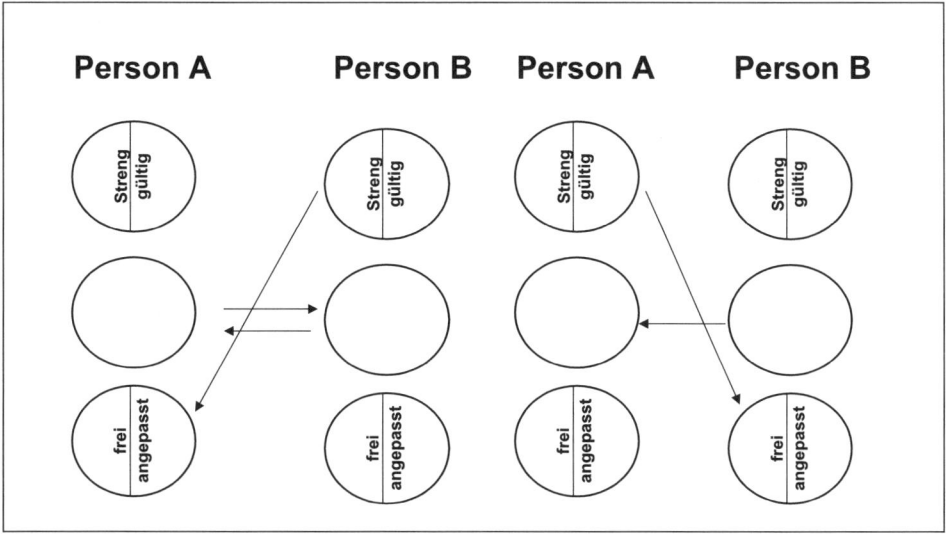

Abbildung 19: *Verdeckte Transaktionen nach Eric Berne*

Sie können davon ausgehen, dass in der Regel die verdeckte Botschaft, nämlich die nonverbale, stimmt.

5.13   Erkennen der einzelnen Ich-Zustände

Sicher haben Sie sich bei dem Thema Transaktionsanalyse nun häufig die Frage gestellt, wie
Sie die einzelnen Ich-Zustände erkennen, hier die Antwort für Sie:

	Eltern-Ich fürsorglich	Eltern-Ich streng	Erwachsenen-Ich
Verhalten	Güte ausstrahlend Mut aussprechend Schutz geben Helfend Mitfühlend	Wertend Gebote und Verbote Tadelnd Normengläubig Belehrend	Sammelt Daten Entwickelt Alternativen Trifft Entscheidungen Ruhig und geduldig Hört gut zu
Gefühle	Zuwendend Liebend Umhegend	Selbstgerecht Intolerant Fordernd	Direkt Echt wirklichkeitsorientiert

	Eltern-Ich fürsorglich	Eltern-Ich streng	Erwachsenen-Ich
Gedanken/Sprache	Es wird alles gut ausgehen! Mach dir keine Sorgen! Du schaffst es! Du kannst dir helfen! Ist dir was passiert?	Man tut nicht Gut/schlecht Du sollst nie … Du musst Ich weiß es besser Nur so Unsinn!	Abwägend Vernünftig Hinterfragend Was, wer, wie, wo wann? Ich meine, … Klar und präzise Wahrscheinlich Auf welche Weise … Was meinen Sie dazu?
Stimme	Besorgt Tröstend Liebevoll	Streng Abkanzelnd Hart	Ruhig Sachlich Neutral
Körpersprache	Ausgebreitete Arme Auf die Schulter klopfen Gütiger Blick Lächelnd Umarmen	Stirnfalten Erhobener Zeigefinger Missbilligender Blick Zusammengepresste Lippen Vorgeschobenes Kinn	Entspannt, offen Aufmerksam Blickkontakt Interessiert Aufrechte Haltung Aktives Zuhören Wechsel von Körperhaltung und Gesichtsausdruck der Situation entsprechend

	Kindheits-Ich angepasst	Kindheits-Ich natürlich (frei)	Kindheits-Ich Kämpferisch, rebellisch (frei)
Verhalten	Erfüllt Erwartungen Beklagt sich Zieht sich zurück Fügt sich Gehemmt	Gefühle werden offen gezeigt und geweckt Ist spontan Lacht, weint Spielt	Herausfordernd Will sich durchsetzen Die Erwartungen anderer werden nicht bedacht Ist launisch bis bösartig
Gefühle	Vorsichtig Abhängig Ängstlich Unsicher	Freudig Neugierig Erfinderisch Zuwendend	Aufbegehrend Trotzig Ironisch (Hinter-)listig
Gedanken/Sprache	Hilf mir Zeige mir Beschütze mich Liebe mich Ich gewinne nie	Ich will … Ich kann … Ich wünsche mir … Lass mich … Mensch Klasse!	Nein! Nie Ich will nicht Mach's selber Wieso ich?

	Kindheits-Ich angepasst	Kindheits-Ich natürlich (frei)	Kindheits-Ich Kämperisch, rebellisch (frei)
	etwas So was passiert immer nur mir	Mist! Ich auch!	
Stimme	Weinerlich Bettelnd Demütig	Hell Laut Hoch	Schroff Bestimmt Hintergründig
Körpersprache	Geduckte Haltung Verkrampft Rot werden Niedergeschlagene Augen	Ausgelassen Läuft Tanzt Springt Glänzende Augen Strahlendes Lachen	Aufgerichtet Unerschütterlich Fester Blick Herausfordernd

Übung

Ich-Zustands-Fragebogen

Bitte ordnen Sie die jeweiligen Reaktionen auf die beschriebenen Situationen den jeweiligen Ich-Zuständen zu.

Ihre Zuordnungen können nur Vermutungen sein, weil die Informationen über die Gestik und den Tonfall des Sprechers fehlen. Versuchen Sie es bitte trotzdem aufgrund der schriftlichen Antwort.

1. Ein Kollege kann einen wichtigen Brief nicht finden.

a) Das wundert mich nicht.

_____

b) Haben Sie schon gefragt, wer ihn zuletzt gehabt hat?

_____

c) Weiß nicht, wo Ihr komischer Brief ist!

_____

d) Nur mal langsam, den werden wir schon finden.

_____

2. Der Chef ist mit dem Antwortschreiben nicht zufrieden, das seine Sekretärin auf eine Anfrage der Zentrale geschrieben hat.

a) Ich habe deren Anfrage jetzt dreimal gelesen und weiß immer noch nicht, worauf die eigentlich hinaus wollen. Was die einem manchmal hier zumuten!

_____

b) Ich habe das anders verstanden. Sagen Sie mir doch bitte, was die Ihrer Meinung nach wollen.

_____

c) Darauf sollten wir gar nicht antworten. Die sollen sich gefälligst klar ausdrücken!

_____

d) So können wir unsere Antwort nicht rausgehen lassen, Frau Blum. Schreiben Sie bitte mit, was ich Ihnen jetzt diktiere.

_____

3. Einem Gerücht zufolge soll ein Kollege versetzt werden:

a) Kommen Sie, erzählen Sie mir mehr darüber.

_____

b) Da wird er sich aber ganz schön anstrengen müssen.

_____

c) Wundert Sie das?

_____

d) Von wem haben Sie diese Information?

_____

4. Ein Kollege hat einen Vorschlag gemacht, der als unrealistisch abgelehnt wurde:

a) Sie müssen ziemlich niedergeschlagen sein. Wollen wir heute Abend auf ein Bier gehen?

_____

b) Was werden Sie jetzt machen?

_____

c) Warum sollte es Ihnen auch besser gehen als mir?

_____

d) Wie wurde die Ablehnung begründet?

_____

5. Eine sehr gut aussehende Sekretärin kommt in einem tief ausgeschnittenen Kleid ins Büro.

a) Donnerwetter! Schauen Sie sich das an!

_____

b) Solche Sachen sollten im Büro nicht erlaubt sein!

_____

c) Ich frage mich, warum sie das angezogen hat!

_____

d) Das ist ja mal wieder typisch!

_____

6. Personaleinsparungen sind angekündigt:

a) Die machen es sich mal wieder leicht.

_____

b) Zuerst sollten sie die Jungen entlassen. Die finden eher einen neuen Arbeitsplatz als wir.

_____

c) Ich werde mir meinen Vertrag wieder einmal genau ansehen.

_____

d) Eine Zeitlang haben die ja auch jeden genommen.

_____

7. Eine Kopiermaschine funktioniert nicht mehr.

  a) Rufen Sie bitte den Reparatur-Service an. Die sollen möglichst schnell jemanden schicken.

  _____

  b) Mit dem Ding ist doch ständig etwas los. Irgendwann werfe ich es noch zum Fenster raus.

  _____

  c) Die Leute gehen einfach nicht vorsichtig genug damit um.

  _____

  d) Woran liegt es denn diesmal?

  _____

8. Jemand wird unerwartet befördert.

  a) Finde ich gut. Der braucht das Geld auch nötiger als andere.

  _____

  b) Was mag wohl der Grund dafür sein?

  _____

  c) Möchte mal wissen, wie er das gemacht hat.

  _____

  d) Wer steckt da bloß wieder dahinter?

  _____

9. Ein Mitarbeiter ist mit seiner Beurteilung nicht einverstanden.

  a) Sie erwarten doch nicht etwa, dass ich mich mit Ihnen auf einen Kuhhandel einlasse!

  _____

  b) Sind Sie mit einer Stufe besser einverstanden?

  _____

c) Ich habe Ihnen meine Meinung begründet. Aber wenn Sie unbedingt meinen, Einspruch einlegen zu müssen – hier unten auf dem Bogen können Sie ja Ihre Ansicht vermerken.

_____

d) Schauen Sie: Eine Beurteilung ist ja keine Verurteilung. Gerade durch dieses Gespräch haben wir die Voraussetzungen dafür geschaffen, dass Sie Ihre Leistung in den kritischen Bereichen verbessern können.

_____

10. Kollegen informieren sich untereinander nicht:

a) Komischerweise klappt das woanders besser!

_____

b) Woran liegt das?

_____

c) Ich glaube nicht, dass man da was tun kann.

_____

d)   Das müsste einfach besser geregelt werden.

_____

Die Lösung zu dieser Übung finden Sie auf Seite 265

Ihr Nutzen für den Alltag:

Die TA hilft Ihnen, in vielen Situationen frühzeitig zu erkennen, dass ein Konflikt im Anzug ist. Arbeiten Sie an Ihrem eigenen Verhalten, machen Sie sich bewusst, wie manche Aussagen (Ich-Zustände) in bestimmten Situationen auf Ihre Umwelt wirken.

Sie wissen nun auch, was sich hinter machen Sätzen verbirgt, Sie haben Anhaltspunkte erhalten, wie Sie damit umgehen. Ihnen ist bewusst, dass Sie mit dem Erwachsenen-Ich viele knifflige Situationen im Alltag meistern können. Aber auch hier gilt, wie beim NLP: Übung macht den Meister.

6.   Das Johari-Fenster

„Das wichtigste Resultat aller Bildung ist die Selbsterkenntnis."

[Ernst von Feuchtersleben]

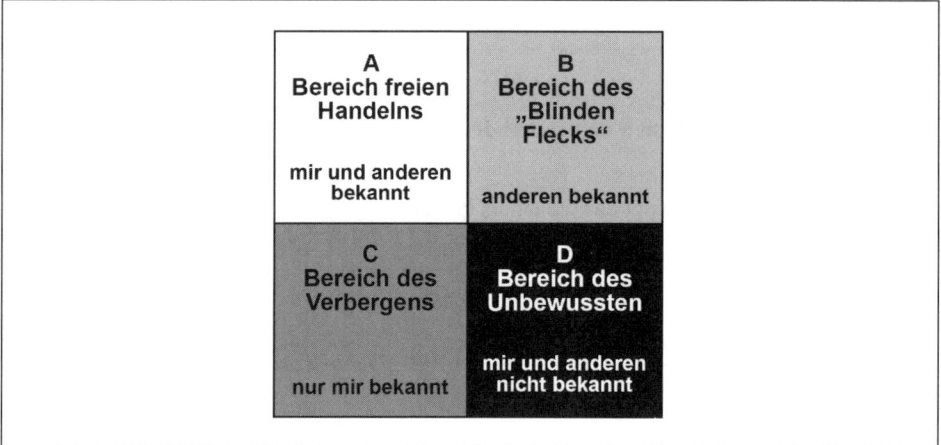

Abbildung 20: *Johari-Fenster*

6.1   Die Bedeutung des Johari-Fensters

Das Johari-Fenster ist ein grafisches Schema zur Darstellung bewusster und unbewusster Persönlichkeits- und Verhaltensmerkmale zwischen Selbst und Anderen oder einer Gruppe.

Es handelt sich beim Johari-Fenster um ein Kommunikationsmodell, das zu analysieren ermöglicht, wie jemand Informationen gibt und empfängt, und das gleichzeitig die Dynamik der zwischenmenschlichen Kommunikation darstellt.

Das Johari-Fenster-Modell wird manchmal als ein „Offenlegungs-/Feedback-Modell des Selbstbewusstseins" bezeichnet. Es stellt tatsächlich Informationen dar: Gefühle, Erfahrung, Ansichten, Haltungen, Fähigkeiten, Absichten und Motivation.

Das vierteilige Johari-Fenster, das von den amerikanischen Sozialpsychologen Joseph Luft und Harry Ingham 1955 entwickelt wurde, ist ein einfaches Modell, das einen Vergleich von Selbst- und Fremdwahrnehmung zulässt und mit Hilfe dessen Sie Veränderungen hinsichtlich der Wahrnehmung von (interpersonalen) Beziehungen darstellen können.

Es zeigt Ihnen, dass es Verhaltensweisen gibt, bei denen unbeabsichtigte Mitteilungen zur eigenen Person vorgenommen werden aber gleichzeitig große Bereiche der eigenen Wahrnehmung verborgen bleiben.

Nur ein Bruchteil des Verhaltens einer Person, welches für eine soziale Situation relevant ist, wird eigentlich wahrgenommen. Wesentliche Aspekte sind nicht bekannt, bewusst oder zugänglich, weder von der Person selbst noch von anderen.

Raster, Schubladendenken, Vorurteile, Eindrücke und Erfahrungen prägen das Bild, das Sie sich von anderen machen, auch das von Kollegen.

Doch was steckt wirklich hinter „dem Gesicht", in das man blickt? Welche Absichten, Interessen und Motivationen liegen dahinter?

Macht man sich den Spaß und überträgt das Johari-Fenster auf Unternehmen, gewinnt man sicherlich erstaunliche Erkenntnisse.

6.2   Die Bedeutung der vier Fenster

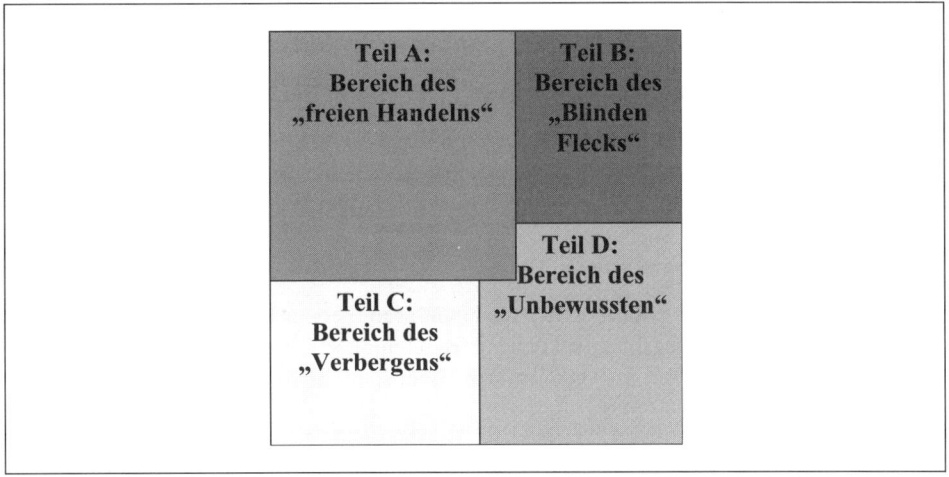

Abbildung 21: *Die Bedeutung der vier Fenster*

Teil A: Bereich des „freien Handelns"

Dieser Bereich beschreibt die **„öffentliche Person".** Es ist der Bereich der freien Aktivität, öffentlicher Sachverhalte und Tatsachen. Denn er zeigt den Teil des Verhaltens, der einer Person **selbst und anderen bekannt** ist. In diesem Bereich ist das Handeln frei und unbeeinträchtigt von Ängsten oder Vorbehalten.

Bezüglich der Zusammenarbeit beispielsweise in der Gruppe oder im Team heißt dies, dass Motivationen und Verhaltensweisen der Gruppe selbst und die der anderen sichtbar sind. So kann eine Lösung durch das Gespräch mit anderen gefunden werden.

Teil B: Bereich des „Blinden Flecks"

Dies ist der „Blinde Fleck" **der Selbstwahrnehmung.** Dieser Bereich beherbergt den Anteil des Verhaltens, den man **selbst wenig, andere** aber sehr **deutlich wahrnehmen.**

Hier sind die unbedachten und unbewussten Gewohnheiten, Verhaltensweisen, Vorurteile oder Zu- und Abneigungen zu finden. Dies kommt nonverbal zum Ausdruck und wird anderen per Kleidung, Tonfall oder Gesten zu verstehen gegeben.

Z. B. kann ein übertriebenes Geltungsbedürfnis, das von anderen wahrgenommen wird, der Person selbst aber nicht bewusst ist, zur Isolation führen. Auch Gruppenzugehörigkeiten werden deutlich erkennbar. Auch der Tonfall, in dem Ihr Chef zu Ihnen spricht, muss ihm nicht unbedingt bewusst sein.

Teil C: Bereich des „Verbergens"

Hier ist der Bereich der **„privaten Person".** Teile des Denkens und Handelns sind hier verborgen, die man ganz **bewusst vor anderen verbergen** möchte. Die **„heimlichen Wünsche",** die „empfindlichen Stellen", aber auch religiöse Überzeugungen und politische Meinungen sind hier angesiedelt.

Nur durch Vertrauen und Sicherheit zu anderen Personen kann dieser eingegrenzt werden.

Für die Gruppe heißt dies z. B., dass hier interne Dinge verborgen sind, die auch intern bleiben, also nicht nach außen getragen werden sollen. Hier lässt sich die Gruppenidentität messen. Oder die Führungskraft, die ihr „Nicht-Wissen" vor Mitarbeitern verbergen möchte.

Teil D: Bereich des „Unbewussten"

Dieser Bereich ist weder **einem selbst noch anderen Personen** unmittelbar **zugänglich.** Verborgene Talente und Begabungen können hier schlummern. Nur mit Hilfe der **Tiefenpsychologie** lässt sich dieser Teil des Unbewussten erschließen.

Innerhalb der Gruppenarbeit können diese verborgenen Fähigkeiten und Kompetenzen entdeckt werden. Etwa ein Innendienstmitarbeiter, der eigentlich ein talentierter Außendienstmitarbeiter wäre und im Vertrieb vor Ort seine Begabung hat. Oder eine Sekretärin, die eigentlich Talent zum Malen hat und im künstlerischen Bereich besser aufgehoben wäre.

Schauen wir uns das nun am Beispiel einer Gruppe an:

Anfangs ist Teil A, der Bereich der „freien Aktivitäten", innerhalb einer neu gefundenen Gruppe sehr klein. Jedoch ist es für das Zusammenfinden und den gruppendynamischen Prozess sehr wichtig, genau diesen Bereich zu vergrößern und die Bereiche B und C zu verringern, z. B. indem man

- Feedback gibt und annimmt

- die anderen Personen akzeptiert

- sich selbst mitteilt und Informationen preisgibt

Wird Feedback angenommen und konstruktiv reflektiert, kann dies zu einer Veränderung der Beziehungen innerhalb der Gruppe führen.

Bleibt man im Bild des Johari-Fensters, heißt dies unweigerlich: Verändert man einen Teil des Johari-Fensters, verändert man auch alle anderen.

In einer **neuen Gruppe** ist Quadrant A sehr klein, und es sind wenig freie und spontane Aktionen zu registrieren. Ist das schon die Regel, so wird eine Situation der Unsicherheit, der Spannung oder gar der Angst, so wie sie häufig auch am Beginn von Lernprozessen in Gruppen besteht, das freie, aktive Verhalten zusätzlich einengen.

Um es grafisch auszudrücken: Der Bereich des „freien Handelns" ist zugunsten des Bereichs des „Verbergens" und des „Blinden Flecks" eingeschränkt.

Für eine kommunikative Gruppe ist es unerlässlich, diesen Bereich wachsen zu lassen. Die Veränderung eines Quadranten verändert auch alle anderen. Ein vertrauensvolles Klima kann dagegen sowohl den Bereich des „Vermeidens und Verbergens" reduzieren als auch die Chance bieten, durch Kontakt mit anderen Gruppenmitgliedern mehr über sich selbst, über den „Bereich des Blinden Flecks" zu erfahren und damit dem Bereich des „freien Handelns" größeren Raum zu geben.

Dieses entspannende und vertrauensvolle Klima, das einzelne möglichst umfassend in den Gruppenprozess mit einbezieht, stellt sich jedoch erst durch intensive Kontakte der Teilnehmenden untereinander und durch Vertrautheit mit den verschiedenen Aspekten dessen her, was die Gruppe prägt. Erst wenn in Bezug auf Ziele und Normen, die Struktur und die Stellung in der Gruppe ein alle Mitglieder befriedigender Konsens hergestellt ist, kann ein gutes Gruppenklima und die umfassende Aktivität aller Mitglieder erwartet werden. In Bezug auf eine Gruppe stellt sich das Modell folgendermaßen dar:

- Hier finden sich im **Quadranten A** die Motivationen und Verhaltensweisen, die der Gruppe und anderen sichtbar sind.

- Im **Quadranten B** finden sich die Verhaltensweisen, die für Außenstehende deutlich die Gruppenzugehörigkeit erkennen lassen und ein breites Feld von Vorurteilen und Ausgrenzungen lassen.

- Im **Quadranten C** verbergen sich Interna, welche nicht nach außen weitergegeben werden sollen, etwa aus Gründen der Sicherheit oder auch aus Scham. Gerade im Hinblick auf die Gruppenidentität ist dieser Punkt bei einer konformen Gruppe deutlich ausgeprägt. Ein Mitglied aus einer geschlossenen Gruppe „plaudert" nicht so schnell etwas aus.

■ Der **Quadrant D** kommt vielleicht erst zum Schluss, nach dem Erreichen eines gemeinsamen Gruppenziels, zum Vorschein (etwa beim Arbeiten in unterschiedlichen Abteilungen).

6.2.1   Anwendung

Das Analyseschema des Johari-Fensters kann sowohl auf Einzelpersonen als auch auf Gruppen/Teams angewendet werden.

Es findet Anwendung im Feedback, hier sind vor allem die Bereiche B und D relevant, als auch auf die Kommunikation innerhalb der Gruppe. In gleicher Weise gilt es auch für die Beziehung zwischen verschiedenen Gruppen, denn es auch hier gibt es öffentliche Bereiche und blinde Flecken.

6.3   Zusammenfassung: Der „blinde Fleck" im Unternehmen

Raster, Schubladendenken, Vorurteile und Eindrücke prägen Ihr Bild von Ihren Mitmenschen. Doch was steckt wirklich hinter dem Gesicht, in das man blickt? Welche Absichten, Interessen und Motivationen liegen dahinter? Zu wissen, was den anderen bewegt, ist hilfreich, damit Sie sich entsprechend verhalten, darauf einstellen oder gar schützen können.

Ihr Nutzen für Ihren Arbeitsalltag:

Sie wissen, dass bei jedem Menschen der so genannte blinde Fleck vorhanden ist. Mit erfolgreichem Feedback kann dies in das Bewusstsein geführt werden. Bitte Sie Ihre Umwelt, Ihnen Ihren blinden Fleck zu nennen, denn nur dann haben Sie die Möglichkeit, etwas zu verbessern. Somit können Sie Ihren unbewussten Bereich verkleinern. Nehmen Sie das Feedback an und reflektieren dies konstruktiv auf sich selbst, steht positiven Veränderungen in Beziehungen nichts mehr im Wege. Das Selbstbild nähert sich somit den Ansprüchen des Fremdbildes.

Umgekehrt können Sie dieses Wissen auch nutzen, indem Sie Ihren Mitmenschen mit konstruktivem Feedback helfen, an ihrem blinden Fleck zu arbeiten.

7. Sechs Denkhüte – sechs Denkweisen (Six Thinking Hats)

„Achtung verdient, wer vollbringt, was er vermag."

[Sokrates]

7.1 Mit der Kreativitätstechnik der „Sechs Denkhüte" zu mehr Verständnis

„Ich verstehe meinen Chef nicht, warum findet er meine Idee nicht gut?" Sicher haben Sie sich so etwas schon gefragt. Sie haben eine – in Ihren Augen – sehr gute Idee für ein neues Ablagesystem für E-Mails. Doch Ihr Chef will nichts Neues, Ihre Kollegin findet ihr eigenes System sehr gut und den Abteilungskollegen ist es zu kompliziert und zeitaufwändig.

Stülpen Sie sich in einem solchen Fall doch einmal verschiedene Denkweisen über, prüfen Sie Ihre Ideen von allen Seiten und schulen Sie so Ihr Verständnis. Sehen Sie die Welt mit anderen Augen. Nutzen Sie die Technik der „Sechs Denkhüte", die sechs verschiedene Denkweisen beinhaltet.

Diese Technik stammt von dem britischen Psychologen und Mediziner Edward de Bono, er stellte diese Kreativitätstechnik 1986 vor. De Bono gilt als einer der führenden Lehrer für kreatives Denken. Er hat eine Vielzahl von Techniken entwickelt, die helfen sollen, neue Ideen zu finden und sich aus eingefahrenen Denkmustern zu lösen. Die Technik der „sechs Denkhüte" wird in vielen Unternehmen, Managerkonferenzen, Ideen-Workshops und Krisensitzungen angewendet.

Jeder Hut hat eine andere Farbe und steht für die Einstellung der Beteiligten.

Führen Sie diese Technik mit verschiedenen Teilnehmern durch, setzen sich alle Beteiligten jeden Hut auf. Wichtig dabei ist, dass jeder Hutträger „in der Farbe bleibt", die er gerade trägt. Dieser Methodik liegt das von de Bono entwickelte parallele Denken zugrunde. De Bono selbst bezeichnet die sechs Denkhüte auch als Methode zur Verbesserung der Kommunikation in einer Gruppe.

7.2   Wofür die einzelnen Hüte stehen

Weiß

Der Träger des weißen Hutes interessiert sich nur für beweisbare Fakten und neutrale Informationen. Meinungen, Vermutungen, Interpretationen und Vorlieben mag er nicht. Folgende Fragen sind ihm wichtig:

Wie können unklare Informationen „erhört" werden? Sind diese Informationen ausreichend? Wie zuverlässig sind die Daten? Woher können Sie weitere Daten bekommen?

Rot

Er ist „Feuer und Flamme" oder absolut dagegen, fühlt innerliche Zweifel, hofft, dass alles gut wird oder hat ein ungutes Gefühl dabei. Er kann das, was ihm durch den Kopf geht oder was er von der ganzen Sache hält, nicht rational begründen. Er vertraut seinen Gefühlen, äußert Vermutungen und Befürchtungen und geht den Dingen intuitiv nach. Typische Äußerungen des Rotträgers: „Ich habe kein gutes Gefühl dabei." Oder „Ich traue der ganzen Sache nicht." Begründen kann er diese Gefühle allerdings nicht.

Grün

Der Träger des grünen Hutes möchte sich nicht zu früh festlegen. Er sucht nach möglichen Alternativen, versucht, das Ganze noch anders anzugehen, will einen weiteren Weg zum Ziel finden.

Schwarz

Grundsätzlich ist er einer Idee nicht abgeneigt. Der Träger des schwarzen Hutes will aber mögliche Gefahren und Risiken berücksichtigt wissen. Was spricht dagegen? Er will sachlich und nüchtern gewährleisten, dass man auf alle Risiken vorbereitet ist.

Blau

Inhaltlich vertieft sich der Träger des blauen Hutes nicht so sehr in die Diskussion. Ihm ist das Einhalten der Spielregeln wichtig, eine faire Auseinandersetzung. Jeder Teilnehmer soll zu Wort kommen, er gewährleistet eine ausreichende Vertretung aller Standpunkte, er sorgt dafür, dass Zwischenergebnisse festgehalten werden. Außerdem kann er zu einem bestimmten Zeitpunkt veranlassen, dass die Hüte getauscht werden und damit eine neue Diskussion gestartet werden kann. Das ist zu empfehlen, wenn die Teilnehmer rhetorisch unterschiedlich stark sind.

Gelb

Seine Grundstimmung ist positiv. Er erkennt Chancen und weist auf die Vorteile hin. Er steuert die optimistischen Vorschläge zur Umsetzung der Ideen und Verminderung der Risiken bei. Er macht allen Mut, die Sache zu bejahen.

7.3   Nutzen, Stärken und Schwächen

Die Denkhüte nutzen die menschliche Fähigkeit des Vorstellens. Da alle Teilnehmer oder Sie im Beispiel der Ablage eine Rolle spielen, sind offenere Diskussionen möglich. Im Fall der Ablage werden die verschiedenen Sichtweisen deutlich.

Dieser Gewinn an Offenheit wird zum Teil durch theatralisches Verhalten erkauft, da die Rollen gerne übersteigert dargestellt werden. Aber die Verteilung der Rollen stellt auf jeden Fall sicher, dass alle wesentlichen Denkmodelle für eine Entscheidung berücksichtigt werden können.

Beispiel

Gehen wir nun auf das Beispiel der Ablage für E-Mails näher ein. In Ihrer Abteilung stehen die anderen oft für verschiedene Rollen und Arten zu denken: Ihr Chef sammelt sachliche Informationen („weißer Hut"). Die Meinung der Kollegin ist vielleicht von der Sorge geprägt, damit nicht arbeiten zu können („schwarzer Hut"). Sie sprühen vor Ideen („grüner Hut"), ein Kollege argumentiert gefühlsorientiert („roter Hut"), während ein anderer Kollege zu schlichten versucht („blauer Hut").

Nun können Sie gemeinsam gemäß der „Sechs Hüte" verschiedene Meinungen zusammentragen und anschließend die Ergebnisse sichten – ohne Schuldzuweisungen und Verletzungen.

Ihr Nutzen für Ihren Arbeitsalltag

Sie kennen nach diesem Kapitel eine Kreativitätstechnik, die Ihnen dazu verhilft, Probleme und schwierige Situationen auch einmal aus einer anderen Sicht zu betrachten und so Ihrem Ziel näher zu kommen.

8.   Auftreten und Rhetorik

„Viel mit wenig Worten fein kurz anzeigen können,
das ist die Kunst und große Tugend.
Torheit aber ist's mit viel Reden nichts reden."

[Martin Luther]

„Die Zunge ist ein guter Diener, aber ein schlechter Herr und Meister.
Deine Sprache zeigt, was Du heute bist und sie bestimmt, was Du morgen sein wirst."

[Raymond Hull, Schriftsteller]

8.1   Was ist eigentlich Rhetorik?

Unter Rhetorik (Redekunst) versteht man, knapp zusammengefasst, die Lehre effektiver sprachlicher (verbaler) und auch nicht-sprachlicher (non-verbaler) Mitteilungen mit dem Ziel, etwas zu bewirken.

Rhetorik ist also die Kunst,

- die richtigen Gedanken

- mit den richtigen Worten und Gesten

- in der richtigen Verhaltens-Rolle

- unter Berücksichtigung der Zuhörer

- mit tatsächlicher Überzeugung

- auszusprechen.

Anmerkung der Autorin:

Wenn Sie das Wort Rhetorik lesen, dann denken Sie vielleicht im ersten Moment: Wo brauche ich Rhetorik? Ich trete nirgends auf. Doch Rhetorik ist nicht ausschließlich für Auftritte und Reden gedacht, sie ist genauso wichtig, wenn es um Gespräche geht und wenn es darum geht, dass Sie sich selbst darstellen. Darum nehmen Sie die Tipps und Hinweise aus der Rhetorik für Ihren Alltag als wichtige Unterstützung auf.

Zudem wissen Sie nicht, was in den nächsten Jahren auf Sie zukommt. Ich habe schon erlebt, dass ein Chef seinen Anschlussflug nicht bekommen hatte und deshalb seine Assistentin gebeten hat, vor dem Kunden eine Präsentation zu halten.

8.2   Geschichte der Rhetorik

Rhetorik (griechisch) ist ein zusammenfassender Begriff für die Theorie und Praxis der menschlichen Beredtheit in allen öffentlichen und privaten Angelegenheiten, ob sie in mündlicher oder schriftlicher Form auftritt.

Das System der Rhetorik ist in allen wesentlichen Zügen bereits in der Antike entwickelt worden. Die „Erfinder" der Rhetorik waren Teisias von Syrakus und Korax, der auch der „griechische" Sizilianer genannt wurde. Damals wurde die Rhetorik hauptsächlich für Prozessreden vor Gericht eingesetzt. Die ersten berufsmäßigen Redner waren übrigens die Juristen. Zu den berühmtesten Rednern der Griechischen Antike zählen Sokrates, Platon und Aristoteles. Die Römer führten Rhetorik dann als Unterrichtsfach ein.

Ab dem 15. Jahrhundert wurde Rhetorik zu allen denkbaren Anlässen eingesetzt. Mit der Französischen Revolution begann ihr Höhepunkt in der politischen Rede, deren Hochphase in Deutschland erst nach dem Ersten Weltkrieg einsetzte. Das aufblühende politische Kabarett bediente sich ebenfalls der Rhetorik. Nach dem Zweiten Weltkrieg erlangte die Rhetorik auch immer stärkere Bedeutung in allen geschäftlichen Bereichen, aus denen sie heute nicht mehr wegzudenken ist.

Somit spielt die Rhetorik auch in Ihrem Bereich eine wesentliche Rolle.

8.3   Rhetorik und Sprache

Die Sprache ist ein sogenanntes Kommunikationsmittel. Jemand, der spricht, übermittelt mit Hilfe des Sprechens einem anderen eine Information. Dabei sollte der Redner so sprechen, dass er vom anderen verstanden wird, d. h., dass der andere ihm inhaltlich folgen kann (verbale Aspekte der Kommunikation). Nicht-sprachliche Kommunikationsmittel sind Körpersprache (Gestik), Gesichtsausdruck (Mimik) und die Augen (Blickkontakt). Ihr wirksamer Einsatz unterstützt das, was Sie mit Worten sagen (non-verbale Aspekte der Kommunikation).

Wenn Sie eine Rede halten, ein Statement oder einen Gesprächsbeitrag in der Diskussion beisteuern, müssen Sie die Zuhörer von sich überzeugen. Sie müssen sich also erstens als Mensch positiv präsentieren, um ein gutes Klima zu schaffen, und Sie müssen zweitens Ihr Wissen optimal präsentieren.

Die Rhetorik, als über 2000 Jahre alte Wissenschaft, verhilft Ihnen dazu.

Rhetorik ist dabei nicht nur als reine Technik zu verstehen, sie stellt vielmehr auch einen Kodex für eine Kommunikations- und Verhaltensethik dar. Sie fordert von daher auch eine Neuorientierung sich selbst und den anderen gegenüber.

8.4   Worauf kommt es beim Sprechen an?

Jedes Sprechen zu anderen unterliegt den immer gleichen Gesetzmäßigkeiten. Sie wollen als Zuhörer, dass Sie verstehen können, was jemand sagt, und Sie wollen, dass jemand, der spricht, unterhaltsam spricht. Im Grunde ist es beim Sprechen wie beim Radio hören: wenn Sie nicht verstehen können, was im Radio gesagt wird, weil z. B. der Sender nicht gut einstellbar ist oder der Sprecher undeutlich oder schwer verständlich spricht, schalten Sie einfach ab. Ist die Sendung langweilig, schalten Sie auch ab. Für Sie als Sprecher hat das natürlich Konsequenzen. Deshalb ist es wichtig zu wissen, worauf es beim Sprechen ankommt.

8.4.1   Das Sprechtempo

Das jeweilige Redetempo ist eine Frage des Temperaments und daher eine Frage der Persönlichkeit. Dennoch sollte man sich hier einiger Auswirkungen des Redetempos bewusst sein.

Die wichtigste Forderung lautet Extreme zu vermeiden. Zu schnelles Reden, wie es sehr häufig aus Nervosität geschieht, wird von den Zuhörern auch als Nervosität wahrgenommen. Die Hektik überträgt sich auf das Publikum, es fühlt sich überfordert und überfahren und geht auf innere Distanz. Zu langsames Reden dagegen wirkt schwerfällig, unengagiert und langweilig.

Wichtig ist, das Sprechtempo an das Thema anzupassen. Ein ruhigeres Tempo bei ernsten Sachthemen, ein lebhafteres (nicht hektisches!), engagiertes Tempo bei emotionaleren Überzeugungsthemen. Man muss Ihr Engagement spüren! Das allein beugt schon einer monotonen Redeweise vor, erhöht also die Spannung und damit die Aufmerksamkeit und Aufnahmewilligkeit beim Publikum.

Wechselndes Sprechtempo kann ebenfalls die Spannung erhöhen. Bremsen Sie, wenn Sie etwas unterstreichen oder betonen wollen. Danach können Sie wieder beschleunigen. Gleichbleibendes Sprechtempo schläfert ein – wie das monotone, gleichmäßige Fahren auf der Autobahn.

8.4.2   Die Lautstärke

Auch hier gilt: Wechseln Sie die Lautstärke, werden Sie nicht eintönig. Das wirkt dynamisch und selbstsicher. Natürlich dürfen Sie nicht zu leise werden, das gefährdet die Verständlichkeit. Auch zu laut und emotionalisiert dürfen Sie nicht werden, denn das wirkt ebenfalls sehr unangenehm und dominant auf das Publikum. Die Spannbreite der Lautstärke muss sich daher der Größe des Raumes anpassen und der Abstand zum Publikum muss berücksichtigt werden. Daher gilt: Die Lautstärke muss so sein, dass **alle** Sie gut verstehen können. Sie darf (in Abhängigkeit von der Raumgröße) nicht so laut sein, dass sie unangenehm wirkt (im Zweifel vorher ausprobieren).

8.4.3   Die Betonung

Eine richtige Betonung ist wichtig, damit das Publikum den Sinn Ihrer Aussagen versteht. Erst die Betonung macht die richtige „Musik". Sie gibt Ihrer Stimme eine abwechslungsreiche Note. Es ist tatsächlich wie in der Musik: Erst die richtige *Be-Tonung* macht das Individuelle eines Werkes aus. Erst die Betonung gibt Ihrer Rede Leben. Die Betonung sollte daher immer auf dem Satzteil oder Wort liegen, das Ihnen am wichtigsten ist. Das macht Ihre Aussage erstens prägnant und deutlich, und zweitens schaffen Sie durch das Betonen eine Wortmelodie, die stimulierend und belebend auf die Zuhörer wirkt.

8.4.4   Sprechpausen

Jeder, der spricht, braucht Pausen. Dort können und müssen Sie vor allem atmen. Kurze Pausen sind daher in Reden nichts Ungewöhnliches. Sie brauchen sie allerdings auch, um nach bestimmten Formulierungen zu suchen, um sich zu sammeln, Spannung aufzubauen oder um Wichtiges zu betonen.

Auch Ihre Zuhörer brauchen diese Pausen, um das, was Sie ihnen sagen, „verdauen" zu können. Ihr Publikum wird es in jedem Fall merken und verstehen, wenn es sich bei Ihren kurzen Pausen von drei bis vier Sekunden um solche „Sammlungs"-Pausen handelt. Nutzen Sie die Pausen zur Konzentration und werden Sie nicht nervös, wenn Sie einmal kurz nichts sagen. Wichtig ist, dass das Publikum merkt, dass Sie gleich weiterreden werden.

8.4.5   Rednerische Qualitätsstandards

Ihr Sprachstil ist Ihr unverwechselbares Sprechprofil. Hier geht es darum, wie Sie Ihre Redeinhalte präsentieren. Denn eine Idee oder eine Argumentation ist nur so gut, wie sie Wirkung bei den Zuhörern zeigt und in Ihrem Sinne umgesetzt wird.

Beim sprachlichen Ausdruck können Sie am meisten ändern und zum Positiven entwickeln. Wenn Sie das, was Sie sagen wollen, optimal und zuhörerorientiert präsentieren wollen, gilt es, einige wichtige rhetorische Qualitätskriterien zu berücksichtigen. Dies geht natürlich nicht von heute auf morgen, aber es geht.

Wie Sie diese rhetorischen Qualitätskriterien konkret umsetzen können, zeigt die folgende Checkliste:

Kürze und Relevanz	Wer redet, will überzeugen, nicht nur reden. Wer zuhört, will etwas mitnehmen und sich nicht die Zeit stehlen lassen!
Stimulanzmittel	Der Mensch ist nicht allein auf Informationen aus, er will auch unterhalten werden. Langeweile ist das größte Hemmnis der Überzeugung!
Erkennbare Struktur und Zielrichtung	Reden darf nicht sein wie ein begradigter Fluss, reden muss sein wie ein Bach mit natürlichen Verläufen, Engstellen, Schnellen und Untiefen, oder macht es Ihnen Spaß, am Ufer eines begradigten, trägen Flusses zu sitzen?
Verständlichkeit	Wie reagieren Sie, wenn jemand undeutlich, leise oder hochgestochen, kurz, unverständlich redet? Genauso regieren andere darauf, wenn Sie dies tun!
Fazit	Reden und Zuhören ist wie Angebot und Nachfrage; ist das Angebot schlecht, besteht keine Nachfrage!

8.4.6   Körpersprache

Wenn man ganz allgemein von der Körpersprache redet, so ist damit die Unterstützung Ihrer Rede oder Ihrer Aussagen durch harmonische und adäquate Gesten, durch Mimik und durch körperliche Aktivität gemeint.

Die Körpersprache muss dem Zweck Ihrer Rede angepasst sein, sie darf nicht aufgesetzt und emotional sein, wenn Sie einen Sachvortrag halten. Und sie sollte nicht sparsam und ruhig sein, wenn Sie sich rednerisch engagieren.

Erst durch die Körpersprache gelingt die vollständige Verwirklichung der Rede. Durch Mimik, Gestik und Blickkontakt gelingt es dem Redner, seine Ausführungen visuell zu unterstützen und so besser zu wirken. Der Hörer kann dann auch „sehen", was er hört und hören, was er sieht.

Von jedem Gesprächspartner oder Redner machen Sie sich unbewusst recht schnell ein Bild, das dann sehr dauerhaft sein kann – der sogenannte „erste Eindruck". Sie beurteilen einen Menschen dabei häufig aufgrund seiner Körperhaltung und seiner Bewegungsabläufe (Motorik). Strahlt er durch harmonische, gleichmäßige Bewegungen Ruhe aus? Gelingt es ihm, durch Blickkontakt eine Brücke zu seinen Zuhörern herzustellen? Oder wirkt er durch fahrige, unkontrollierte Bewegungen und unsteten oder fehlenden Blickkontakt nervös und gehemmt?

Intuitiv merken Sie als Zuhörer an der Körpersprache, wie es um den Gesprächspartner oder Redner steht. Deshalb ist es für jeden Redner wichtig, durch Üben seine Körpersprache beherrschen zu lernen. Denn erst durch eine positive Körpersprache können Sie als Redner und als Mensch überzeugend wirken. Die Glaubwürdigkeit eines Redners hängt wesentlich davon ab, wie er sich selbst als Person, in seinen Gesten und Gebärden, in seinem Minenspiel, in seinem Ausdruck der Augen und der Haltung des Körpers dem Publikum vorstellt.

8.4.7   Die Augen

Lassen Sie Ihren Blick ruhig kreisen. Blicken Sie nicht starr auf einem Punkt. Die Rede und das Statement brauchen den Blickkontakt. Erstens, weil der Zuhörer sich angesprochen fühlt, so dass die Aussagen des Redners überzeugender und eindringlicher werden. Zweitens, weil der Redner die Reaktionen (das „Feedback") der Zuhörer erkennen kann, so dass er entsprechend reagieren kann. Der Blickkontakt ist also die Brücke zum Zuhörer. Ohne sie findet man auch nicht den Zugang zum Herzen des Zuhörers, der ganz wichtig für den rednerischen Überzeugungsprozess ist. Denn Überzeugung findet nie allein rational statt, sondern immer auch emotional.

Wenn Sie zu einem Publikum reden müssen, beginnen Sie erst dann zu reden, wenn Sie Blickkontakt mit ihm aufgenommen haben. Lassen Sie ihren Blick durch die Runde schweifen und suchen Sie den Augenkontakt mit den Zuhörern, die ein freundliches Gesicht machen, die Ihnen wohl gesonnen sind und Interesse zeigen. Das gibt Ihnen die nötige Sicherheit und Ruhe. Zu diesen Augenpaaren kehren Sie auch während Ihrer Rede bevorzugt zurück.

Natürlich sollten Sie auch die anderen Zuhörer nicht vergessen und den Blickkontakt zu ihnen suchen. Wichtig ist auch, dass Sie die Zuhörer an den Rändern, ganz links und rechts neben sich, nicht vergessen.

8.4.8   Die Mimik

Mimik nennen wir das, was Sie mit den Muskeln Ihres Gesichtes machen. Durch die Mimik Ihres Gesichts erzeugen Sie verschiedene Gesichtsausdrücke. Man hat im menschlichen Gesicht allein 49 Bewegungsdimensionen festgestellt. Die Mimik ist also das Spiel Ihres Gesichts und der Ausdruck Ihrer Gefühle. Zuversicht, Freude, Glück, Erregung oder auch Trauer, Schmerz, Stress und Erschöpfung spiegeln sich in Ihrem Gesichtsausdruck wider.

Wichtig ist die Mimik vor allem da, wo es um die Beziehung des Redners zum Publikum geht. Ein unfreundliches, verkniffenes Gesicht trägt nicht zu einem positiven Verhältnis zum Publikum bei. Das aber brauchen Sie! Man kann dagegen häufig beobachten, dass sich die Mimik des Publikums der des Redners anpasst. Ein freundliches offenes Gesicht beeinflusst also ganz entscheidend die Stimmung des Publikums.

8.4.9   Die Gestik

Die Gestik ist ein optisches rednerisches Mittel, mit dem das Gesprochene verstärkt und prägnant gemacht wird. Die Gestik wird mit den Händen und Armen ausgeführt. Ein Redner drückt in seinen Gesten also das aus, was er mit seinen Worten meint; er verstärkt und unterstreicht so das Gesagte.

Natürlich gibt es auch Gesten, die sozusagen ohne Worte auskommen. Sie werden von den Sprechern einer Sprache und einer kulturellen Gemeinschaft sozial erlernt und aufgrund der gemeinsamen Verwendung auch ohne Weiteres verstanden. Denken Sie nur an das „Vogelzeigen" oder die Drohgebärde mit dem aufgerichteten Zeigefinger.

Das für den Redner entscheidende an der Gestik ist ihre positive oder negative Wirkung auf die Zuhörer. Da die Gestik immer entweder positiv oder negativ wirkt, müssen Sie sie beherrschen und richtig einsetzen.

8.4.10 Die Körperhaltung

Das Erscheinungsbild eines Redners hat großen Einfluss auf das Publikum. Schon der erste Eindruck ist wichtig. Aber auch das Auftreten während der Rede und die Körperhaltung signalisieren dem Publikum Selbstsicherheit oder Unsicherheit, Ruhe oder Nervosität, Offenheit gegenüber dem Publikum oder die Angst eines Redners vor seinem Publikum.

Der gute Redner kontrolliert seine Körperhaltung, übt und arbeitet an ihr, bis das körpersprachliche Erscheinungsbild stimmt. Es gibt zahllose Beispiele, in denen berühmte (und auch berüchtigte) Redner bis in kleinste Details ihre Körpersprache trainiert haben, um kontrollierte und genau vorherbestimmte Wirkungen beim Publikum zu erzielen.

Die Ausgangskörperhaltung nennt man auch die rhetorische Grundhaltung des Redners. Diese rhetorische Grundhaltung muss drei Voraussetzungen erfüllen:

1. Sie muss einen guten optischen Eindruck auf die Zuhörenden machen.

2. Sie muss eine günstige Ausgangsstellung für Ihre Gestik darstellen.

3. Sie muss Ihnen ein angenehmes, sicheres Stand- und Redegefühl vermitteln.

Für jemanden, der vor Zuhörern stehend reden muss, ist in Bezug auf die Körperhaltung vor allem die Stellung der Beine bedeutsam. Um selbst einen lockeren Stand zu haben, und um auf die Zuhörer entspannt zu wirken, empfehle ich Ihnen als Grundstellung eine leicht geöffnete Stellung beider Beine.

Die Füße sollten dabei in etwa parallel stehen. Natürlich können Sie nicht die ganze Zeit quasi wie „ein Baum" dastehen. Deshalb verlagern Sie Ihr Gewicht auf ein Bein, das „Standbein", und benutzen das andere, das „Spielbein", um Bewegung in den eigenen Körper zu bekommen. Spielbein und Standbein können wechseln, und Sie können zwischendurch auch immer wieder in die Grundhaltung wechseln. Werden die damit verbundenen Bewegungen aber zu hastig, so wird das schnell als Unsicherheit und Nervosität gedeutet.

Auch die Haltung des Rumpfes ist von Bedeutung. Hier ist es wichtig, sich möglichst gerade und aufrecht zu halten und immer dem Publikum zugewandt zu sein. Eine krumme Körperhaltung oder hochgezogene Schultern dagegen gilt es zu vermeiden. Auch sollten Sie es vermeiden, sich länger vom Publikum abzuwenden und dabei weiter zu reden (z. B. bei Vorträgen mit Beamer oder Dia-Projektor). Sie brechen dadurch quasi Ihre Blickbrücke ab, die Ihnen doch den notwendigen Kontakt sichern soll.

Einen nachhaltigen und guten Eindruck bei anderen zu hinterlassen, dies ist eine Fähigkeit, die Sie benötigen, um im Beruf Erfolg zu haben. Je besser Sie die Kunst der Rede beherrschen, umso erfolgreicher werden Sie sein.

Machen Sie sich bewusst, dass jede noch so kurze, aber gekonnt vorgetragene Rede eine Menge Chancen für Sie bietet:

- Sie können damit Vorurteile und Fehlinformation korrigieren

- Sie haben die Möglichkeit, die anderen zu motivieren, zu informieren oder auch zu unterhalten

- Sie gibt Ihnen die Möglichkeit, andere auf sich aufmerksam zu machen und sich zu profilieren

- Sie überzeugen andere damit und können sie zu bestimmten Handlungen bewegen:

> Kurz: Rhetorik ist die Kunst der guten, überzeugenden und wirkungsvollen Rede!

Dies aber ist nichts Neues, denn Sie wissen ja, schon die alten Griechen und Römer pflegten die Redekunst. Die guten Reden galten schon damals als ein edles Kunsthandwerk. Um auch ein solcher Meister der kunstvollen Rede zu werden, sollten Sie jede Chance, die sich Ihnen bietet, nutzen, um das Reden zu üben. Cicero hat vor 2000 Jahren gesagt: **„Reden lernt man nur durch Reden."**

Wichtig ist, dass Sie beachten, dass Ihre gründliche Vorbereitung schon der halbe Erfolg ist. Wenn es Ihnen gelingt, aus Ihrem Monolog einen Dialog zu machen, dann haben Sie schon ein großes Geheimnis der wirkungsvollen Rede verstanden. Sie müssen Ihre Zuhörer abholen und sie auf Ihrer rhetorischen Reise mitnehmen.

8.5   Gesprächsführung und Reden:
        Wie Sie Ihre Zuhörer begeistern

Wichtig ist ein guter Einstieg, denn es heißt ja nicht umsonst, dass der erste Eindruck der entscheidende ist. Darum hier ein paar Tipps:

Um Ihre Gesprächspartner miteinzubeziehen, stellen Sie Fragen zur aktuellen Situation.

Offene Fragen könnten sein:

- Welche Lösungswege sehen Sie?

- Was verstehen Sie unter …?

- Welche Erfahrungen haben Sie gemacht mit …?

- Was fällt Ihnen spontan ein bei …?

- Welche Erwartungen haben Sie an das Thema?

- Welche Themen interessieren Sie besonders?

- Wo sehen Sie Schwierigkeiten?

- Welche praktischen Beispiele kennen Sie?

Wecken Sie Gefühle durch Witz und Humor, das schafft Sympathie und lockert die Atmosphäre auf.

8.6   Lampenfieber

Lampenfieber ist eine Form von Angst, die folgende Merkmale aufweist:

- Angst vor fremden Menschen

- Angst vor dem Publikum (je größer das Publikum, desto größer die Angst)

- Angst, stecken zu bleiben

- Angst, be- oder verurteilt zu werden (Angst vor Kritik)

- Angst, mit der Situation nicht fertig zu werden

- Angst vor dem Unbekannten (Stress)

- Angst, sich zu blamieren

Akzeptieren Sie Ihr Lampenfieber, denn dies ist ein Zeichen von Selbstbewusstsein. Sie steigern sich mit Lampenfieber in eine Höchstform hinein! Achten Sie aber darauf, dass Sie nicht zuviel Lampenfieber haben.

Tipp:

Haben Sie als Redner keine Angst vor Lampenfieber, denn Lampenfieber ist die natürlichste Sache der Welt. Lampenfieber ist das Beste, was Ihnen als Redner passieren kann, denn Sie appellieren unbewusst an Ihre Zuhörer und die Zuhörer können sich in Ihre Situation hinein-versetzen. Das macht Sie sympathisch.

Sechs Dinge, die Sie gegen Ihre Nervosität tun können:

1. Üben Sie! Nehmen Sie jede Gelegenheit wahr, in der Öffentlichkeit zu sprechen. Je mehr Sie das tun, umso größer wird Ihr Selbstvertrauen.

2. Fördern Sie konstruktive Kritik und nutzen Sie diese.

3. Ihr Thema muss Ihnen bekannt sein. Besorgen Sie sich Fakten, Beispiele und Illustratio-nen, die Sie anführen können.

4. Ihr Publikum muss Ihnen bekannt sein. Wer wird da sein? Was erhoffen sich die Zuhörer von Ihrer Redeen?

5. Ihr Ziel muss Ihnen bekannt sein. Sie müssen wissen, was Sie erreichen wollen.

6. Bereiten Sie sich vor. Eine gute Vorbereitung ist der halbe Sieg.

7. Üben Sie Ihren Vortrag ein.

8.7   Vorbereitung Ihres Vortrages

Sie sollten niemals unvorbereitet einen Vortrag halten oder in ein Gespräch gehen. Sie erhal-ten hier eine Checkliste, damit Sie für das nächste Gespräch oder ihren Vortrag gewappnet sind:

8.7.1   Zielgruppenanalyse

Wer sind die Zuhörer?

- Zu wem rede ich?
- Wie viele Zuhörer werden kommen?

Wen habe ich vor mir?

Bringen Sie Folgendes in Erfahrung:
- die Altersstruktur
- das Bildungsniveau
- die Berufskategorien
- die Ausbildung
- die Herkunft
- die soziale Schicht
- das Vorverständnis
- die Position
- die Erfahrung

Wie sind die Leute eingestellt?

Welche
- Erwartungen
- Meinungen
- Motive
- Ansichten
- Vorurteile
haben sie?

Was interessiert die Leute, was nicht?

- Was ist für die Leute wichtig, was weniger?
- Was wissen sie bereits?
- Was wollen sie hören?

8.7.2   Die Wunderformel G-H-M

Sicher werden Sie sich fragen, was denn wohl diese drei Buchstaben bedeuten:

G = Gestern (Wie war es in der Vergangenheit?)

H = Heute (Wie ist es zum gegenwärtigen Zeitpunkt?)

M = Morgen (Wie wird es in Zukunft sein?)

Sie gelten als die wichtigsten Redeformeln der Rhetorik, die Sie aber gleichzeitig hervorragend für die Gesprächsvorbereitung nutzen können.

Sie wissen aus Ihrem Alltag, dass Sie nicht immer ausreichend Zeit haben, etwas lange vorzubereiten. Vielleicht müssen Sie auch aus dem Stegreif eine Rede halten oder in ein Gespräch gehen. Dafür soll die G-H-M-Formel für Sie immer als roter Faden dienen. Verweilen Sie aber bitte nicht zu lange im Gestern, das ist abgeschlossen und soll lediglich als Einstieg dienen. Richten Sie sich als Anhalspunkt nach dieser prozentualen Zeitaufteilung:

Gestern: 10 %

Heute: 40 %

Morgen: 50 %

Eine der wichtigsten Redeformeln in der Rhetorik

Gestern

- Wie waren die Verhältnisse früher?
- Welche Gegenstände wurden damals benutzt?
- Wie war die historische Entwicklung, der technische Fortschritt?

Heute

- Wie ist der heutige Status?
- Welche Pionierarbeit brachte uns zum heutigen Status?
- Wie steht es heute mit diesem und jenem, wie mit uns selbst, mit anderen?
- Zu welchen Schlüssen kommen Sie heute?
- Was gilt heute grundsätzlich?
- Was ist wichtig?
- Worauf kommt es heute an?

Morgen:

- Wie sind die Zukunftsperspektiven, die Aussichten?
- Was wird, muss, kann geschehen?
- Was muss man künftig besser machen?
- Wie lautet die Prognose?
- Was ist die denkbar beste Lösung?
- Mit welchen Gefahren müssen Sie rechnen?

8.8   Nur wer natürlich wirkt, kommt an

Die Zeiten der Wortspiele und des „Einander-Schachmatt-Setzens" mit Argumenten sind vorbei. Je natürlicher und spontaner ein Redner auftritt, desto nachhaltiger ist der Eindruck, den er bei seinen Zuhörern hinterlässt.

Ein paar Tipps:

- Souverän ist, wer zu sich selbst und seinen Fehlern steht
- Wenn zwei das gleiche tun, so ist es nicht das gleiche
- Es ist wichtiger, wie Sie wirken, als was Sie sagen
- Allen Menschen Recht getan, ist eine Kunst die niemand kann
- Wenn Sie überzeugt sind, dass das, was Sie sagen wollen, wichtig ist, dann sind es die Zuhörer auch – Ihre Gefühle übertragen sich
- Wer sich als Redner nicht wohl fühlt, kann nicht überzeugen
- Verwenden Sie Ich-Aussagen
- Es ist unmöglich, jemanden nachdrücklich zu überzeugen, den man von vornherein nicht mag
- Verwenden Sie möglichst selbst erlebte Beispiele aus dem Hier und Jetzt
- Beginnen Sie Ihr Gespräch niemals mit einer Entschuldigung
- Was ist Ihr Ziel?
- Was ist Ihre Hauptbotschaft?
- Der Blick schafft Kontakt

Gute Rhetorik heißt auch, sich positiv und konkret auszudrücken. Dies ist für Ihren Alltag ein wichtiger Faktor.

Nehmen Sie sich ein wenig Zeit für die nächste Übung, trainieren Sie die positive und konkrete Sprache, die Gewinnersprache.

Übung

Klar, konkret und positiv!

Bitte suchen Sie nach Möglichkeiten, wie Sie folgende Wörter und Sätze besser ausdrücken können.

1. Problem

Vorschlag:_____

2. Kein Problem

Vorschlag:_____

3. Unsere neue Telefonanlage funktioniert nicht mehr.

Vorschlag:_____

4. Störe ich gerade?

Vorschlag:_____

5. Das kann ich leider erst morgen erledigen.

Vorschlag:_____

6. Ich versuche es mal.

Vorschlag:_____

7. Schade, dass Sie nicht noch mehr Umsatz gemacht haben.

Vorschlag:_____

8. Bitte warten Sie einen Augenblick.

Vorschlag:_____

9. Ich weiß nicht, wie ich Ihnen weiterhelfen soll.

Vorschlag:_____

10. Tut mir leid, dass ich nicht am Platz war.

Vorschlag:_____

11. Sie kommen immer zu spät!

Vorschlag: _____

12. Wir könnten…

Vorschlag:_____

13. Herr Müller ist Aufsichtsratvorsitzender, seine Frau arbeitet halbtags …

Vorschlag:_____

14. Ich muss eben Ihre Akte holen.

Vorschlag:_____

Lösungsvorschläge dieser Übung finden sie auf Seite 268.

8.9   Goldene Rhetorikregeln

- „In Dir muss brennen, was Du in anderen entzünden willst" laut Augustinus.
- Lampenfieber ist normal, deshalb nicht überbewerten.
- Programmieren Sie Ihr Unterbewusstsein mit mentalen Suggestionsformeln.
- Bilden Sie kurze Sätze.
- Bauen Sie durch Bewegung Adrenalin ab.
- Eine gepflegte Erscheinung hebt das Selbstbewusstsein.
- Stichwortzettel sind wichtige Rettungsanker.
- Bereiten Sie Anfang und Ende einer Rede besonders gut vor.
- Eine Rede ist keine Schreibe.
- Ein Bild sagt mehr als tausend Worte.
- Es ist ein Beweis hoher Bildung, die größten Dinge in einfachster Weise zu sagen.
- Der erste Eindruck ist entscheidend.
- Rhetorisch zur Elite zählen bedeutet: „merk"-würdig machen.
- Das Publikum lässt sich lieber unterhalten als belehren.
- Der Mensch ist kein Verstandeswesen. Deshalb: Gefühle ansprechen.
- Der beste Lehrmeister ist das Beispiel.
- Stellen Sie das Ziel und die Absicht des Vortrages deutlich heraus.
- Fordern Sie die Zuhörer zur Tat auf.

- Berufen Sie beim Vorbereiten eine „Zuhörerkonferenz" ein.

- Sei besser als andere, sei anders als andere, aber sei immer du selbst.

- Du bist, was du denkst. Was du denkst strahlst du aus. Was du ausstrahlst, ziehst du an.

- „Suche keine Effekte zu erzielen, die nicht in deinem Wesen liegen." (Tucholsky)

- Denkpausen für den Redner sind gleichzeitig Aufnahmepausen für die Zuhörer.

- Die Körpersprache ist verräterischer als das gesprochene Wort.

- Der kürzeste Weg zwischen zwei Menschen ist ein Lächeln.

- Ein Vortrag ohne rhetorische Fragen (auf eine rhetorische Frage wird keine Antwort erwartet „Wie war es denn früher?") ist wie ein schlecht gelüftetes Zimmer.

- Die Zuhörer möglichst oft mit „Sie" ansprechen.

- Je besser der Augenkontakt, desto überzeugender der Redner.

- Der Köder muss dem Fisch und nicht dem Angler schmecken.

- Tritt keck auf, mach's Maul auf, hör bald auf.

- Vermeiden Sie „Papierkorbsätze".

Übung für Gesprächsführung

Ändern Sie nachfolgende Redewendungen mit dem Ziel, eine positive Atmosphäre und damit die Voraussetzung für den Einsatz der dialektischen Mittel zur Verbesserung Ihres rhetorischen Wortschatzes zu schaffen:

- Das glaube ich Ihnen nicht.
- Das ist bestimmt nicht richtig.
- Da haben Sie mich völlig falsch verstanden.
- Ist das etwa Ihr Ernst?
- Das trifft auf keinen Fall zu.
- Das gibt's ja gar nicht.
- Ich kann Ihnen beweisen …
- Sie müssen eben die lange Lieferfrist einkalkulieren.
- Sie müssen schon entschuldigen.
- Sie müssen einsehen, dass …
- Haben Sie denn einen besseren Vorschlag zu machen?
- So, wie Sie sich das denken, geht es wirklich nicht!
- Ich versuche gerade, Ihnen zu erläutern …

Die Lösung für diese Übung finden Sie auf Seite 269.

Ausstrahlung und Überzeugungskraft hat nur der Mensch, der „Ja" zu sich selbst sagt.

Von der Selbstbejahung hängen ab:

- Natürliches Verhalten
- Engagement und Emotionalität
- Spontaneität und Kreativität
- Logisches Denken
- Positive Einstellung zur Situation

> Eine selbstverständliche Voraussetzung für jede erfolgreiche Rede ist: Die Identifikation mit dem Thema.
>
> Schon Kant sagte: *„Ich kann, weil ich will, was ich muss."*

Winston Churchill meinte zu diesem Thema: *„Eine gute Rede soll das Thema, aber nicht die Zuhörer erschöpfen."*

Übung Sprechen Sie lebendig

Bei dieser Übung ist es wichtig, dass Sie Ihren Wortschatz erweitern und den Mut haben, mal ganz „verrückte" Formulierungen zu nutzen.

Führen Sie folgende Sätze anschaulich zu Ende:

1.1	Das Mannequin war so schön, dass …
1.2	Der Verkaufsleiter war so erstaunt, dass …
1.3	Die plötzliche Stille war so unangenehm, dass …
1.4	Er war so erregt, dass …
1.5	Der Einkäufer war so verwirrt, dass …
1.6	Der Tag war so schwül, dass …

2.1	Der Polizist regelte den Straßenverkehr wie …
2.2	Der Beamte arbeitete wie …
2.3	Der Geschäftsführer schoss hoch wie …
2.4	Der Baum schwankte hin und her wie …
2.5	Der Braten war ungenießbar. Er war zäh wie …
2.6	Seine Bewegungen waren so klobig wie …

3.1	Das Mädchen wirkte frisch wie …
3.2	Das Feuer tobte wie …
3.3	In seinem Gesicht stand die nackte Angst. Er schaute uns an wie …

Mögliche Lösungen zu dieser Übung finden Sie auf Seite 270.

8.10   Gesprächsförderer

Nutzen Sie die folgenden Verhaltensweisen zur Gesprächsförderung, Sie ermutigen und bestätigen Ihren Gesprächspartner damit, weiterzureden:

■ Umschreiben oder wiederholen Sie mit eigenen Worten, was der andere gesagt hat

■ Zusammenfassen

■ Klären, auf den Punkt bringen

■ Nachfragen

■ Weiterführen und Denkanstöße geben

■ Wünsche herausarbeiten

■ Gefühle ansprechen

■ Versetzen Sie sich in die Lage des anderen

■ Fachwissen

■ Positives Klima, den Partner als solchen sehen und anerkennen

■ Den Stand der Gegenseite erkennen – durch Fragen

■ Fundierte Argumente

- Lassen Sie sich nicht herausfordern

- Hören Sie zu

- Zeigen Sie Gefühle

8.10.1 Wie Sie Gespräche in Gang bringen

- Emotionale Aspekte ansprechen: „Sie sind sicher skeptisch, mit Recht …"

- Mit einer Quiz-Frage beginnen: „Wie hoch schätzen Sie die Zahl der …?"

- Von Erfahrungen berichten lassen: „Welche Erfahrungen haben Sie bisher gemacht …?"

- Mit einer Episode beginnen: „Auf der Fahrt zu Ihnen hörte ich …"

- Mit einem (Fall-)Beispiel beginnen: „In einem ähnlichen Unternehmen …"

- Nach Meinungen fragen: „Wie denken Sie darüber …"

- Unterschiedliche Argumente sammeln: „Sie haben bisher nur die positiven Seiten besprochen. Gibt es …", „Stellen Sie sich einmal vor, Sie …"

- Abschweifende Gesprächspartner zum Thema zurückführen: „Das ist sicher interessant, aber wie kommen Sie jetzt mit unserer eigentlichen Sache weiter?"

- Wesentliche Punkte herausstellen und Teilergebnisse zusammenfassen: „Wir können also bisher festhalten, dass …"

- Das Ergebnis des gesamten Gespräches zusammenfassen: „Die wesentlichen Ergebnisse aus meiner Sicht sind …"

8.10.2 Umgang mit Angriffen

- Ruhig bleiben, sich nicht von den Gefühlen der anderen anstecken lassen

- Zuhören, den anderen ausreden lassen

- Nicht unterbrechen

- Nachfragen, um sicher zu sein, dass man alles verstanden hat

- Sachlich Stellung nehmen, sich aber nicht unnötig entschuldigen

- Kompromissbereitschaft zeigen, aber nicht zu allem Ja sagen

- Nach Zustimmung fragen, aber nicht mit allen Mitteln Zustimmung anstreben

8.11 Was bedeutet der Begriff Dialektik in Bezug auf Rhetorik?

Dialektik (griechisch) ist die Kunst der Unterredung. Der Begriff wurde von Zenon „erfunden". Allgemein bezeichnen wir die Dialektik als Logik des Widerspruchs oder als Methode, Gegensätze philosophisch zu bedenken. Sie dient ebenso als Theorie, Wirklichkeit durch das Moment gegensätzlicher Entwicklungen zu erklären.

Die Dialogführung im fairen dialektischen Prozess wird bestimmt durch:

Problemdefinition:

Sie stellt sicher, dass beide Seiten das gleiche Begriffsverständnis haben.

Gemeinsamkeiten:

Die Partner sollen herausfinden, ob Gemeinsamkeiten bestehen und wie weit sie reichen. Gemeinsamkeiten sind ein idealer Anknüpfungspunkt.

Gegenposition:

Versetzen Sie sich in die Lage Ihres Partners, argumentieren Sie aus seiner Position. Erst dann lässt sich eine befriedigende Analyse des Pro und Contra der eigenen Position vornehmen.

Argumentation:

- Prüfen Sie die Logik Ihrer Argumente im Einzelfall und im gesamten Problemfeld.
- Prüfen Sie die Logik Ihrer Beweisführung bezüglich induktiver (vom Allgemeinen zum Besonderen) und deduktiver (vom Besonderen zum Allgemeinen) Vorgehensweise.
- Prüfen Sie die Folgerichtigkeit Ihrer Argumente hinsichtlich des logisch Notwendigen oder des logisch Hinreichenden.
- Prüfen Sie, ob Sie das gleiche Begriffsverständnis wie Ihr Partner haben.

8.11.1 Regeln der fairen Dialektik im Dialog

- Beginnen Sie kein Gespräch und keine Verhandlung, ohne Begriffe und Themen zu definieren.
- Verlangen Sie von Ihrem Partner Definitionen.
- Beobachten Sie genau das verbale und nonverbale Verhalten Ihres Partners. Oft zeigen Partner Empfindungen, die Sie unbedingt beachten sollten.

- Stellen Sie sich auf die Verhaltensweisen Ihres Partners ein. Die gleiche Wellenlänge erzeugt Sympathien.

- Kontrollieren Sie Ihr eigenes Verhalten immer, vor allem Ihre Emotionen.

- Gliedern Sie und behalten Sie den taktischen strategischen Überblick Ihrer Argumentation.

- Sprechen Sie kurze Sätze. Ihr Partner folgt nur Sätzen, die nicht mehr als 12 Wörter beinhalten.

- Beginnen Sie zunächst auf der vom Partner formulierten positiven Ebene und reagieren Sie nicht gleich auf das Negative. Überhören Sie also nicht das Lob, wenn ein Einwand folgt.

- Benutzen Sie die offenen W-Fragen, um – wenn nötig – von einem Thema auf das nächste zu wechseln.

- Stellen Sie sinnvolle und angemessene Gegenfragen. Oft erlaubt nur die erklärende Reaktion auf eine Gegenfrage die genaue, bessere Antwort.

- Notieren Sie die Motive, die Ihr Partner erkennen lässt, und argumentieren Sie motivbezogen.

- Führen Sie dem Partner seinen Nutzen vor Augen, wenn er sich Ihren Argumenten annähert.

- Halten Sie Gemeinsamkeiten fest. Untermauern Sie die gemeinsame Ebene mit einer Bestätigungsfrage.

- Das Vorurteil ist gefährlich. Wenn Sie vom Vorurteil ausgehen, entwickelt sich falsches Verhalten.

- Lassen Sie Ihre Ziele nicht von vornherein erkennbar sein.

- Lassen Sie Ihren Partner gewinnen, damit Sie verkaufen können.

8.12 Zusammenfassung: Die wichtigsten Regeln der Rhetorik

- Die Welt vertraut Ihrem Namen.

- Werden Sie Meister, in der Kunst, andere zu loben.

- Reden lernen Sie nur durch reden.

- Haben Sie keine Angst vor Lampenfieber.

- Üben Sie jeden Tag.

■ Der erste Eindruck entsteht durch das körperliche Verhalten.

■ Blickkontakt: Ihre Augen sind der kürzeste Weg zu Ihren Mitmenschen.

■ Ihre Stimme zeigt, wessen Geistes Kind Sie sind.

■ Erst dann entscheiden der Inhalt und das Fachwissen.

■ Struktur einer Rede:

  – Beginnen Sie mit einem Gedanken, zu dem jeder „ja" sagen kann.
  – Machen Sie Ihr Interesse für den anderen deutlich.
  – Es entscheidet nicht die Menge der Worte, sondern wie wirksam Sie sie sprechen.
  – Im Mittelpunkt der Rede immer nur drei Punkte nennen. Beginnen Sie mit dem schwächsten Punkt und enden Sie mit dem wichtigsten Punkt.
  – Bringen Sie in Ihren Schlusssatz immer eine positive Formulierung, die zum Handeln auffordert, ein.

■ Das Geheimnis des Erfolges ist das Geheimnis der inneren Ruhe.

FAZIT

Wenn Sie reden, stehen Sie wie auf einer Bühne
Sie sind „Darsteller des wirklichen Lebens" (Cicero)

8.13 Rededurchführungsratschläge von A bis Z – auch in kritischen Situationen

A	**Abstraktes**	Abstraktes sollte möglichst in irgendeiner Form veranschaulicht werden.
	Ankündigungen	Bringen Sie vor Ihrem Auftritt in Erfahrung, von wem und wie Sie angekündigt werden.
	Anreden	Vermeiden Sie devote Anreden wie: „Einen wunderschönen guten Tag" oder „Meine hochgeschätzten, sehr verehrten Damen und Herren". Solche Anreden empfinden die Zuhörer als überschwänglich und altmodisch. Heute, wo die

Sachlichkeit mehr und mehr dominiert, genügt die Anrede:
„Meine sehr geehrten Damen und Herren!"

„Meine Damen und Herren!"

„Liebe Kolleginnen und Kollegen!"

„Herr Präsident, meine Damen und Herren!"

„Verehrte Gäste, liebe Mitarbeiter!"

Wenn nur eine Dame oder ein Herr in der Gruppe der Zuhörer anwesend ist, sollten Sie sie oder ihn in der Begrüßung erwähnen, im Laufe des Vortrags aber nicht mehr.

Aufmerksamkeit

Wenn Sie bemerken, dass die Aufmerksamkeit Ihrer Zuhörer nachlässt, überlegen Sie, wie Sie diese wieder wecken (kurze Aufmunterung durch einen Gag usw.)

Auftritt

Betreten Sie den Raum ohne Hektik, gehen Sie langsam und selbstbewusst zum Rednerpult. Seien Sie gelassen und natürlich in Ihrem Auftreten.

Ausarbeitung

Ein Vortrag kann nur in Ruhe ausgearbeitet werden. Nehmen Sie deshalb diese Tätigkeit nicht im Büro vor.

Notieren Sie umgehend alle Gedankenblitze, die Ihnen zum Vortragsthema kommen, auf Ideenkarten.

Denken Sie mit Papier und Bleistift.

Fangen Sie mit der Ausarbeitung so früh wie möglich an, so vermeiden Sie spätere Hektik. Wenn beim Arbeiten nicht die richtigen Gedanken kommen wollen, versuchen Sie, sie durch einen kurzen Spaziergang in Gang zu bringen. Bedenken Sie, dass eine Idee zur nächsten führt.

Benutzen Sie reichlich Papier. Hier ist Spar-
samkeit fehl am Platz.

Aussagen

Die Hervorhebung besonders wichtiger Aussagen ist auch eine wichtige Hilfe für den Fall,
dass sich während des Vortrages die Notwen-
digkeit ergibt, den Stoff kürzen zu müssen. Sie
lassen dann nicht versehentlich das Wichtigste
zugunsten des Unwichtigen weg. Die sprachliche Aussage allein hat nur eine Haftwirkung von
ca. 20 %, was der Zuhörer hört und sieht, hat
eine solche von 50 %. Lassen Sie also den
Zuhörer mitarbeiten.

Aussprache

Eine deutliche Aussprache der Konsonanten
und Endsilben ist wichtig.

Arbeiten Sie ständig an der Verbesserung Ihrer
Aussprache und Sprechtechnik.

B **Bedanken**

Bedanken Sie sich für die Möglichkeit, hier sprechen zu dürfen.

Begeisterung

Sprechen Sie begeistert und spontan.

Beispiele

Bringen Sie viele Beispiele aus der Praxis und
persönliche Erlebnisse, auch Vergleiche.

Blättern

Blättern Sie die Manuskriptseiten nicht so laut
um. Besser ist es, die Blätterseiten zur Seite zu
legen.

Blickkontakt

Schauen Sie beim Sprechen nicht nur immer in
eine Richtung oder auf einen bestimmten Punkt.
Lassen Sie Ihren Blick rundum schweifen. Denken Sie ständig an den so wichtigen Blickkontakt zu Ihrem Publikum, denn wer die Zuschauer
nicht anschaut, redet leicht an Ihnen vorbei.

Wer gezwungen ist, sein Manuskript Zeile für
Zeile abzulesen, kann kaum Blickkontakt halten,
da er ja förmlich am Manuskript klebt. Während
Sie am Flipchart arbeiten, schauen Sie nicht nur

dorthin, sondern auch zum Publikum. Der Blickkontakt hilft Ihnen natürlich auch, die nonverbalen Aussagen Ihres Auditoriums zu verstehen und entsprechende Rückschlüsse zu ziehen.

Negative Aussagen dieser nonverbalen Rückkopplung helfen Ihnen, frühzeitig entsprechende Maßnahmen zu ergreifen, etwa Ihre Darbietung attraktiver zu gestalten.

Beobachten Sie Ihr Publikum auch hinsichtlich eventueller Ermüdungserscheinungen und legen Sie bei Bedarf vielleicht eine kurze Pause ein.

Schalten Sie eine kleine Auflockerungsübung oder einen interessanten oder humorvollen Gruppentest ein.

D **Dialekt**

Akzeptieren Sie Ihren Dialekt, weil diese Akzeptanz Ihnen die notwendige Sicherheit gibt.

Außerdem klingt eine leichte Dialektfärbung mitunter durchaus charmant und sie wird dadurch zu einem sympathischen Attribut.

Doppeldeutigkeit

Vermeiden Sie jegliche Doppeldeutigkeit.

Dynamik

Bringen Sie Dynamik in Ihren Vortrag, besonders dann, wenn Sie bemerken, dass die Aufmerksamkeit der Zuhörer nachlässt.

E **Einstieg**

Achten Sie auf einen guten Einstieg. Oft sind die Zuhörer zu Beginn eines Vortages mit ihren Gedanken noch ganz woanders, deshalb wenden Sie einige der folgenden Methoden für Ihren Einstieg an:

- Ein Zitat

- Einen Witz, eine Anekdote

- Zuhörerkomplimente

- Ein Erlebnisbericht (natürlich passend zur Thematik)

- Pressemitteilungen des heutigen Tages

- Visuelle Hilfsmittel

- Eine Programmvorschau

- Eine eventuell programmierte Panne

- Eine Frage stellen, auf die eine zustimmende Antwort zu erwarten ist

Beginnen Sie Ihren Vortrag nie mit einer Entschuldigung. Geben Sie eine kurze Vorschau. Bei Sachthemen die wichtigsten Punkte aufzeigen. Zeigen Sie diese Vorschau auf einer Flipchart oder mit einem Tageslichtprojektor. Bevor Sie zu sprechen anfangen, schauen Sie alle Zuhörer freundlich an. Lassen Sie dabei Ihren Blick in alle Richtungen, bis in die letzte Reihe schweifen.

Bleiben Sie einen halben Meter vom Rednerpult entfernt stehen. Ein guter Einstieg verhindert den gedanklichen Ausstieg. Ein guter Einstieg ist schon der halbe Erfolg.

Engagement

Mangelndes Engagement ist sofort erkennbar. Deshalb sollte es eine Selbstverständlichkeit sein, den Stoff mit Leib und Seele vorzutragen.

Entspannung

Entspannen Sie sich am Vorabend Ihres Vortrages durch einen Spaziergang, einen Saunabesuch oder ähnliches.
Versuchen Sie nach der Devise „locker vom Hocker" zu arbeiten.

Erfahrungen

Listen Sie alle eigenen zum Thema passenden Erfahrungen und Erlebnisse auf.

Erscheinung

Achten Sie auch auf Ihre äußere Erscheinung; sie vermittelt den ersten Eindruck, den man von Ihnen hat.

	Erster Satz	Durchdenken Sie den ersten Satz besonders genau – er ist sehr wichtig.
F	**Fehler**	Kleine menschliche Fehler und Schwächen müssen durchaus kein Nachteil sein.
	Finger	Zeigen Sie nie mit dem Finger auf jemanden.
	Flipchart	Wenn Sie mit dem Flip-Chart arbeiten: Bitte nicht ausschließlich dorthin, sondern auch zum Publikum schauen.
	Fremdwörter	Sollten Fremd- oder Fachwörter unumgänglich sein, erklären Sie diese hinreichend. Verwenden Sie so wenige Fremdwörter wie möglich.
G	**Gags (Bilder, Zitate, Transparente und Folien)**	Flechten Sie Gags ein, zeigen Sie ein lustiges Bild, bringen Sie ein treffendes Zitat oder setzten Sie gute und passende Transparente und Folien ein. Transparente und Folien ersparen Ihnen häufig lange erklärende Ausführungen und verschaffen eine bessere visuelle Übersicht. Die AIDA-Formel „Aufmerksamkeit, Interesse, Drang zum Kauf, Abschluss" hat auch beim Reden eine gewisse Gültigkeit.
	Gedankengut	Versuchen Sie, so wenig fremdes Gedankengut wie möglich zu verwenden.
	Gestik	Bei der Gestik unterscheidet man drei Aussagebereiche: 1. Hände unterhalb der Gürtellinie: negative Aussage 2. Hände zwischen Gürtellinie und Brusthöhe: neutrale Aussage 3. Hände oberhalb der Brust: positive Aussage

Wie bei Mimik gilt auch für die Gestik:
Die Anwendung muss gekonnt und in der richtigen Dosierung erfolgen. Ein Zuviel wirkt leicht lächerlich, ein Zuwenig lässt Sie steif und langweilig erscheinen.

Verbergen Sie Ihre Hände nicht hinter dem Rücken, Sie fesseln sich dadurch selbst.

Wenn Sie mit dem Finger deuten: höchstens zur Unterstreichung einer Aufzählung, niemals in Richtung einer Person oder gar in belehrender Weise. Fuchteln Sie nicht wie wild mit den Armen in der Luft herum.

Glauben

Glauben Sie an Ihren Erfolg – denken Sie nie an eine mögliche Niederlage.

H | **Hände**

Die Hände gehören keinesfalls in die Hosen- oder Jackentasche. Wer seine Hände hinter dem Rücken versteckt, fesselt sich selbst.

Haltung

Schaukeln Sie nicht mit Ihrem Oberkörper von einer Seite zur anderen. Stehen Sie aufrecht und gelöst hinter dem Rednerpult.

Haupt- und Nebenziele

Setzen Sie sich Haupt- und Nebenziele.

Hektik

Vermeiden Sie jede Nervosität und Hektik. Beides überträgt sich auf die Zuhörer.

Höflichkeit

Seien Sie in jeder Situation zuvorkommend und höflich.

I | **Ideen**

Diktieren Sie Ihre Einfälle und Ideen sofort auf Tonband oder notieren Sie diese kurz auf Karteikärtchen.

Individuelle Note

Wahren Sie stets Ihre eigene, persönliche Note.

K **Kernbotschaft**

Überlegen Sie sich Ihre Kernbotschaft oder Ihren Appell besonders gründlich.

Kleine Menschen

Kleine Menschen dürfen ruhig etwas dynamischer auftreten, solange es sich im Rahmen hält. Übertreibungen sind allerdings nicht gut.

Komplimente

Ihre Komplimente müssen ehrlich gemeint sein.

Kopieren

Versuchen Sie niemals, andere Menschen zu kopieren. Sie bleiben sonst immer die Kopie.

Körperhaltung

Achten Sie auf eine nicht zu steife Haltung, neigen Sie Ihren Körper ab und zu zum Publikum. Treten Sie natürlich auf.

Seien Sie selbstbewusst, aber vermeiden Sie jeden Anschein von Arroganz und Überheblichkeit.

Körpersprache

Obwohl die Zuhörer nicht reden, äußern sie sich doch ständig durch Ihre Körpersprache z. B. durch Hin- und Herrutschen auf dem Stuhl, Kopfnicken, an die Decke schauen, zum Fenster hinaussehen, verstohlen auf die Uhr blicken usw.

L **Lachen**

Lachen ist wie eine Brücke, es verbindet die Teilnehmer mit dem Vortragenden.

Lampenfieber

Lampenfieber ist unvermeidlich und 95 Prozent aller Redner bestätigen das offen und ehrlich.

Vergessen Sie nicht, selbst geübte Redner leiden noch darunter. Tipps und Hinweise für die Reduzierung des Lampenfiebers stehen auch in dem Buch „Reden ohne Lampenfieber – Übungen zur Redekunst" vom Verlag Moderne Industrie.

	Lebensweisheiten	Lebensweisheiten sind hier und da gut verwendbar, aber Achtung: nicht allzu viele und vor allem keine zu abgedroschenen verwenden.
	Lehrgespräch	Ein Lehrgespräch ist besonders geeignet, die Zuhörer zu aktivieren.
	„Leithammel"	Versuchen Sie herauszufinden, ob es in der Gruppe einen „Leithammel" gibt
M	**Manieren(schlechte Angewohnheiten)**	Spielen Sie nicht mit den Manschettenknöpfen, fassen Sie sich nicht ins Gesicht, geben Sie auch keiner sonstigen derartigen Untugend nach.
		Kauen Sie nicht auf den Lippen herum und zeigen Sie auch nicht Ihre Zungenspitze.
		Oft sind einem diese kleinen Unarten selbst nicht bewusst. Deshalb ist es ratsam, einmal seinen Ehepartner, einen guten Freund oder einen Kollegen darüber zu befragen.
		Üben Sie auch einmal vor dem Spiegel, vielleicht stoßen Sie dann selbst auf eine dieser Unarten.
	Manuskript	Ein zu eng beschriebenes mehrseitiges Manuskript ist nicht gut lesbar. Bedenken Sie den Augenabstand zum Pult. Lesen Sie nicht ständig ab, sonst hätten Sie Ihr Manuskript den Zuhörern auch gleich zuschicken können.
P	**Pausen**	Bringen Sie Effektivität in Ihre Aussagen, indem Sie bewusst Pausen einlegen, Fragen stellen oder manche Sätze auch wiederholen lassen, um so Ihr Publikum zu aktivieren.
		Pausen sind nicht nur für die Raucher dienlich. Nutzen Sie die Vorteile der richtigen Pausentechnik während des Vortrages. Nutzen Sie die Pausen für kurze persönliche Gespräche.

Mitunter ist es klug, besonders die ablehnend oder desinteressiert erscheinenden Zuhörer anzusprechen.

Perfektion

Vermeiden Sie eine allzu große Perfektion. Perfektionisten wirken häufig – ohne es vielleicht wirklich zu sein – verkrampft.

Publikum

Ein Referent, der sich nicht darum bemüht, das Publikum mitzureißen, begeht einen groben Fehler.

R **Rede**

Bauen Sie Ihre Rede aus Bausteinen auf. Die beste Rede ist die freie Rede.

Redebeginn

Verwenden Sie aktuelle Ereignisse, die auch den Zuhörer interessieren.

Redeform

Wählen Sie die richtige Redeform, klären Sie diese mit den Veranstaltern ab.

Redeübung

Üben Sie Gedichte: „Die drei Zigeuner" z. B. eignet sich sehr gut. (Redeübungen „Reden ohne Lampenfieber").

Rednerpult

Schlagen Sie nicht mit der Hand oder Faust auf das Rednerpult. Beste Distanz zum Rednerpult: etwa ein halber Meter.

Redezeit

Halten Sie die Redezeit genau ein und beenden Sie Ihren Vortrag pünktlich.
Legen Sie eine Uhr auf das Rednerpult, damit Sie die Zeit nicht überziehen.

Rhetorik

Verwenden Sie die Rhetorik als Kommunikationshilfe.

Vermeiden Sie langweilige Wiederholungen.

Aber: Sollten Sie eine Vertiefung des Mitgeteilten anstreben, darf ruhig einmal eine besonders wichtige Aussage wiederholt werden. Es ist kein Zeichen guter Rhetorik, wenn Sie Schlag- und Modewörter einstreuen.

Flechten Sie statt dessen lieber hier und da eine rhetorische Frage ein.

Je überzeugender Sie vorgehen, desto überzeugender wirken Sie auf die Zuhörer.

Rhetorische Frage

Verwenden Sie zwischendurch auch einmal eine rhetorische Frage. Eine rhetorische Frage ist z. B.: „Wer hätte das gedacht?"

Da die rhetorische Frage dem Inhalt nach keine wirkliche Frage ist, wird auch keine Antwort erwartet.

Durch rhetorische Fragen werden die Zuhörer mehr zum Mitdenken angeregt, sie werden vom Redner mehr einbezogen als durch einen gewöhnlichen Behauptungssatz.

Roter Faden

Der rote Faden muss stets deutlich erkennbar sein.

S

Sachvorträge und Vorschau

Geben Sie bei Sachvorträgen einen kurzen Gesamtüberblick vor Ihren sachlichen Ausführungen.

Sätze

Wählen Sie kurze und verständliche Sätze. Bei langen Sätzen fällt das Behalten schwer, außerdem bringen Sie diese auch schnell aus dem Konzept.

Unterstreichen Sie die wichtigsten Sätze und Wörter im Manuskript.

Keine Schachtelsätze bauen, zu jedem Hauptsatz höchstens einen Nebensatz.

Schlagwörter und Modeausdrücke

Verwenden Sie möglichst wenig Schlagwörter und Modeausdrücke.

Schluss

Die Krönung Ihres Vortrages sollte ein Schlussappell an Ihre Zuhörer sein. Der Abschluss sollte eine Zusammenfassung des

Gesagten, die Aufforderung zur Tat und den Dank an Ihre Zuhörer enthalten.

Sagen Sie nie: „Ich komme nun zum Schluss", wenn Sie dann noch endlos weitersprechen wollen.

Fragen Sie niemals Zuhörer direkt, ob Ihr Vortrag angekommen ist. Ein guter Redner hat viele Möglichkeiten, das selbst herauszufinden.

Der Schluss des Vortrages ist sehr wichtig. Bereiten Sie ihn deshalb sehr sorgfältig vor und sprechen Sie die letzten Sätze auf jeden Fall frei.

Selbstmotivationsformel Sagen Sie sich immer wieder: Ich muss, ich will, ich kann!

Sicherheit Strahlen Sie Sicherheit aus.

Sprache Vermeiden Sie Abweichungen von der deutschen Sprache. Vergessen Sie nie: Bei einer bildhaften Sprache sehen Ihre Zuhörer auch mit den Ohren!

Sprechen Wenn es irgend möglich ist, sollten Sie auf jeden Fall versuchen, frei zu sprechen, allein schon wegen des Blickkontakts. Sprechen Sie weder zu laut noch zu leise, nicht zu schnell und nicht zu langsam, dafür klar, deutlich und konzentriert.

Beginnen Sie erst zu sprechen, wenn alles im Raum still ist. Der Text darf weder heruntergehaspelt noch genuschelt werden. Sprechen Sie stets knapp und präzise, in einfachen, leicht verständlichen Sätzen. Betonen Sie Konsonanten und Endungen. Sprechen Sie nicht über die Köpfe der Zuhörer hinweg. Es kommt oft nicht so sehr darauf an, was, sondern wie man etwas sagt.

Wahren Sie stets Ihre eigene, ganz persönliche Note. Wenn die Aufmerksamkeit Ihrer Zuhörer nachlässt, legen Sie umgehend mehr Dynamik in Ihren Vortrag.

T	**Technische Hilfsmittel**	Üben Sie sich im Einsatz von technischen Hilfsmitteln. Überlegen Sie sich rechtzeitig, welche Sie einsetzen möchten. Wichtige Hilfsmittel sind unter anderem: Diaprojektor, Flip-Chart, Tafel und Kreide, Tageslichtprojektor, Pinnwände, Videoanlage usw.
		Die technischen Hilfsmittel müssen der Raumgröße und der Zuhörerzahl angepasst sein.
		Denken Sie auch an andere Hilfsmittel, die Ihnen bei Ihrer Vortragsarbeit nützlich sein können, z. B. an das eventuell passende Demonstrationsmaterial und an die Teilnehmererwartungen.
		Versuchen Sie immer, die Teilnehmererwartungen herauszufinden und diese zu erfüllen. Bedenken Sie aber, dass die Ansprüche an den Vortragenden recht differenziert sein können.
	Teilnehmerfragen	Überlegen Sie, ob Sie Teilnehmerfragen und Einwände sofort beantworten oder die Antwort auf später verschieben möchten (Schlussdiskussion).
	Teilnehmererwartungen	Denken Sie daran, dass Sie trotz aller Mühe und allem guten Willen nicht alle Teilnehmerwünsche erfüllen können.
	Thematik	Sagen Sie nur zu, wenn Sie die Thematik wirklich beherrschen. Versuchen Sie immer, die Thematik verständlich vorzutragen.
	Themen	Die besten Themen sind die, bei denen Sie aus eigener Erfahrung sprechen können.

Beherrschen Sie ein Thema nicht, dann sagen Sie lieber „Nein!", wenn man Sie bittet, einen Vortrag zu halten.

Besprechen Sie das Thema mit Bekannten, Freunden und Familienangehörigen, um neue Gedanken und Ideenimpulse zu gewinnen.

Tiefenwirkung

Tiefenwirkung ist wichtiger als Breitenwirkung. Niemals zuviel Information in einen Vortrag packen.

Tonlage

Eine ständig gleichbleibende Tonlage schläfert die Zuhörer schnell ein.

U **Unarten**

Der geübte Redner spricht zu seinen Zuhörern und liest nicht einfach ab. Wer seinen Vortrag ablesen muss, sollte ihn den Zuhörern besser per Post zuschicken.

Vermeiden Sie Verallgemeinerungen und Pauschalierungen.

Lassen Sie auch anderer Leute Meinung und Argumente gelten.

Seien Sie nicht zu dozierend und akademisch.

Vermeiden Sie Füll- und Verlegenheitswörter.

Vermeiden Sie nervöse Handbewegungen: an der Krawatte zupfen, die Nase reiben usw.

V **Verlegenheitssilben**

Meiden Sie die bekannten Verlegenheitssilben wie „äh" und „hm".

Verständlichkeit

Wichtig für die Verständlichkeit sind: der Wortschatz, der Satzbau, die Gliederung, der Stil, der Ausdruck und die Lebendigkeit des Vortrages. Verwenden Sie Thesen, Grundsätze und Regeln.

Vorabend

Beschäftigen Sie sich, wenn möglich, am Vorabend nicht mehr mit dem Vortrag. Lassen Sie ihn ruhen.

Vorbereitung

Je früher Sie anfangen und je intensiver Sie die Thematik durchdenken, desto besser für das Gelingen.

Vor Beginn des Vortrages

Kurze persönliche Gespräche vor Beginn des Vortrages können Ihnen wichtige Zuhörererwartungen aufzeigen.

Kurz vor Beginn Ihres Vortrages sollten Sie noch eine kleine Stimmübung durchführen, um die Resonanz auszuprobieren.

Vorstellung

Lassen Sie sich möglichst von einem anderen (Organisator, Veranstalter, Trainingsleiter usw.) vorstellen.

Versuchen Sie, schon vor oder bei der Vorstellung einige Namen der Teilnehmer zu erfahren und zu behalten, und flechten Sie diese dann im Vortrag ein.

Vortrag

Fassen Sie die wichtigsten Punkte Ihres Vortrages am Schluss kurz zusammen. Streichen Sie alles Unwesentliche aus Ihrem Vortrag.

Versuchen Sie, den Vortrag selbst zu erarbeiten und so wenig Fremdstoff wie möglich zu verwenden.

Versuchen Sie, im Vortrag menschliche Wärme auszustrahlen.

Beenden Sie Ihren Vortrag möglichst mit einem „Hammerschlag."

Vortragszeit

Versuchen Sie, die günstigste Vortragszeit zu bekommen.

Vorurteil	„Habe ich mit Vorurteilen zu rechnen?" Diese Frage sollten Sie sich unbedingt stellen.
W **Wiederholungen**	Vermeiden Sie unnötige und langweilige Wiederholungen.
Z **Zahlennennung**	Anstatt nur einer Zahlennennung bringen Sie lieber einen Vergleich, z. B.: so groß wie ein Fußballplatz.
Zuhörer	Sprechen Sie möglichst die jeweilige Sprache Ihrer Zuhörer, und der Erfolg ist Ihnen sicher.

Bedenken Sie immer, dass es anstrengend ist zuzuhören. Überschätzen Sie die Aufnahmekapazität der Zuhörer nicht.

Nehmen Sie die Zuhörer immer ernst und wichtig.

Versuchen Sie, Ihre Zuhörer emotional anzusprechen.

Die Zuhörer sind gar nicht so kritisch, wie Sie vielleicht denken.

Die Zuhörer sind meistens dankbar, dass sie nicht selbst sprechen müssen.

Versuchen Sie stets, den Zuhörer in den Mittelpunkt zu stellen.

Zuhörer wägen sehr gut ab, ob sich die Zeit für das Zuhören gelohnt hat.

Zeigen Sie den Zuhörern, dass es Ihnen Spaß macht, den Vortrag vor ihnen zu halten.

Versuchen Sie, Ihre Zuhörer danach einzuschätzen, ob sie emotional oder eher sachlich ansprechbar sind.

Versuchen Sie herauszufinden, was Sie mit Ihren Zuhörern verbindet.

Bringen Sie Ihre Zuhörer zum Schmunzeln, entspannte Menschen hören besser zu.

	Aktivieren und motivieren Sie Ihre Zuhörer.
	Wenn sich die Zuhörer Notizen machen, so ist das ein sicheres Zeichen, dass Sie gut ankommen.
Zuhörerkreis	Der Abstand zwischen dem Rednerpult und dem Zuhörerkreis sollte möglichst gering sein.
Zwischenrufe	Lassen Sie sich durch Zwischenrufe und Fragen nicht aus dem Konzept oder aus der Ruhe bringen.

Zum Schluss noch etwas zum Schmunzeln:

Ein Beispiel für den Umgang mit Sprachbarrieren

(zur Nachahmung nicht unbedingt empfohlen …)

Der Pastor hat Lampenfieber vor seiner ersten Predigt. Er fragt den Apotheker, was er dagegen tun könne. Der Apotheker rät ihm, vor dem Spiegel zu üben und zur Beruhigung einen Schnaps zu trinken – und zwar immer dann, wenn er das Zittern bekomme.

Nachdem der Pastor 17 mal gezittert hat, besteigt er die Kanzel, die er nach Beendigung der Predigt unter anhaltendem Beifall wieder verlässt. Er fragt den Apotheker, was er denn von seiner Predigt halte.

Der Apotheker lobt den Pastor und erklärt ihm, dass er lediglich neun Fehler begangen habe:

1. Eva hat Adam nicht mit der Pflaume verführt, sondern mit dem Apfel.

2. Kain hat Abel nicht mit der MP erschossen, sondern er erschlug ihn.

3. Dann heißt es nicht „Berghotel", sondern „Bergpredigt".

4. Jesus wurde nicht auf der Kreuzung überfahren, sondern an das Kreuz geschlagen.

5. Dann war das nicht der warmherzige Bernhardiner, sondern der barmherzige Samariter.

6. Auch heißt es nicht „…suche mich in der Unterführung", sondern„ … führe mich nicht in Versuchung".

7. Falsch ist „dem Hammel sein Ding" und richtig „dem Himmel sei Dank".

8. Es heißt auch nicht „Jesus, meine Kuh frisst nicht", sondern „Jesus, meine Zuversicht".

9. Und zum Schluss der Predigt sagt man nicht „Prost", sondern „Amen".

Ihr Nutzen für Ihren Arbeitsalltag

Sie kennen nun die wichtigsten Regeln der Rhetorik. Diese unterstützen Sie nicht nur bei Vorträgen und Reden, Sie können sie vielmehr auch im täglichen Leben, zu jedem Gespräch einsetzen. Sie haben gelesen, wie Sie positiv auf Ihr Gegenüber wirken, Sie wissen, worauf es im Wesentlichen ankommt. Sie kennen auch kleine Tricks und Kniffe, wie Sie andere überzeugen.

Sie haben Anhaltspunkte, wie Sie Ihre Persönlichkeit stärken können. Für Ihren Chef sind Sie damit eine Mitarbeiterin, auf die er sich in allen Situationen verlassen kann, die ihre Frau steht.

9.   Verhandlungstechniken

„Auch aus Steinen, die Dir in den Weg gelegt werden, kannst du etwas Schönes bauen."

[Erich Kästner]

9.1   Was bedeutet Verhandeln?

Verhandeln müssen Sie ständig, mit Ihrem Chef, Ihren Kollegen, mit Kunden, mit dem Partner, mit den Kindern, beim Einkaufen.

Verhandeln heißt: „Mit wenig Blutvergießen das zu bekommen, was man will."

Ihr Ziel muss sein, den Verhandlungspartner zu überzeugen, ihn für den eigenen Standpunkt zu gewinnen.

„Ich gebe, damit du gibst."

Bei Verhandlungen versuchen zwei oder mehrere Parteien ihre voneinander abweichenden Ansichten auf einen gemeinsamen Nenner zu bringen. Je näher die Ziele beieinander liegen, umso einfacher ist die Verhandlung.

Jede Partei muss geben und nehmen. Für einen Kompromiss müssen beide Verhandlungspartner von ihren Standpunkten abrücken. Jeder „opfert" und „gewinnt" andererseits etwas dazu.

9.2   Stolpersteine für Verhandler

Nehmen Sie sich ein paar Minuten Zeit für die folgende Checkliste:

Wo sehen Sie Stolpersteine bei Ihren Verhandlungen? Machen Sie sich mit dieser Liste Ihre eigenen ungeklärten Punkte klar! Dann arbeiten Sie daran, ein Verhandlungsprofi zu werden.

Das sind typische Fehler" bei Verhandlungen:

- Mangelhafte Vorbereitung auf Blitzverhandlungen
- Das eigene Verhandlungsverhalten ist nicht eindeutig interpretierbar und irritiert
- Sie kommen schnell bei (vermeintlichen) Angriffen in ein hemmendes Verteidigungs- und Rechtfertigungsverhalten
- Es werden zu wenige eigene, klärende Fragen im Verhandlungsablauf gestellt
- Unerfahrene Verhandlungsteilnehmer erzählen zu wenig von sich selbst, ihren Eindrücken, Empfindungen und Absichten (geben dem Verhandlungspartner kaum Vertrauen und Orientierungssicherheit)
- Beständiges Fragen (das aktive Zuhören) wird zu wenig eingesetzt
- Gleichzeitig wird oft vorschnell an Lösungen gearbeitet, ohne eine ausreichende Analyse der Fakten und Hintergründe beider Verhandlungsparteien durchgeführt zu haben
- Die Kontakt- und Organisationsphase in Verhandlungen wird vernachlässigt, man glaubt die Lösungen müssen schnell auf den Tisch
- Keine ausreichend vereinbarte, offene Agenda mit einem klaren Zeitplan für Verhandlungsschritte
- Es werden keine gemeinsamen Verhandlungslinien oder Spielregeln zur Orientierung abgesprochen
- Es wird gepokert und mit Sanktionen gedroht, obwohl keine ausreichende Verhandlungsmacht gegeben ist
- Gemeinsame Interessen werden zu wenig herausgearbeitet und als Maßstäbe verwandt
- Ungeduldiges Verhalten verhindert kreative neue Handlungsmöglichkeiten
- Das Denken ist zu sehr auf den klassischen Kompromiss ausgerichtet (halbe/halbe oder der Preis muss runter)
- Denkhaltungen wie: Verhandeln kann man nicht lernen, verhandeln ist eine Kunst und man kann es auch nicht vorher planen und vorbereiten, verhindern Verhandlungserfolge
- Da ich noch nichts vom Verhandlungspartner weiß, kann ich mich auch vorher nicht auf eine Ablaufstruktur vorbereiten (Man muss flexibel bleiben!)
- Denken: Gute Beziehungen zu wichtigen Personen werden schon ein gutes Ergebnis erreichen lassen
- Es wird naiv versucht, mit rhetorischem Geklingel und vermeintlichen rhetorischen Tricks den Verhandlungspartner zu beeinflussen

---

9.3　Das Harvard-Konzept

Das Harvard-Konzept ist ein wichtiger Baustein bei lösungsorientierten Verhandlungen. Es erlaubt, auch bei schwierigen Verhandlungen noch ein positives Verhandlungsergebnis zu erzielen.

Das „Harvard Negotiation Project" ist ein Forschungsprojekt der Harvard University der 70er Jahre, das u. a. bei den Nahost-Friedenverhandlungen in Camp David eingesetzt wurde.

> Laut „Harvard" ist die Regel für Verhandeln: Sachbezogen Handeln, die Sach- und Beziehungsebene trennen, Interessen ausgleichen und Entscheidungsalternativen unter Verwendung neutraler Beurteilungskriterien zu suchen, um so einen Gewinn für alle Beteiligten zu schaffen.

Die Bereiche Interessen, Menschen, Kriterien und Optionen stehen dabei im Vordergrund. Schauen Sie sich an, was sich jeweils dahinter verbirgt:

■ Interessen

- – Erkennen, dass beide Seiten vielfältige Interessen haben
- – Offen nach Interessen fragen
- – Bestimmt, aber flexibel sein
- – Nach vorn schauen, statt zurück

■ Menschen

- – Perspektive übernehmen und übernehmen lassen
- – Über die Vorstellung beider Seiten sprechen
- – Alle Seiten an der Ergebnisfindung beteiligen
- – Hart in der Sache sein, aber sanft zu den Beteiligten

■ Kriterien

- – Kriterien finden, die unabhängig vom beiderseitigen Willen bestehen
- – Streitfall oder Uneinigkeit zur gemeinsamen Suche nach Kriterien machen
- – Vernünftig argumentieren und für vernünftige Argumentation offen sein
- – Niemals Druck nachgeben

■ Optionen

- – Finden von Optionen von der Beurteilung trennen
- – Zahl der Optionen maximieren
- – Vorteile für alle Beteiligten suchen
- – Gemeinsame Interessen herausfinden

> Jeder Verhandlungspartner hat zwei Grundinteressen:
> Das eine bezieht sich auf den Verhandlungsgegenstand, das andere auf Beziehungen. Dabei ist wichtig, dass Sie persönliche Beziehungen von der Sachfrage trennen. Kümmern Sie sich unmittelbar um das „Problem Mensch". Versetzen Sie sich in die Lage des anderen.

Und hier ein paar weitere Tipps aus dem Harvard-Konzept:

- Leiten Sie die Absicht anderer niemals aus Ihren eigenen Befürchtungen ab.

- Schieben Sie die Schuld an Ihren eigenen Problemen nicht der Gegenseite zu.

- Sprechen Sie über die Vorstellungen beider Seiten.

- Versuchen Sie, die Vorstellungen der Gegenseite auf unerwartete Weise zu nutzen.

- Beteiligen Sie die Gegenseite am Ergebnis: Sorgen Sie dafür, dass Sie sich am Verhandlungsprozess beteiligt.

- Emotionen muss man erkennen und verstehen – die der anderen und die eigenen.

9.3.1   Verhandlungsmethoden nach Harvard im Vergleich

Nach Harvard gibt es drei verschiedene Verhandlungsmethoden. Die Tabelle zeigt Ihnen die Unterschiede zwischen den Verhandlungsstilen: weich, hart, sachbezogen.

weich	hart	sachbezogen
Teilnehmer sind Freunde	*Teilnehmer sind Gegner*	*Teilnehmer sind Problemlöser*
Ziel: Übereinkunft mit der Gegenseite	Ziel: Sieg über die Gegenseite	Ziel: vernünftiges, effizient und gütlich erreichtes Ergebnis
Konzessionen werden zur Verbesserung der Beziehung gemacht	Konzessionen werden als Voraussetzung der Beziehungen gefordert	Menschen und Problem getrennt behandeln
Weiche Einstellung zu Menschen und Problemen	Harte Einstellung zu Menschen und Problemen	Weich zu den Menschen, hart in der Sache
Vertrauen zu den anderen	Misstrauen gegenüber den anderen	Unabhängig von Vertrauen oder Misstrauen vorgehen
Bereitwillige Änderung der Position	Beharren auf der eigenen Position	Konzentration auf Interessen und Bedürfnisse, nicht auf Positionen
Angebote werden unterbreitet	Drohungen erfolgen	Interessen erkunden

weich	hart	sachbezogen
Die Verhandlungslinie wird offengelegt	Die Verhandlungslinie bleibt verdeckt	„Verhandlungslinie" vermeiden
Einseitige Zugeständnisse werden um der Übereinkunft willen in Kauf genommen	Einseitige Vorteile werden als Preis für die Übereinkunft gefordert	Möglichkeiten für gegenseitigen Nutzen suchen
Suchen nach der einzigen Antwort, die die anderen akzeptieren	Suche nach der einzigen Antwort, die ich akzeptiere	Unterschiedliche Wahlmöglichkeiten suchen; erst danach entscheiden
Bestehen auf einer Übereinkunft	Bestehen auf der eigenen Position	Bestehen auf objektiven Kriterien
Willenskämpfe werden vermieden	Der Willenskampf muss gewonnen werden	Ein Ergebnis unabhängig vom jeweiligen Willen erreichen
Starkem Druck wird nachgegeben	Starker Druck wird ausgeübt	Vernunft anwenden und der Vernunft gegenüber offen sein; nur sachlichen Argumenten und nicht dem Druck nachgeben

„Harvard" beinhaltet noch einen wesentlichen Aspekt, den wir keinesfalls außer Acht lassen dürfen: Die Win-Win-Situation. Nun denken Sie vielleicht, dass damit 50 : 50 gemeint ist, dies wäre der Idealfall, der in der Praxis nur selten vorkommt. Bei Win-Win kann auch das Verhältnis 90 : 10, 30 : 70, 60 : 40 vorkommen. Entscheidend für den Erfolg einer Verhandlung nach „Harvard" ist, dass jeder Verhandlungspartner etwas für sich aus der Verhandlung mitnimmt.

9.4 Die Planung und Vorbereitung einer Verhandlung

Bitte richten Sie Ihre Aufmerksamkeit jetzt darauf, was tatsächlich vor und während einer Verhandlung abläuft.

Bei Verhandlungen bestimmen wenige entscheidende Einzelschritte über die Qualität der erzielten Vereinbarungen, die beide Seiten zu Siegern machen. Voraussetzung dafür ist aber, dass jeder dieser Schritte gut durchdacht und vorbereitet wird.

Hier erhalten Sie die Einzelheiten, die in der Planung und Durchführung einer Verhandlung von Bedeutung sind:

9.4.1 Die MM (Maximum : Minimum)-Methode als praktisches Hilfsmittel

Die MM(Maximum-Minumum)-Methode hat sich als praktisches Hilfsmittel in Verhandlungen erwiesen.

Zur Vorbereitung der Verhandlung

- Wer ist mein Verhandlungspartner?
- Welche Interessen und Bedürfnisse spielen bei ihm eine Rolle?
- Wie kann ich diese Bedürfnisse befriedigen?

Das Ziel der Verhandlung ist

Welche Ziele möchte ich durch die Verhandlung erreichen?	Welche Ziele strebt aller Voraussicht nach mein Verhandlungspartner an?
MAXIMUM	MAXIMUM
MINIMUM	MINIMUM

- Wie weit bin ich bereit, an dieser Zielvorstellung Abstriche vorzunehmen?
- Meine beste Alternative?
- Zu welchem Entgegenkommen wird wohl mein Verhandlungspartner bereit sein?

Die Argumentation

Meine Argumente	Die voraussichtlichen Argumente der Gegenseite?
Was spricht dafür? Was spricht dagegen? (bzw. was lässt sich von der Gegenseite einwenden?)	Was spricht dafür? Was spricht dagegen? (bzw. wasw lässt sich von mir einwenden?)

Die Hilfsmittel:

- Welches Material, welche Unterlagen unterstützen meine Argumentation?
- Material, Medien, Modelle …

■ Unterlagen zur Unterstützung meiner Argumente

■ Alle „Eingangskanäle" ansprechen

Motive und Motiv-Befriediger, Bedürfnisse und Interessen

Stellen Sie Ihre Motive und die Motive Ihres Verhandlungspartners fest:

Meine Motive:	Die Motive der anderen:

■ Partnerbezogene Kern-Fragen vorbereiten und nicht improvisieren

■ Einwände des Verhandlungspartners vorausbestimmen. Passende, überzeugende Antworten vorbereiten.

9.5   Die einzelnen Phasen der Verhandlung

9.5.1   Der Verhandlungsbeginn

■ Gemeinsame Interessen feststellen

■ Beobachten: Ist der Partner gesprächswillig/gesprächsbereit?

■ Gemeinsam einen Zeitrahmen festlegen

■ Kontroll-Liste der Besprechungspunkte

■ Denken Sie daran: Hohe Forderung = Hohe Rendite

■ Aber eine hohe Forderung kann auch zu einer Pattsituation führen.

■ Verwässerung der Argumente vermeiden

9.5.2   Während der Verhandlung

■ Stellen Sie fest, wie man auf Ihren Vorschlag reagiert

■ Aktiv zuhören

■ Offene Fragestellung

■ Umschreiben (Paraphrasieren)

■ Feedback und Zusammenfassung

■ Diagnostische Schlussfolgerung Ihres Vorschlags erstellen

■ Die anderen dazu bringen, ihren Vorschlag zu äußern

■ Vorschläge in neutraler Form erstellen

■ Die Motive und Motiv-Befriediger der anderen feststellen/überprüfen

■ Motive und Motiv-Befriediger aufeinander abstimmen (Ich-Partner)

■ Zuerst Vereinbarungen bei einfachen Themen erzielen und dann zu schwierigeren Verhandlungspunkten übergehen

■ Zugeständnisse auf Fairness aufbauen

■ Ausmaß Ihrer Zugeständnisse an die Zugeständnisse der anderen anpassen

■ Ihre Abbruchposition zu erkennen geben

■ Immer die Regel der Gegenseite praktizieren

■ Überlegen, wo ist die Verhandlung ins Stocken geraten

■ Nachdenken und Schlichten

■ Denken Sie daran: *Kein Geschäft* ist besser als ein schlechtes Geschäft

9.5.3   Der Verhandlungsschluss

■ Abschließen: Zielgerichtet und konsequent

■ Vereinbarungen schriftlich festhalten:

– Schreiben Sie die Ergebnisse und Vereinbarungen laufend mit: Nach dem Schema: Was – Wer – Bis wann?

- – Überprüfen Sie die getroffenen Vereinbarungen anhand ihrer Aufzeichnungen nach der Verhandlung
- – Zusammenfassen: Was – Wann – Wie geht es weiter?

■ Termine und Zeiten

- – Zeitrahmen einhalten
- – Zeitdruck = Entscheidungsdruck
- – Erfolg durch Geduld
- – Neuen Gesprächstermin ausmachen

■ Nachbereitung

- – Analyse und Auswertung
- – Überprüfung der Vereinbarungen/Ziele?
- – Maßnahmen und weitere Aktivitäten

9.6   Tipps für erfolgreiches Verhandeln

■ Das Wesen jeder Verhandlung besteht darin, dass beide Partner etwas geben und etwas bekommen. Jede Seite muss bei diesem Austausch einen Vorteil für sich sehen.

■ Meist eröffnet die Partei das Gespräch, die eingeladen hat. Wer zuerst spricht, kann das Gespräch lenken.

■ Die Tagesordnung kann eine Verhandlung entscheidend beeinflussen, da sie festlegt, in welcher Reihenfolge die Punkte besprochen werden.

■ Die Sitzordnung spiegelt eine Rangordnung wider und sollte daher sorgfältig erstellt werden. Berücksichtigen Sie diesbezüglich auch die Anordnung der Tische.

■ Versuchen Sie immer, gemeinsame Interessen mit Ihrem Verhandlungspartner zu finden. Halten Sie dazu Ihre Ziele flexibel, verhandeln Sie auch über Randbedingungen.

■ Es ist schwierig, eine aggressive Verhandlung zu beruhigen. Machen Sie dem Aggressor gegebenenfalls ein Zugeständnis, das es ihm ermöglicht, sein Gesicht zu wahren und sich vernünftig zu verhalten. Ihr Zugeständnis sollte einen Punkt betreffen, der nicht allzu wichtig ist.

■ Drohung, Druck und Ultimatum sollten Sie nur ganz selten einsetzen. Wenn Sie ein Ultimatum setzen, müssen Sie es im Zweifelsfall auch wirklich umsetzen.

■ Jede Verhandlung kommt irgendwann an einen toten Punkt, den Sie überwinden können, indem Sie eine neue Person hinzuziehen. Hilfreich kann auch sein, das eigentliche Problem neu zu definieren.

- Zugeständnisse und Gegenleistungen erleichtern den Weg zu einem befriedigenden Abschluss für beide Seiten.

- Aktiv zuzuhören bedeutet, sich auf die Worte des anderen zu konzentrieren und nachzufragen, wenn Sie etwas nicht verstanden haben. Beziehen Sie sich auf das Gesagte, wenn Sie selbst sprechen.

- Formulieren Sie Ihre Worte situationsgerecht, so dass sie auf Vorkenntnisse und Niveau Ihrer Zuhörer zugeschnitten sind. Reden Sie nicht zu viel, sonst verwässern Sie Ihre Aussage.

- Fragen zu stellen, die eine ausführliche Antwort erfordern, und anschließend detailliert nachzufragen, ist eine sehr erfolgversprechende Methode. Dadurch engen Sie den Bereich so lange ein, bis sich ein präzises Bedürfnis, Problem oder Interesse Ihres Verhandlungspartners herauskristallisiert.

- Kommunikationsstörungen lassen sich beheben bzw. vermeiden, indem Sie regelmäßig das gegenseitige Verständnis überprüfen und Zwischenergebnisse zusammenfassen.

- Wer zuerst sein Angebot auf den Tisch legt, muss Farbe bekennen. Ein solches Vorgehen hat aber auch den Vorteil, dass Sie die Verhandlungsbasis festsetzen.

- Die wichtigsten Taktiken sind hypothetische Angebote und Verhandlungspakete. Sie engen die Handlungsfreiheit der anderen Seite ein und können Ihnen dabei helfen, Ihre Ziele zu erreichen.

- Ausweichmanövern müssen Sie mit konsequentem Auftreten begegnen, um die Verhandlung nach Ihren Vorstellungen zu gestalten. Scheuen Sie keine direkte Auseinandersetzung.

Die wichtigsten Strategien und Taktiken betreffen die folgenden Punkte:

- Überlegen Sie, ob Sie Ihr erstes Angebot an der Unter- oder Obergrenze ansiedeln.

- Wollen Sie das erste Angebot machen oder abwarten, was die andere Seite bietet?

- Möchten Sie auf Zeit spielen oder schnell zu einem Ergebnis kommen?

- Mit der Einigung ist die Verhandlung noch keineswegs abgeschlossen. Nun gilt es, die Vereinbarungen umzusetzen.

- Halten Sie Ihre Ergebnisse schriftlich fest und beginnen Sie schnellstmöglich mit der Verwirklichung.

- Versuchen Sie, in jedem Fall eine gute Beziehung zu Ihrem Verhandlungspartner aufzubauen.

- Erweisen Sie ihm immer Respekt.

9.7   Die neun Gesetze des Verhandelns

Komplexe Verhandlungen führen nur zum Erfolg, wenn am Ende beide Seiten zufrieden sind. Neun Gesetze helfen, den Weg zu einer Einigung erfolgreich zu beschreiten.

Gesetz 1:

Analysieren Sie Ihren Verhandlungspartner. Gerade wenn Sie eine schwierige Verhandlung führen, müssen Sie mehr wissen als Ihr Gegenüber.

Gesetz 2:

Verfolgen Sie Ihr Ziel mit einer klaren Strategie. Um das klar definierte und messbare Ziel zu erreichen, brauchen Sie eine Strategie, die die übergeordnete Leitlinie festlegt, und eine entsprechende Taktik, mit der die Strategie in einzelne Aktionen umgesetzt wird.

Gesetz 3:

Überzeugen Sie mit den richtigen Argumenten. Kommunizieren Sie klar und deutlich, weshalb die von Ihnen vorgeschlagene Lösung für Ihren Verhandlungspartner nützlich ist.

Gesetz 4:

Übernehmen Sie die Führung in der Verhandlung. Sobald Sie merken, dass Sie unter Stress geraten, unterbrechen Sie die Situation. Bewegen Sie sich einige Schritte und versuchen Sie, die Situation von außen zu betrachten.

Gesetz 5:

Zeigen Sie Ihre Macht. Machen Sie sich bereits vor der Verhandlung klar, ob Sie und Ihr Gesprächspartner auf der gleichen Stufe stehen. Häufig wird die Macht des Verhandlungspartners stärker wahrgenommen als die eigene. Überlegen sie, in welchen Punkten Sie Macht besitzen.

Gesetz 6:

Brechen Sie Widerstand. Wenn Ihr Gegenüber trotz ausführlicher Verhandlungen immer noch alleiniger Gewinner sein will, müssen Sie zeigen, dass Sie nicht nachgeben werden. Beschreiben Sie die Gefahren, die ein Scheitern der Verhandlungen für den Partner hat, und bieten Sie ihm jederzeit eine goldene Brücke als Ausweg.

Gesetz 7:

Sorgen sie für die Einhaltung der Vereinbarung. Halten Sie genau fest, wer was zu tun hat. Lassen Sie den Verhandlungspartner bei der Unterzeichnung wie den Sieger aussehen. Loben Sie sein Verhandlungsgeschick und seine Professionalität.

Gesetz 8:

Jeder hat aus seiner Sicher der Welt Recht! Ansichten sind das Ergebnis von Erfahrungen. Andere Erfahrungen sind auch richtig. Deshalb: Die Meinung des anderen verdient Achtung/Beachtung und muss ernst genommen werden. Gehen Sie auf den Partner ein.

Gesetz 9:

Jeder hat einen Namen! Nutzen Sie das rhetorische Mittel, den Partner mit Namen anzusprechen. Das fördert die Gesprächsatmosphäre und zeigt Achtung. Wer mit Namen angesprochen wird, fühlt sich bestätigt und beachtet.

9.8   Der organisatorische Rahmen

- Wer hat eingeladen?/Wer trägt die Verantwortung?/Wer moderiert?

- Wo findet die Verhandlung statt? Sekretariat oder Büro?

- Terminfestlegung: Datum, Ort, Uhrzeit, Dauer, Einladungsfrist

- Tagungsraum: Größe (Teilnehmerzahl), Technik, Telefon, Kopierer, Flipchart, Pinwände, Beamer, Klimatechnik

- Teilnehmer: Alle wichtigen Parteien vertreten? Niemand „überflüssig"?

- Zahl möglichst $\leq = 7$

- Sitzordnung, Namensschilder

- An-/Abreise, Unterkunft

- Tagesordnung mit Zeiten allen zuschicken, weitere Unterlagen

- Auf Flipchart Tagesordnung mit Zeiten visualisieren

- Tagungsservice: Getränke, Essen, Pausen

- Ambiente, Art des Empfangs, Kleiderordnung

- Mikrophonanlage? Übersetzer?

- Externe Experten vorgesehen?

- Nächster Termin, weitere Verhandlungen erforderlich?

- Protokollführung, Ergebnissicherung?

9.8.1   Interne Absprache

■ Ist eine interne Vorbesprechung erforderlich? Mit wem?

■ Welche Absprachen müssen getroffen werden?

■ Verhandlungsführer? Rollenverteilung? Prozessbeobachter?

■ Verhandlungsziele und Strategie, Alternativen, Deadline, Reizthemen, Argumente, Konsens?

9.8.2   Verhandlungseinstieg

■ Vertrauensbildende Maßnahmen

■ Wie Anwärmphase?

■ Vollmachten klären

9.9   Verhandlungstricks …
    und wie Sie diesen sachgerecht begegnen

Diese Liste soll dazu beitragen, Tricks zu entlarven und ihnen wirkungsvoll und sachlich zu begegnen. Die eigene Anwendung dieser Tricks schließt sich aus, wenn Sie konsequent konstruktiv verhandeln wollen, was sich vorbehaltlos empfiehlt.

Tricks	Wie Sie ihnen begegnen
Tricks anwenden (allgemein)	Ansprechen: zu verstehen geben, dass man „es" erkannt hat; thematisieren
Ungünstige Rahmenbedingungen (Zug, schlechte Luft, rauchen, gegen Sonne schauen etc.)	Ansprechen; Eigeninitiative (abstellen), (Raucher-)Pausen; Wechsel des Verhandlungsortes
Sitzordnung: Partner einer Partei werden auseinander gesetzt, können nicht miteinander kommunizieren	Ansprechen: „Wir würden gerne unsere Unterlagen gemeinsam einsehen können." „Wir würden uns gerne zwischendurch absprechen können."
Warten lassen	Nachfragen, sich in Erinnerung bringen: „Dauert es noch länger? Dann kann ich in der Zwischenzeit noch telefonieren."; Termin plötzlich platzen lassen
Verhandlungstermin zu eigenen Gunsten; Zeitdruck, da gut vorbereitet und Moment günstig	Unterbrechen, vertagen; gewünschten Zeitrahmen vorher klarmachen; Puffer einbauen; Alternativangebote zu Termin; eventuell Mannschaftswechsel

Tricks	Wie Sie ihnen begegnen
Zeitverzögerung	Klare Ziele vereinbaren; straffe Verhandlungsführung; Zeitplan; Zwischenschritte setzen
Störungen von außen; Unterbrechungen	Störungen vorher ausschalten; Hinweis auf Auswirkungen bei einem selbst
Unklare Vollmachten	Vollmachten vorab klären: „Ich bin abschlussbefugt, trifft das auch auf Sie zu?"; richtigen Ansprechpartner finden
Nachschieben von Tagesordnungspunkten	Punkt „Verschiedenes" auf Tagesordnung grundsätzlich streichen; unter „Verschiedenes" aufnehmen; „Das ist ein so wichtiger Punkt, dass ich darauf gut vorbereitet sein möchte."
Reihenfolge der Tagesordnungspunkte ändern	Tagesordnung und Zeiten visualisieren; Absprache vor der Verhandlung gilt, es sei denn, dass alle mit der Änderung einverstanden sind, weil es Sinn macht
„Ja, aber …"	Zurückfragen: „Heißt das nein?"; „Was wollen Sie damit ausdrücken?"; „Habe ich Sie richtig verstanden, dass …?"
Nicht ausreden lassen	Freundlich darauf hinweisen: „Ich würde gerne den Satz zu Ende führen."; „Ich bin noch nicht (ganz) fertig mit meinen Ausführungen."; Spielregeln vereinbaren; Moderator einsetzen; visualisieren
Durch häufiges Nachfragen Gegenseite verunsichern	„Drücke ich mich unklar aus?"; visualisieren; „Ich würde meine Ausführungen gerne zu Ende führen und Sie bitten, Ihre Frage zu notieren. Vielleicht klären sich viele Fragen während meiner weiteren Ausführungen."; Zwischenergebnisse festhalten
Schweigen	„Ich fasse Ihr Schweigen als Zustimmung auf und bitte, das ins Protokoll zu übernehmen."; „Was sagen Sie dazu?"; „Was ist Ihre Meinung?"; „Wie soll ich Ihr Schweigen interpretieren?"
Nonverbale Signale, die Desinteresse erkennen lassen	Ansprechen: „Wie soll ich Ihr Schweigen interpretieren?"; „Ihr Bleistift irritiert mich."
Einschüchtern, drohen	Ignorieren; Beziehungsebene ansprechen: „Ich fühle mich bedroht!", „Soll das eine Drohung sein?"; Gelassenheit zeigen: „Ich fürchte mich vor niemanden, außer dem Jüngsten Gericht."; Ziele/Interessen klar visualisieren
„Herunterputzen" vor der Verhandlung: „Sie haben sich doch sicher wieder schlecht vorbereitet."	Überhören, humorvolle Erwiderung; unerwartete Reaktion zeigen: „Möchten Sie die Verhandlung vertagen?"

Tricks	Wie Sie ihnen begegnen
Provokation/Beleidigung	Beziehungsebene ansprechen, ignorieren
„Ich will nicht sagen, Sie seien inkompe- tent ..."	„Ich würde Ihnen gerne meine Kompetenz beweisen."; „Bedeutet das für Sie, dass ich nicht der richtige Verhandlungspartner bin? Sagen Sie es doch!"
Endlos lamentieren, lange Monologe, Grundsatzerklärungen	Redezeitbeschränkung; „Können Sie das bitte wiederholen?" Das waren so viele Punkte, dass ich sie nicht alle behalten konnte."; „Soll ich die wichtigsten Punkte vielleicht visualisieren?"; „Was heißt das jetzt konkret für die Verhand- lung?"; Rückmeldung geben, Verständnis spie- geln

9.10   Argumentationstechniken – ohne geht es nicht

Ein Argument (lateinisch „Beweisgrund, Beweismittel") ist eine Aussage oder eine Folge von Aussagen, die zur Begründung oder zur Widerlegung einer Behauptung (These) angeführt wird. Die zusammenhängende Darlegung von Argumenten bezeichnen wir als Argumentati- on. Argumente sind Äußerungen, die durch überprüfbare Tatsachen oder durch Berufung auf Autorität belegt werden.

Argumente sollen dazu dienen, Ihre Mitmenschen von der Richtigkeit oder Fehlerhaftigkeit ei- ner These zu überzeugen. Sie sind deshalb ein wesentliches Mittel im Bereich der Kritik, der Diskussion und des Dialoges.

Ziel der Argumentation

■ die eigene Sicht der Dinge stichhaltig zu begründen

■ zur Akzeptanz der eigenen Gesichtspunkte zu bewegen, zu überzeugen

Formen der Argumentation

■ Argumentation als Kommunikationsmittel

  – Ziel: Auf der Sachebene überzeugen
  – Kennzeichen: Fairness und Sachlichkeit
  – Voraussetzung: Bereitschaft zum Verstehen des Partners

▪ Argumentation als Angriffsmittel

  – Ziel: Die eigene Meinung durchsetzen
  – Kennzeichen: Angriffs- und Abwehrtaktik
  – Unsachlichkeit

Tipps für die Argumentation

▪ leicht zu widerlegende Gegenargumente herausgreifen und widerlegen

▪ Gegenargumente entkräften, d. h. aufzeigen, was akzeptiert werden kann und was nicht

▪ bewusst Gegenargumente in die eigene Argumentation einschließen

▪ nicht alle Argumente auf einmal vorbringen

▪ Fragen stellen

9.10.1 Checkliste: die verschiedenen Argumentationstechniken

Argumentationstechniken		Beispiel
Faktenargument	Autorität durch Zahlen, Daten und Statistiken	Die Studie von Menzel 2000 zeigt klar, dass ein Satz mit über 20 Worten von 50 % aller Menschen nicht mehr verstanden wird.
Gegenargumente vorwegnehmen	Wind aus den Segeln nehmen, indem das Argument der Gegenpartei vorweg entkräftet wird.	Ich höre schon Ihren Einwand, dass durch die neue Körperschaftsteuer gerade kleine Unternehmen nicht entlastet werden. Es ist jedoch so, dass …
Live Effekt	Während des Redens wird ein Artikel, Buch oder Schriftstück hochgehalten. Diese Veranschaulichung kann beeindrucken. Auch ein Gegenstand, ein Foto oder eine Person kann als „Beweisstück" hilfreich sein.	Der berühmte Taferl-Einsatz …
Autoritätsargument	Statt Argumente werden Sentenzen von bekannten Persönlichkeiten zitiert.	Mathias Horx meint dazu: … Dazu hat Prof. Dr. XY geschrieben …

Argumentationstechniken		Beispiel
Logikargument	Logik besticht. Argument Wirkt glaubwürdig, z. B. mit Statistiken und logischen Beweisführungen.	Wer regelmäßig Joggen geht, der trainiert Herz und Kreislauf. Ein gut trainiertes Herz-Kreislaufsystem macht belastbarer. Stress wird besser bewältigt. Stressresistenz ist eine wichtige Karrierevoraussetzung.
Nutzungsargumentation	Eigenes Tun wird gerechtfertigt.	Wer sein Auto benutzt, der unterstützt die Wirtschaft und leistet einen aktiven Beitrag gegen die Arbeitslosigkeit.
Meditationstaktik	Bei einem hartnäckigen Partner, der alle Vorschläge negiert	Unter welchen Umständen könnten Sie den Vorschlag akzeptieren?
Widerspruchstechnik	Widersprüche werden gesucht und deutlich aufgedeckt.	„Vorhin behaupteten Sie, die großen finanziellen Aufwendungen würden uns zur Ablehnung des Projektes zwingen. Jetzt erwähnen Sie plötzlich persönliche Gründe. Es scheint doch eher so, als ob …"

9.10.2 Nutzenargumentation

Aufbau: drei Stufen

1. Eigenschaften beschreiben – Feature talk

2. Vorteile betonen – Advantages

3. Nutzen nennen – Benefit

Von der Eigenschaft über den Vorteil zum Nutzen

Beispiel

„Dieses Handy hat eine Tastensperre."

„Das bedeutet/hat den Vorteil, dass Sie nicht versehentlich jemanden anrufen können."

„Das bewahrt Sie vor hohen Telefonrechnungen/peinlichen Situationen."

Zur Wiederholung nochmals die drei Stufen:

1. Features: „Das ist/hat/kann …"

2. Advantage: „Das hat den Vorteil …/bedeutet, dass …"

3. Benefit: „So können Sie …/das ermöglicht Ihnen …"

Das Nutzenargument hat den unschlagbaren Vorteil, dass Sie Ihren Gesprächs- und Verhandlungspartner „mit auf die Reise nehmen", Sie können ihn schrittweise überzeugen.

Empfehlenswerte Wortwahl bei der Nutzenargumentation:

- … das erspart Ihnen …
- … das ermöglicht Ihnen …
- … dadurch senken Sie …
- … das garantiert Ihnen …
- … das garantiert euch …
- … das garantiert dir …

Übung

Listen Sie zuerst in der linken Spalte alle Argumente auf, die für Ihr Produkt/Ihre Leistung/ Lösung sprechen. Daneben schreiben Sie den Nutzen, den Ihr Verhandlungspartner dadurch erzielt, und formulieren Sie in der dritten Spalte die entsprechende Frage, die im Kern zu einem Ja führt.

Argument	Nutzen für Verhandlungspartner	Ihre Frageformulierung

9.11 Goldene Verhandlungsregeln

- Bereiten Sie sich besser vor als Ihr Partner.

- Stimmen Sie sich optimistisch ein.

- Betonen Sie in der Kontaktphase gemeinsame Interessen.

- Behandeln Sie zuerst Teilfragen, in denen gute Einigungsmöglichkeiten bestehen.

- Vermeiden Sie, sich und den Partner in der Einleitungsphase zu früh festzulegen.

- Überlegen Sie, wofür Sie dem Partner danken können.

- Ehrliche Anerkennung festigt den Kontakt (keine billigen Komplimente).

- Das ideale Verhandlungsgespräch bewegt sich abwechselnd auf der Sachebene und der Beziehungsebene.

- Lassen Sie sich niemals provozieren.

- Sprechen Sie Ihren Partner mit seinem Namen an.

- Keine Angst vor Fragen. Je mehr Sie fragen, desto mehr erfahren Sie.

- Bringen Sie kurze und anschauliche Beispiele und Vergleiche.

- Legen Sie Tabellen, Fotos, Skizzen, Zeichnungen und grafische Darstellungen vor.

- Nennen Sie die besten Argumente nicht zu früh.

- Achten Sie auf Ihre Körpersprache.

- „Revolversätze" verhindern den Aufbau eines Sympathiefeldes.

- Versuchen Sie, das Problem immer auch aus der Sicht des Partners zu sehen.

- Vermeiden Sie alle unnötigen Diskussionen.

- Geben Sie in unwesentlichen Punkten nach, um dem Partner zu einem Erfolgserlebnis zu verhelfen.

- Seien Sie ein guter Zuhörer, lassen Sie den Partner ausreden.

- Erfolgreich verhandeln heißt: Die eigene Idee zum Baby des anderen machen.

- Vermeiden Sie jede Form von Rechthaberei und Überlegenheitsdemonstrationen.

- Korrigieren Sie Irrtümer des Partners nicht um jeden Preis, sondern nur, wenn es notwendig ist.

- Gestehen Sie offensichtliche Fehler ein.

- Verhandlungspausen können nützlich sein.

- Suchen Sie Blickkontakt.

- Antworten Sie auf eine Behauptung nie mit einer Gegenbehauptung.

10.   Lösungen für Übungen

Lösung zur Übung: Welche Wirkung das Zeigen von Empathie hat

Sie sollten die Frage, welche Verhaltensweisen Verständnis zeigen, aus der Sicht eines emotional sensiblen Menschen beantworten. Ihre Lösungen sind dann richtig, wenn Sie bei 2, 5, 6, 11 und 14 „zeigt Verständnis" angekreuzt haben. Die anderen Verhaltensweisen lösen eher Gefühle der Ablehnung, des Unbehagens und des Missverstehens aus.

Lösung zur Übung Körpersprache/Kinesik*
*Wissenschaft, die sich mit Körpersprache befasst

	Wenn plötzlich der Gesprächspartner:	Dann bedeutet dies:
1.	den Kopf ruckartig zurückwirft	Trotz, Ablehnung, Ungläubigkeit
2.	den Kopf einzieht (Schultern hochgezogen)	Angst, Nervosität, Verkrampfung
3.	die Stirn runzelt	Entrüstung
4.	die Augenbrauen hebt	Ungläubigkeit oder Arroganz
5.	durch Sie hindurchschaut	geistesabwesend
6.	Sie mit geradem Blick anschaut	interessiert
7.	keinen Blickkontakt mehr hält	Unsicherheit, Arroganz, Konzentration
8.	häufig die Lider bewegt	Nervosität
9.	die Brille hochschiebt	Versuch, Zeit zu gewinnen

10.	die Brille (hastig) abnimmt	Nervosität, Angriff, nicht einverstanden
11.	kurz an die Nase greift	bin ertappt, Verlegenheit
12.	sich die Nase reibt	Nachdenklichkeit
13.	den Mund öffnet	Erstaunen, will unterbrechen
14.	immer leiser (langsamer) spricht	Unsicherheit, seiner Sache nicht mehr sicher, Unwilligkeit
15.	auf die Lippe beißt	nachdenklich, Zeit gewinnen, Unsicherheit
16.	das Kinn streichelt	nachdenklich, Selbstgefälligkeit
17.	mit dem Oberkörper weit nach vorn kommt	Interesse, will unterbrechen
18.	den Oberkörper weit zurücklehnt	Desinteresse, Ablehnung
19.	die Arme verschränkt a) bei Männern b) bei Frauen	Ablehnung, Verschlossenheit Schutz suchen, Angst
20.	weite Armbewegung macht	Sicherheit
21.	enge Armbewegung macht	Unsicherheit
22.	die Hand vor den Mund nimmt a) während des Sprechens b) nach dem Sprechen	Unsicherheit will das Gesagte zurücknehmen
23.	mit dem Bleistift spielt	Angst, Angriff, Nervosität, Verkrampfung
24.	die Hand zur Faust verkrampft	Angriff, Wut, anklagend
25.	mit den Fingern trommelt	Nervosität, der Redner soll zur Sache kommen
26.	die Hände in die Hüften stemmt	Imponiergehabe oder Entrüstung
27.	die Hände an den Stuhl klammert	starke Unsicherheit
28.	die Hand in die Hosentasche steckt	Entspannung oder Arroganz
29.	die Hand vor die Brust legt	Beteuerungsgeste
30.	die Hand auf den Rücken legt	Befangenheit oder Arroganz
31.	die Hände im Nacken verschränkt	Wohlbehagen, Entspannung

32.	den Zeigefinger hebt	Belehrung, Tadel
33.	mit dem Finger schnippt a) einmal b) mehrmals	plötzlicher Einfall, Lösung gefunden, Lösung suchen
34.	mit dem Zeigefinger auf den Tisch pocht	auf etwas bestehen, von etwas besonders überzeugt sein, Nachdruck verleihen
35.	ein Spitzdach mit den Händen formt	Arroganz oder wehre mich gegen Einwände
36.	die Fingerkuppen aneinander presst	Präzision
37.	sich die Hände reibt	Selbstgefälligkeit
38.	die Finger zum Mund nimmt a) kurze Zeit b) längere Zeit	verlegen, unsicher nachdenklich, konzentriertes Nachdenken
39.	die Hand bei der Begrüßung von oben gibt	dominierend, negativ
40.	das Jackett öffnet	Entspannung, Sicherheit
41.	die Beine übereinander schlägt a) zum Gesprächspartner b) vom Gesprächspartner abgewandt	Aufbau eines Sympathiefeldes Ablehnung, Unwillen
42.	mit den Füßen wippt (stehend)	Arroganz, Sicherheit
43.	die Füße verschränkt	Unsicherheit, Arroganz
44.	die Füße um die Stuhlbeine legt	Unsicherheit, Halt suchen
45.	die Füße nach hinten nimmt	Ablehnung, auf dem Sprung sein

Lösung zur Übung Was ist passiert? Analysieren Sie die verschiedenen Ich-Zustände

In unserem Beispiel bleibt er im Kindheits-Ich, macht aus der gekreuzten Transaktion wieder eine parallele Transaktion, in dem A aus dem angepassten Kindheits-Ich antwortet: „Hey, warum sind Sie plötzlich so verärgert?" Dabei richtet A sich direkt an das Eltern-Ich. Im zweiten Teil seiner Transaktion bewegt sich A wieder auf das Erwachsenen-Ich und stellt die Frage erneut.

Lösung zur Übung Parallele Transaktionen:

1.   A: „Das ist doch Humanitätsduselei mit dem modernen Strafvollzug. Brummen müssen die!"

Rebellisches Kind/Strenges Eltern-Ich

   B: „Klar, wer was verbrochen hat, muss Knast schieben. Da gibt es kein Pardon."

Rebellisches Kind/Strenges Eltern-Ich

   A: „Wo kommen Sie denn hin, wenn es diesen Brüdern im Knast besser geht, als draußen!"

Rebellisches Kind/Strenges Eltern-Ich

   B: „Ja, da muss mal wieder ordentlich aufgeräumt werden!"

Strenges Eltern-Ich/Erwachsenen-Ich

2.   A: „Der Betriebsausflug war ja dufte, hat mal wieder richtig Spaß gemacht."

Natürliches Kind-Ich

   B: „Und gelacht haben Sie! Unseren Alten hättest Du sehen sollen, der war unheimlich witzig!"

Natürliches Kind-Ich

3.   A: „Wie spät ist es?"

Erwachsenen-Ich

   B: „Halb zwölf"

Erwachsenen-Ich

4.   A: „Mist, ich komme einfach mit meinem Chef nicht zu recht

Natürliches Kind-Ich

   B: „Na, dann rede doch mal mit ihm. Bei Schwierigkeiten muss man doch reden."

Gütiges Eltern-Ich

   A: „Hab ich doch schon versucht hat doch alles keinen Zweck, der lenkt sofort vom Thema ab. Da hab' ich keine Chance."

Rebellisches Kind-Ich

B: „Na, da musst Du Dich vorbereiten, eine Strategie zurechtlegen."

  Strenges Eltern-Ich

A: „Das sagst Du so. Ich weiß doch vorher nicht, wann er mich rein ruft."

  Rebellisches Kind-Ich

Schauen Sie sich nun die Transaktionen dazu an. A fragt aus dem Erwachsenen-Ich die Frage „Wie viel Uhr ist es?" und richtet diese an das Erwachsenen-Ich von B. Bei B landet die Frage allerdings im angepassten Kindheits-Ich (Hilfe, immer muss ich etwas tun …). Die Antwort kommt allerdings aus dem strengen Eltern-Ich (Belehrung!): Schauen Sie doch selbst nach! Sie tragen doch selbst eine Uhr – gerichtet an das angepasste Kindheits-Ich von A. Dort landet es auch und die Transaktionen haben sich gekreuzt (Achtung: Potenzial für Konflikt).

Jetzt muss A sich entscheiden, wie er reagiert. In diesem Fall begibt sich A ebenfalls in das strenge Erwachsenen-Ich und richtet sich ebenfalls an das angepasste Kindheits-Ich von B.

Wieder wird die Transaktion durchkreuzt. Jetzt kann es passieren, dass die beiden einen heftigen Streit beginnen, sich beschimpfen und … Irgendwann weiß keine mehr von den beiden, dass es nur um die kleine Frage „Wie viel Uhr ist es?" ging. Solche Konflikte lassen sich vermeiden. Lesen Sie, wie A auch hätte reagieren können.

Lösungsvorschläge: Ich-Zustands-Fragebogen

1. Ein Kollege kann einen wichtigen Brief nicht finden.

  a) Das wundert mich nicht
     Strenges Eltern-Ich

  b) Haben Sie schon gefragt, wer ihn zuletzt gehabt hat?
     Erwachsenen-Ich

  c) Weiß nicht, wo Ihr komischer Brief ist!
     Rebellisches Kind-Ich/Natürliches Kind-Ich

  d) Nur mal langsam, den werden wir schon finden
     Gütiges Eltern-Ich/Erwachsenen-Ich

2. Der Chef ist mit dem Antwortschreiben nicht zufrieden, das seine Sekretärin auf eine Anfrage der Zentrale geschrieben hat.

  a) Ich habe deren Anfrage jetzt dreimal gelesen und weiß immer noch nicht, worauf die eigentlich hinaus wollen. Was die einem manchmal hier zumuten!
     Rebellisches Kind-Ich/Natürliches Kind-Ich

  b) Ich habe das anders verstanden. Sagen Sie mir doch bitte, was die Ihrer Meinung nach wollen.
     Erwachsenen-Ich

c) Darauf sollten wir gar nicht antworten. Die sollen sich gefälligst klar ausdrücken!
    Rebellisches Kind-Ich/Strenges Eltern-Ich

d) So können wir unsere Antwort nicht rausgehen lassen, Frau Blum. Schreiben Sie bitte
    mit, was ich Ihnen jetzt diktiere.
    Strenges Eltern-Ich

3. Einem Gerücht zufolge soll ein Kollege versetzt werden:

a) Kommen Sie, erzählen Sie mir mehr darüber.
    Erwachsenen-Ich

b) Da wird er sich aber ganz schön anstrengen müssen.
    Natürliches Kind-Ich/Strenges Eltern-Ich

c) Wundert Sie das?
    Strenges Eltern-Ich

d) Von wem haben Sie diese Information?
    Erwachsenen-Ich

4. Ein Kollege hat einen Vorschlag gemacht, der als unrealistisch abgelehnt wurde:

a) Sie müssen ziemlich niedergeschlagen sein. Wollen wir heute Abend auf ein Bier ge-
    hen?
    Erwachsenen-Ich/Gütiges Eltern-Ich

b) Was werden Sie jetzt machen?
    Erwachsenen-Ich

c) Warum sollte es Ihnen auch besser gehen als mir?
    Natürliches Kind-Ich/Strenges Eltern-Ich

d) Wie wurde die Ablehnung begründet?
    Erwachsenen-Ich

**5. Eine sehr gut aussehende Sekretärin kommt in einem tief ausgeschnittenen Kleid ins
    Büro.**

a) Donnerwetter! Schauen Sie sich das an!
    Natürliches Kind-Ich

b) Solche Sachen sollten im Büro nicht erlaubt sein!
    Strenges Eltern-Ich

c) Ich frage mich, warum sie das angezogen hat!
Erwachsenen-Ich

d) Das ist ja mal wieder typisch!
Rebellisches Kind-Ich/Strenges Eltern-Ich

6. Personaleinsparungen sind angekündigt:

a) Die machen es sich mal wieder leicht.
Natürliches Kind-Ich

b) Zuerst sollten sie die Jungen entlassen. Die finden eher einen neuen Arbeitsplatz als wir.
Strenges Eltern-Ich/Rebellisches Kind-Ich

c) Ich werde mir meinen Vertrag wieder einmal genau ansehen.
Erwachsenen-Ich

d) Eine Zeitlang haben die ja auch jeden genommen.
Strenges Eltern-Ich

7. Eine Kopiermaschine funktioniert nicht mehr.

a) Rufen Sie bitte den Reparatur-Service an. Die sollen möglichst schnell jemanden schicken.
Erwachsenen-Ich

b) Mit dem Ding ist doch ständig etwas los. Irgendwann werfe ich es noch zum Fenster raus.
Rebellisches Kind-Ich

c) Die Leute gehen einfach nicht vorsichtig genug damit um.
Strenges Eltern-Ich

d) Woran liegt es denn diesmal?
Erwachsenen-Ich

8. Jemand wird unerwartet befördert.

a) Finde ich gut. Der braucht das Geld auch nötiger als andere.
Erwachsenen-Ich/Gütiges Eltern-Ich

b) Was mag wohl der Grund dafür sein?
Erwachsenen-Ich

c) Möchte mal wissen, wie er das gemacht hat.
Natürliches Kind-Ich/Rebellisches Kind-Ich

d) Wer steckt da bloß wieder dahinter?
Natürliches Kind-Ich/Rebellisches Kind-Ich

9. Ein Mitarbeiter ist mit seiner Beurteilung nicht einverstanden.

a) Sie erwarten doch nicht etwa, dass ich mich mit Ihnen auf einen Kuhhandel einlasse!
Strenges Eltern-Ich

b) Sind Sie mit einer Stufe besser einverstanden?
Erwachsenen-Ich

c) Ich habe Ihnen meine Meinung begründet. Aber wenn Sie unbedingt meinen, Einspruch einlegen zu müssen – hier unten auf dem Bogen können Sie ja Ihre Ansicht vermerken.
Rebellisches Kind-Ich/Strenges Eltern-Ich

d) Schauen Sie: Eine Beurteilung ist ja keine Verurteilung. Gerade durch dieses Gespräch haben wir die Voraussetzungen dafür geschaffen, dass Sie Ihre Leistung in den kritischen Bereichen verbessern können.
Erwachsenen-Ich

10. Kollegen informieren sich untereinander nicht:

a) Komischerweise klappt das woanders besser!
Natürliches Kind-Ich

b) Woran liegt das?
Erwachsenen-Ich

c) Ich glaube nicht, dass man da was tun kann.
Angepasstes Kind-Ich

d) Das müsste einfach besser geregelt werden.
Strenges Eltern-Ich

Lösung Übungssätze: Klar, konkret und positiv!

1. Problem
   Vorschlag: Situation, Herausforderung, Chance .....

2. Kein Problem
   Vorschlag: Geht klar! Ist in Ordnung! Ja, das geht.

3. Unsere neue Telefonanlage funktioniert nicht mehr.
   Vorschlag: Unsere neue Telefonanlage funktioniert nicht mehr. Was kann ich tun, damit sie wieder funktioniert? Oder: Wir haben bereits Telekom verständigt. Sie kommen morgen um 9:00 Uhr.

4. Störe ich gerade?
   Vorschlag: Haben Sie gerade Zeit für mich?

5. Das kann ich leider erst morgen erledigen.
   Vorschlag: Das erledige ich (gerne) morgen für Sie.

6. Ich versuche es mal.
   Vorschlag: Ich werde es tun.

7. Schade, dass Sie nicht noch mehr Umsatz gemacht haben.
   Vorschlag: Sie haben einen guten Umsatz gemacht. Bitte steigern Sie ihn nächstes Jahr noch um 10 %.

8. Bitte warten Sie einen Augenblick.
   Vorschlag: Ich bin gleich für Sie da!

9. Ich weiß nicht, wie ich Ihnen weiterhelfen soll.
   Vorschlag: Ich weiß nicht, wie ich Ihnen im Moment weiterhelfen soll. Ich mache mich schlau und rufe Sie in einer Stunde zurück.

10. Tut mir leid, dass ich nicht am Platz war.
    Vorschlag: Ich hatte eine Besprechung.

11. Sie kommen immer zu spät!
    Vorschlag: Ich ärgere mich, wenn sie zu spät kommen. Das passiert in letzter Zeit öfter …

12. Wir könnten …
    Vorschlag: Wir können, wir werden …

13. Herr Müller ist Aufsichtsratvorsitzender, seine Frau arbeitet halbtags …
    Vorschlag: Frau Müller ist Architektin. Herr Müller ist Aufsichtsratvorsitzender.

14. Ich muss eben Ihre Akte holen.
    Vorschlag: Ich hole eben Ihre Akte.

Lösungsvorschläge für die Übung für Gesprächsführung

1. Kann man das nicht auch so sehen, dass …

2. Bitte überprüfen Sie doch noch einmal Ihre Angaben, meines Erachtens …

3. Ich habe mich missverständlich ausgedrückt …

4. Wollen Sie das nicht noch einmal überdenken?

5. Da bin ich mir nicht sicher …

6. Ist das wirklich möglich? Nach meinen Überlegungen …

7. Sie können sich davon überzeugen …

8. Trotz der großen Nachfrage können wir bereits …

9. Entschuldigen Sie bitte …

10. Sind Sie mit mir einer Meinung, dass …

11. Bitte schlagen Sie mir eine andere Lösung vor.

12. Ich meine, …

13. Es wird für Sie von Interesse sein, …

Lösungsvorschläge: Sprechen Sie lebendig

1.1	Das Mannequin war so schön, dass jeder es unwillkürlich anstarrte.
1.2	Der Verkaufsleiter war so erstaunt, dass er den Mund nicht mehr zubekam.
1.3	Die plötzliche Stille war so unangenehm, dass sie uns zu erdrücken schien.
1.4	Er war so erregt, dass er mit der Faust auf den Tisch schlug.
1.5	Der Einkäufer war so verwirrt, dass er vergaß, nach den Preisen zu fragen.
1.6	Der Tag war so schwül, dass wir kaum atmen konnten.

2.1	Der Polizist regelte den Straßenverkehr wie ein Roboter.
2.2	Der Beamte arbeitete wie ein Vierzylinder auf drei Töpfen.
2.3	Der Geschäftsführer schoss hoch wie von der Tarantel gestochen.
2.4	Der Baum schwankte hin und her wie ein Schilfrohr im Wind.
2.5	Der Braten war ungenießbar. Er war zäh wie eine Schuhsohle.
2.6	Seine Bewegungen waren so klobig wie die eines Bären.

3.1	Das Mädchen wirkte frisch wie eine Rose.
3.2	Das Feuer tobte wie ein Orkan.
3.3	In seinem Gesicht stand die nackte Angst. Er schaute uns an wie das Eichhörnchen die Schlange.

Literaturverzeichnis

ASGODOM, SABINE, Greif nach den Sternen! Die 24 Erfolgsgeheimnisse für Glück, Geld und Gesundheit, München 2001

BOWER, S. A., BOWER, G.H., Vertrauen zu sich selbst gewinnen, Freiburg 1999

BREITMAN, P., HATCH, C., Sag einfach nein und fühl dich gut, München 2000

CHOPICH, E., Aussöhnung mit dem inneren Kind, Freiburg 1996

DATENÉ, U., DATENÉ, G., Burn-out als Chance, Wiesbaden 1994

Duden, Reden halten – leicht gemacht. Ein Ratgeber, Mannheim, Leipzig, Wien, Zürich 2003

EBERLEIN, M., Brain Power, Kraftquellen fürs Gehirn, Berlin 2000

FISHER, ROGER, URY, WILLIAM, PATTON, BRUCE, Das Harvard-Konzept. Sachgerecht verhandeln – erfolgreich verhandeln, Frankfurt am Main 2004

FREUD, S., Vorlesung zur Einführung in die Psychoanalyse, Frankfurt 1991

FREUD, S., Studienausgabe, Band III: Psychologie des Unbewussten, Frankfurt 1975

FREUD, S., Studienausgabe, Band VI: Hysterie und Angst, Frankfurt 1971

FRITZ, H., Besser leben mit work-life-balance, Frankfurt am Main 2003

GORDON, THOMAS, Managerkonferenz, München 2005

HOLZHEU, HARRY, Natürliche Rhetorik, Düsseldorf 2002

KMOTH, NADINE, Körperrhetorik. Eine Anleitung zum Gedankenlesen und -zeigen, Heidelberg 2007

LIPCZINSKY, MARGRIT, BOERNER, HELMUT, Wer sich kennt, hat mehr Erfolg. Persönlichkeitsfitness für den beruflichen und privaten Alltag, München 2006

MAY, SIBYLLE, BEHRENS-SCHNEIDER, CLAUDIA (HRSG.), Effiziente Kommunikation für Sekretariat und Assistenz, Frankfurt am Main 2005

MOTAMEDI, SUSANNE, Konfliktmanagement. Vom Konfliktvermeider zum Konfliktmanager, Offenbach 1999

MÜLLER-MEES, E., Selbstverständlich selbstbewusst, München 1998

REIBNITZ, UTE HÉLÈNE VON, Es gibt immer eine Alternative. Entdecken und gestalten Sie Ihre berufliche Zukunft, München 2006

RÜTTINGER, ROLF, KRUPPA, REINHOLD, Übungen zur Transaktionsanalyse, Hamburg 2006

SCHELER, UWE, Management der Emotionen. Emotionale Intelligenz umsetzen, mit 22 Übungen, Offenbach 1999

SADER, M., Psychologie der Persönlichkeit, Weinheim und München 2000

SEIWERT, L. J., TRACY, B., Lifetime-Management, Offenbach 2002

SMITH, E. R., MACKIE, D. M., Social Psychology, Philadelphia 2000

SPACHTHOLZ, B., Stress und Angst überwinden, Regensburg 2005
WATZLAWICK, PAUL, Anleitung zum Unglücklichsein, München, Zürich 2008
WEINBERGER, GEORG, Emotionales Management. Mit Phantasie und Gefühl zum Erfolg, Heidelberg 1996

Stichwortverzeichnis

Z

Die Autorinnen

Sibylle May
wurde 1952 in Berlin geboren. Ihren Start ins Berufsleben begann sie mit der Tätigkeit als Stewardess. In dieser Zeit wurde der Grundstein für ihre spätere Tätigkeit gelegt – die Liebe zum Umgang mit Menschen.

Nach ihrer Ausbildung zur Fremdsprachenkorrespondentin arbeitete sie 12 Jahre als Sekretärin und Assistentin in ausländischen Konzerngesellschaften.

Ihre Karriere setzte sie dann als Koordinatorin und Produktverantwortliche in Marketing und Vertrieb fort. Während dieser Tätigkeit übernahm sie Führungsverantwortung.

1991 machte sie sich mit dem Beratungsbüro Sibylle May selbstständig. Ihre Schwerpunkte sind Seminare, Trainings und Coaching. In offenen und firmeninternen Veranstaltungen schult sie neben Führungskräften und Vertriebsmitarbeitern schwerpunktmäßig Sekretärinnen und Assistentinnen.

Heute unterstützen sie 12 selbstständige Trainerinnen und Trainer. Die Schwerpunkte dieser Seminare liegen im Verhaltensbereich, aber auch Themen wie Zeitmanagement oder Projektmanagement werden behandelt. Ihre Seminar- und Trainertätigkeit findet in Deutschland, Österreich und der Schweiz statt.

1992 übernahm sie für ein japanisches Unternehmen mit Sitz in den Niederlanden eine Generalvertretung für ein Produkt im Gesundheitsbereich.

2003 wurde sie mit dem „Teaching Award in Gold der ZfU International Business School, Zürich ausgezeichnet: „Aufgrund herausragender fachlicher und methodisch-didaktischer Leistungen sowie begeisterter Beurteilungen von Teilnehmern.“

Im Januar 2009 wurde sie als Sachverständige in den Fachbeirat der Stiftung Warentest für Seminare berufen.

Für die working@office übernahm sie die Rubrik „Expertentipps“, in der sie Fragen jeglicher Art von Leserinnen aus dem Bereich Sekretariat und Assistenz beantwortet.

Zudem ist sie Autorin von Büchern und Fachartikel, hält Vorträge auf zahlreichen Konferenzen und moderiert Veranstaltungen sowie Symposien.

Jennifer Kullmann,
Diplom-Psychologin, studierte an der Heinrich-Heine-Universität
Düsseldorf. Sie arbeitete in der mittelständischen Firma ihres
Vaters, zuletzt als Assistentin. Nach ihrem Studium forschte und
dozierte sie am Lehrstuhl für Motivationspsychologie an der Uni-
versität Erlangen-Nürnberg. Zurzeit promoviert sie im Bereich
der Neurowissenschaften.

Kontakt:

Jennifer.Kullmann@gmx.de